U0244046

“十三五”国家重点出版物出版规划项目

|政|治|建|设|卷|

食品安全治理的中国策

FOOD SAFETY GOVERNANCE IN CHINA

胡颖廉 著

中国财经出版传媒集团
经济科学出版社
Economic Science Press

图书在版编目（CIP）数据

食品安全治理的中国策/胡颖廉著．—北京：
经济科学出版社，2017.7（2018.3 重印）
（中国道路·政治建设卷）
ISBN 978－7－5141－8337－5

Ⅰ.①食…　Ⅱ.①胡…　Ⅲ.①食品安全－
安全管理－研究－中国　Ⅳ.①TS201.6

中国版本图书馆 CIP 数据核字（2017）第 187875 号

责任编辑：孙丽丽
责任校对：杨晓莹
责任印制：李　鹏

食品安全治理的中国策
胡颖廉　著
经济科学出版社出版、发行　新华书店经销
社址：北京市海淀区阜成路甲 28 号　邮编：100142
总编部电话：010－88191217　发行部电话：010－88191522
网址：www.esp.com.cn
电子邮件：esp@esp.com.cn
天猫网店：经济科学出版社旗舰店
网址：http://jjkxcbs.tmall.com
北京季蜂印刷有限公司印装
710×1000　16 开　18.25 印张　230000 字
2017 年 9 月第 1 版　2018 年 3 月第 2 次印刷
ISBN 978－7－5141－8337－5　定价：52.00 元
（图书出现印装问题，本社负责调换。电话：010－88191510）

《中国道路》丛书编委会

政治建设卷

总　序

中国道路就是中国特色社会主义道路。习近平总书记指出，中国特色社会主义这条道路来之不易，它是在改革开放三十多年的伟大实践中走出来的，是在中华人民共和国成立六十多年的持续探索中走出来的，是在对近代以来一百七十多年中华民族发展历程的深刻总结中走出来的，是在对中华民族五千多年悠久文明的传承中走出来的，具有深厚的历史渊源和广泛的现实基础。

道路决定命运。中国道路是发展中国、富强中国之路，是一条实现中华民族伟大复兴中国梦的人间正道、康庄大道。要增强中国道路自信、理论自信、制度自信、文化自信，确保中国特色社会主义道路沿着正确方向胜利前进。《中国道路》丛书，就是以此为主旨，对中国道路的实践、成就和经验，以及历史、现实与未来，分卷分册作出全景式展示。

丛书按主题分作十卷百册。十卷的主题分别为：经济建设、政治建设、文化建设、社会建设、生态文明建设、国防与军队建设、外交与国际战略、党的领导和建设、马克思主义中国化、世界对中国道路评价。每卷按分卷主题的具体内容分为若干册，各册对实践探索、改革历程、发展成效、经验总结、理论创新等方面问题作出阐释。在阐释中，以改革开放近四十年伟大实践为主要内容，结合新中国成立六十多年的持续探索，对中华民族近代以来发展历程以及悠久文明传承进行总结，既有强烈的时代感，又有深刻的历史感召力和面向未来的震撼力。

丛书整体策划，分卷作业。在写作风格上注重历史与现实、理论与实践、国内与国际结合，注重对中国道路的实践与经验、过程与理论作出求实、求真、求新的阐释，注重对中国道路作出富有特色的、令人信服的国际表达，注重对中国道路为发展中国家走向现代化和为解决人类问题所贡献的“中国智慧”和“中国方案”的阐释。

在新中国成立特别是改革开放以来我国发展取得重大成就的基础上，近代以来久经磨难的中华民族实现了从站起来、富起来到强起来的历史性飞跃，中国特色社会主义焕发出强大生机活力并进入了新的发展阶段，中国特色社会主义道路不断拓展并处在新的历史起点。在这新的发展阶段和新的历史起点上，中国财经出版传媒集团经济科学出版社精心策划、组织编写《中国道路》丛书有着更为显著的、重要的理论意义和现实意义。

《中国道路》丛书2015年策划启动，首批于2017年推出，其余各册将于2018年、2019年陆续推出。丛书列入“十三五”国家重点出版物出版规划项目、国家主题出版重点出版物和“90种迎接党的十九大精品出版选题”。

《中国道路》丛书编委会
2017年9月

前言

国以民为本，民以食为天，食以安为先。习近平总书记指出，食品安全关系中华民族未来，必须抓得紧而又紧。从2008年三鹿牌婴幼儿奶粉事件开始，食品安全已成为我国重要的公共政策议题和社会关注焦点，成为公共安全的重要内容，也是健康中国的重要支撑，还是供给侧结构性改革的重要抓手。

笔者于2010年从清华大学公共管理学院博士毕业后，进入国家行政学院工作，持续从事食品药品监管研究。主要从监管体制、法规政策、治理体系和治理能力等视角入手，探索食品安全治理的中国策。本书是对过去几年研究和思考的阶段性总结，也是对未来研究拓展的初步探索。

安全的本质是一种可接受的风险。安全是有成本的，当风险超越可接受范围时，就是不安全状态。本书开篇就提出，食品安全问题自古有之，中外概莫能外。在古代社会，食品安全主要表现为新鲜食物腐败变质以及食物中毒等问题。近现代以来，人类食品安全问题渐次经历了“劣质食品”“化学污染”“新型风险”三大阶段。权威数据表明，当前我国食品安全形势总体稳定，守住了不发生系统性风险的底线。然而由于农业社会、工业社会、信息社会特征并存，各类问题扎堆出现，食品安全风险叠加放大，我们面临着政府监管、市场机制、社会共治“三重失灵”

的挑战，食品安全工作任重道远。

那么我国食品安全工作理念和实践经历了怎样的历程呢？这是第二章要回答的核心命题。新中国成立之初，政府就对食品卫生问题投入高度关注，构建了一系列法规、机构、队伍和机制。受经济社会发展水平、产业基础、食品安全状况、消费者诉求等制度性因素影响，我国食品安全制度几经演变。总体而言，经历了新中国成立初期的食品卫生管控阶段，到改革开放初期的计划与市场混合过渡阶段，再到全面食品卫生监督阶段，以及后续的科学监管阶段。2013 年以来，我国食品安全工作已经迈向现代化治理的全新阶段，致力于完善统一权威专业的食品安全监管体制。这一变化背后的深层次逻辑，是从维护消费者个体利益向治理公共安全的转变，从保障食品卫生清洁向促进公众健康的转变，从发展食品产业解决温饱问题向提升产业素质解决吃好放心问题转变。这种范式转变，是中国特色社会主义道路探索过程中政府、市场、社会关系的一个缩影，也折射出中国式监管型国家建设的独特路径。

食品安全重在监管，食品安全没有“零风险”，但监管必须“零容忍”。在宏大叙事的背景下，本书第三章重点关注食品安全监管体制变迁和监管机构改革。2013 年国务院机构改革新组建国家食品药品监督管理总局，对食品药品实行相对统一监管。与此同时，地方食品药品监管体制改革有序推进，在乡镇和区域设置监管所，从而实现监管重心下移。机构改革 4 年来，各地结合本地实际，积极创新监管体系和模式，总体上夯实了基层监管基础。党的十八届三中全会强调完善统一权威的食品药品监管机构，同时提出推进综合执法。因此从 2014 年初开始，一些地方在不同层级整合工商行政、质量监督、食药监管等部门，组建市场监督管理局，食品安全监管体制改革进入新阶段。要在综合执法体制下提升食品安全监管能力，必须分类推进市场监管体制改革，分层级对待食品安全监管机构设置，促进市场监管体制改革与其他行政体制改革相协同，优化横向事权并整合相关监管部门职能。

在系统梳理食品安全监管体制后，需要进一步聚焦食品安全监管政策创新。引入社会监管理论，第四章分析了当前我国食品安全的五大制约因素：一是经济社会发展阶段的深层次矛盾，二是“反向制度演进”带来监管空白，三是监管部门体制机制障碍，四是风险沟通缺失以及相伴的风险认知偏差，五是食品安全科技支撑不足。在厘清问题的基础上，围绕“食品生产经营者为什么违法”和“食品安全监管执法力度影响因素”两大命题，开展具有技术含量的实证分析。研究发现，食品生产经营者所嵌入的社会环境促使其产生违法的主观意愿。当外部监管执法的威慑力度不强且遵纪守法的经济激励不足时，理性的生产经营者在权衡成本收益后，倾向于选择进行违法行为。类似地，食品安全监管部门在监管执法行为中具有一定自主性，其主要根据食品安全状况决定监管执法力度，并兼顾相关利益群体诉求。针对上述问题，必须突破以发证、检查、处罚为特征的线性监管困局，构建以风险分析为基础的食品安全治理体系。

为进一步发现食品安全事件的成因和内在逻辑，本书第五章重点介绍了三鹿牌婴幼儿奶粉事件、恒天然乌龙事件、猪肉质量安全事件、走私冻肉事件、明胶事件2.0版等焦点案例。在三鹿牌婴幼儿奶粉事件中，我们分析了中国式监管的特征和政府剩余监管权的意义。恒天然乌龙事件彰显了中国参与全球食品安全治理的价值和路径，尤其是对输入型系统性风险的防范。猪肉质量安全监管案例反映出监管部门之间的职能缝隙和冲突，需要革新监管体制机制。走私冻肉事件见证了市场机制和行政力量在食品安全中的作用。明胶事件2.0版则是我国食品安全行业“潜规则”的极佳例证，破解这一问题要求监管与共治共同发力。

党的十八届五中全会首次提出，推进健康中国建设，实施食品安全战略，形成严密高效、社会共治的食品安全治理体系，让人民群众吃得放心。2017年2月21日，《“十三五”国家食品安全规划》经国务院常务会议通过后发布。这是2020年以前统筹部署我国食品安全工作的基本依据，也是食品安全战略的开篇之作。“十三五”时期是全面建成小康社会的决胜阶段，要求食品安全保障水平有本质提升。本书第六章围绕食品安全战略这一国家策略，拓展食品安全工作的视野和深度。将食品安全嵌入国家治理现代化的宏观背景，探讨五大发展新理念对食品安全的辐射作用。从政府、市场、社会关系视角阐述食品安全战略的主体及其关联，构建多元化治理体系。在此基础上，提出食品安全战略行动的核心指标体系。“十三五”时期，要用最严制度倒逼监管能力，发挥市场的决定性作用，打造社会共治体系升级版。这其中，尤其是监管资源区域布局成为食品安全战略的重要内容。研究将内地各省份划分为市场内生型、外部驱动型、监管缺位型和发展滞后型4类食品安全监管区域，并比较分析其特征。建议在条件成熟时，全国设置若干食品安全监管派出机构，构建市场嵌入型监管体系。

习近平总书记强调，能不能在食品安全上给老百姓一个满意的交代，是对我们执政能力的重大考验。保障食品安全是建设健康中国、增进人民福祉的重要内容，是以人民为中心发展思想的具体体现。食品安全的“中国故事”不仅是改革开放40年中国特色社会主义道路的一个缩影，还是现代国家建设的鲜活样本，具有深刻的理论意义和丰富的时代内涵。我们坚信，在以习近平同志为核心的党中央坚强领导下，未来我国食品安全工作必将砥砺前行，也终将为中华民族伟大复兴的中国梦奠定基本物质基础。

衷心感谢我的导师、领导、同事、师友，正是你们一直以来的鼓励、鞭策和帮助，让我在温暖的精神家园中安心研究，这些年的所有经历都是人生宝贵财富。感谢我的家人，一如既往地给予我理解和支持。感谢《中国道路》丛书编委会领导的厚爱和慧眼，让拙作能忝列其中，为党的十九大献礼。感谢经济科学出版社各位编辑老师的悉心审稿和认真校对。要感谢的人太多，在此无法一一列名致谢。希冀本书能够为关心中国食品安全的人士提供一些新观点和新启示。

胡颖廉
2017 年 5 月 27 日

目　录

第一章

食品安全的概念、历史和现状

导读：食品是人类生存的基本物质基础。食品安全一头关乎产业，一头牵着民心，拥有最为广泛的利益相关者。习近平总书记强调，能不能在食品安全上给老百姓一个满意的交代，是对我们执政能力的重大考验。[①] 可见，食品安全已成为重大基本民生问题、重大经济问题和重大政治问题。本章将在梳理食品安全基本概念的基础上，介绍我国古代食品安全问题，回顾世界近现代食品安全历程，进而对当前我国食品安全形势作出分析研判。

根据马斯洛的需求层次理论，人类对于事物的追求是分层递进的，食品安全也是如此。食品的属性包括数量、种类、质量、营养、口味等要素。相应地，食品安全的大概念体系包括粮食数量安全（food security）、食品质量安全（food safety）和食物营养安全（food nutrition）三大层次。[②] 数量安全指食物产量和种类满足人民群众的基本需求，围绕"能不能吃饱"的问题；质量安全是指食品无毒、无害且对人体健康不造成危害，其关注"会不

① 新华社：《中央农村工作会议在北京举行》，载于《人民日报》2013 年 12 月 25 日。

② Hanning, I. B., O'Bryan, C. A., Crandall, P. G. and Ricke, S. C. Food Safety and Food Security. *Nature Education Knowledge*, 2012, 3 (10): P. 9.

会吃坏”的问题；营养安全则是更高的层次，包括科学饮食习惯和消费方式，也就是“能不能吃好”的问题。三类安全彼此关联且相互影响，分别扮演基础、枢纽和目标的角色。

应当说，食品安全问题自人类社会诞生之日起便存在。在古代社会，食品安全主要表现为落后生产力所带来的食物数量不足，进而引发饥荒和食物中毒，属于“前市场”风险（pro-market risk），其本质是食品数量安全问题。古代人口之所以增长缓慢，重要原因之一就是接连不断的饥荒。新中国成立前，我国也长期面临粮食短缺的挑战。新中国成立后，这一问题解决得较好，尤其是新时期粮食连续多年增产增收，我国食品数量安全是有保障的。

随着社会进步和人民生活水平的提高，食品质量安全受到越来越多的关注，人们通常所说的食品安全是指食品质量安全。例如，世界卫生组织（WHO）提出“全球食品安全战略草案”；有上百年历史的美国食品药品监督管理局（FDA）以“促进和维护公众健康”为使命。本书主要从质量安全视角讨论食品安全问题。

学界和实务界对食品安全概念有诸多定义。国际食品卫生法典委员会（CAC）将食品安全定义为：消费者在摄入食品时，食品中不含有害物质，不存在引起急性中毒、不良反应或潜在疾病的危险性。世界卫生组织认为食品安全是：食物中有毒、有害物质对人体健康产生影响的公共卫生问题。[①] 根据《中华人民共和国食品安全法》规定，食品安全是指食品无毒、无害，符合应当有的营养要求，对人体健康不造成任何急性、亚急性或者慢性危害。学者则倾向于用风险分析框架看待食品安全，认为风险是绝对的而安全是相对的，安全的本质是一种可接受的风险。因此安全的食品必须处于人类可接受的风险范围之内。综合上述定义，

① 徐景和：《食品安全综合协调与实务》，中国劳动社会保障出版社 2010 年版。

本书认为食品安全是指食品中有毒有害物质对人体健康产生的现实和潜在风险程度。当可预知的风险程度不至于对人体健康产生危害影响时，食品就是安全的。

一、中国古代的食品安全

食品安全从古至今都不仅仅是单纯的吃饭问题。五谷作为中国人的主食已经由来已久，从古代以来，人们都以“社稷”二字来代表国家，这二者当中的社字为社神，而稷的解释就更加明了，例如，《白虎通社稷》：“稷五谷之长，故立稷而祭之也。”仅此足见，食品在中国历史绵延和国家政治中的重要作用。

那么，古人是如何保障食品安全的呢？古代食品保鲜和储存技术不发达，大多数蔬菜、水果、鲜货受到时令和地域的限制，流通不广泛，利润也较为有限，因此利用食品投机牟利的案件较少。尽管如此，考虑到食品安全关系重大，国家仍然作出特别规定。有学者对我国历代食品安全监管策略有过精彩论述，在此引述如下。

例如，《礼记》记载了周代对食品交易的规定，这大概是我国历史上最早的关于食品市场管理的记录：“五谷不时，果实未熟，不鬻于市。”“不时”是指未成熟，可见是为了防止引起不良后果，禁止未成熟的作物进入市场。为了杜绝因牟利而滥杀禽兽鱼鳖，国家还规定，不在狩猎季节和狩猎范围的禽兽鱼鳖也不得在市场上出售。

到了唐代，国家严格杜绝有毒有害食品流通。根据《唐律疏议》，某种食物变质，已经让人受害，食品的所有者必须立刻销毁食品，否则要被杖打 90 下；不销毁有害食品，送人或继续出售，致人生病，食品所有者要被判处徒刑一年；如果这种食品致人死亡，食品所有者则要被判处绞刑。别人在不知情的情况下，吃了本应被销毁但未被销毁的有害食品而造成死亡，食品所有者也要按过失杀人来处罚。

南宋经济繁荣，临安有各种食品市场和行会：米市、肉市、菜市、鲜鱼行、鱼行、南猪行、北猪行、蟹行、青果团、橘子团、鲞团。一些投机分子仍常常使用“鸡塞沙，鹅羊吹气，鱼肉注水”之类的伎俩牟取利润，为了加强管理，宋代官府让各类商人组成行会，商铺、手工业和其他服务性行业的相关人员必须加入行会，并按行业登记在册，否则不能从事该行业的经营。商品的质量由各个行会把关，行会首领负责评定商品的成色和价格，充当本行会成员的担保人。除行会把关之外，法律也继承了唐律的规定，对腐败变质食品的销售者给予严惩。但是，行会的监管职能不全面，如小商贩通常不加入行会，政府和行会对他们的控制有限。

当时饮食市场空前繁荣，孟元老在其所著《东京梦华录》中，追述了北宋都城开封府的城市风貌，并且以大量笔墨写到饮食业的繁荣。书中共提到一百多家店铺和行会，其中专门的酒楼、食店、肉行、饼店、鱼行、馒头店、面店、煎饼店、果子行等就占半数以上。此外，还有许多流动商贩，在大街小巷和各大饭店内贩卖点心、干果、下酒菜、新鲜水果、肉脯等小吃零食。周密在其所著《武林旧事》里，追忆了南宋都城临安的城市状况，提到了临安的各种食品市场和行会，如米市、肉市、菜市、鲜鱼行、鱼行、南猪行、北猪行、蟹行、青果团、橘子团、鲞团等。商品市场的繁荣，不可避免地带来一些问题，一些不法分子“以物市于人，敝恶之物，饰为新奇；假伪之物，饰为真实。如米麦之增湿润，肉食之灌以水。巧其言词，止于求售，误人食用，有不恤也。”（《袁氏世范·处己》）有的商贩甚至通过使用“鸡塞沙，鹅羊吹气，卖盐杂以灰”之类的伎俩牟取利润。

为了加强对食品掺假、以次充好等食品质量问题的监督和管理，宋代规定从业者必须加入行会，而行会必须对商品质量负责。“市肆谓之行者，因官府科索而得此名，不以其物小大，但合充用者，皆置为行，虽医亦有职。医克择之差，占则与市肆当行同也。内亦有不当行而借名之者，如酒行、食饭行是也。”（《都城纪胜·诸行》）让商人们依经营类型组成“行会”，商铺、手工业和其他服务性行业的相关人员必须加入行会组织，并按行业登记在册，否则就不能从事该行业的经营。各个行会对生产经营的商品质量进行把关，行会的首领（亦称“行首”“行头”“行老”）作为担保人，负责评定物价和监察不法。除了由行会把关外，宋代法律也继承了唐律的规定，对有毒有害食品的销售者给予严惩。《宋刑统》规定：“脯肉有毒曾经病人，有余者速焚之，违者杖九十；若故与人食，并出卖令人病，徒一年；以故致死者，绞；即人自食致死者，从过失杀人法（盗而食者不坐）。”①

从上述朝代对食品生产流通的安全管理及其有关法律举措来看，我们可以得到以下启示。

首先是严刑峻法。古代对危害食品安全的行为都施以“重典”，规定以有毒食品致人死命者，要被判处绞刑。即使他人盗食有毒食品致死，食品所有者也要被科以笞杖之刑。换句话说，在主观无恶意的情况下，食品所有者依旧需要为自己持有危险食品的行为负责。从现代刑法理论上讲，属于不折不扣的行为犯。其次是立体防范。为防止引起食物中毒，周代禁止未成熟的果实进入流通市场。宋代不仅对变质食品的安全施以重典，而且对食品掺假等质量问题也很关注。可见，古代政府对于食品安全的监管强调的不仅仅是食品卫生（food hygiene）、食品安全，对食品质量成色问题的监管也毫不含糊，是一种综合管理体系。还有是社会共治。古代政府对食品质量安全进行监管的同时，还引入了行会管理，通过行业自律，对食品质量进行把关并监察其不法行

① 张炜达：《古代食品安全监管策略》，载于《光明日报》2011 年 5 月 26 日。

为。这也为当今我国食品质量和安全监管模式的合理重构提供了借鉴。

二、世界近现代食品安全历程

在介绍食品安全概念和我国古代食品安全后，我们来看看发达国家经历了怎样的食品安全历程。近现代以来，随着经济社会发展，美国等发达国家面临的食品安全问题经历了三个阶段变迁，每个阶段的主要矛盾不同，应对举措也各异。

（一）第一阶段：“劣质食品”

20 世纪初，由于市场机制失灵和政府监管不力，发达国家食品市场上普遍充斥着掺假、假冒和虚假标签等情况，不法商家的行径严重威胁人们的健康乃至生命安全。

当时美国著名的“扒粪”作家厄普顿·辛克莱（Upton Sinclair）潜入芝加哥一家大型肉制品厂，与工人们一起工作了 7 周，看到的场景让人震惊。他之后所著的《屠场》（*The Jungle*）一书，便是这些现象的生动写照，其揭露了肉联厂极度糟糕的卫生条件，“死老鼠肉被当做猪肉做成香肠，得了肺结核的工人随地吐痰，肉酱随意堆砌在肮脏的墙角……”

该书出版后引起很大轰动。时任美国总统西奥多·罗斯福（Theodore Roosevelt）是在吃早餐的时候读这本书的，还没读完就开始恶心呕吐，大叫着“我中毒了”，并连连称赞说这本书是“一本让人作呕的好书”。罗斯福还专门约见了作者辛克莱尔，并责令美国农业部调查肉联厂的情况。调查的结论是“食品加工的状况着实令人作呕”。此后，美国国内肉类食品的销售量急剧下降，欧洲也削减了一半从美国进口的肉制品。美国畜牧业呈现半颓废状态，让罗斯福政府不得不从经贸和政治高度重新考虑食品安全问题。

当时美国的政治形态是“强国会—弱总统”，罗斯福总统借助政策企业家、媒体、专业协会和消费者的力量，在其共同努力下，最终促使国会于1906年通过了世界上第一部对食品安全、诚实经营和食品标签进行全面管理的国家立法——《清洁食品和药品法》（*Pure Food and Drug Act*），以及《肉类检查法》（*Meat Inspection Act*）。上述法律加强了对美国州与州之间的食品贸易的安全性管理，赋予以化学家哈维·威利博士（Harvey W. Wiley）为首，共11名专家学者组成的美国农业部化学局以更大的市场监管权力，该机构也就是后来美国食品药品监督管理局的前身。

可以说，这一事件直接导致联邦食品药品监督机构的诞生并催生了美国现代食品安全监管体系。令辛克莱尔没有想到的是，小说出版后对现实的影响远远大于其艺术贡献。他后来曾就此调侃，“我本想打动公众的心，不料却击中了他们的胃”。

（二）第二阶段：“化学污染”

任何食品都是在一定环境中天然生长或被生产的，生态环境因素与食品安全密切相关。然而，人们并不是从一开始就认识到这一点。到了20世纪中叶，随着工业化、城镇化步伐加快，居民生活方式转型升级，人们不但要求食品好吃、好看、好闻，而且对食品的多样性、方便性和易储存性也提出了更高更多的需求，还希望价格低廉。于是厂商在农产品种植养殖和食品生产加工中大量使用农药、化肥和添加剂，一定程度上改变了食品生态环境，给食品安全带来潜在隐患，人类食品安全进入“化学污染”阶段。各发达国家不得不重构监管体系，总的思路是赋予监管机构以更加强有力的行政权力，以应对日益增长的食品安全风险。美国生物学家蕾切尔·卡森（Rachel Carson）的《寂静的春天》（*Silent Spring*）一书成为该时期代表作。

卡森在书中写到："单是在美国，每年就有约500种新的化学药品需要人和动物的身体以某种方式去与之适应，它们完全超出了生物学经验的范围。""这些喷雾液、药粉、烟雾剂现在几乎在农场、花园、森林和家庭中使用。这些化学药品能够不加选择地杀死任何昆虫，不论其是'好'是'坏'；能够使鸟儿不再歌唱，鱼儿不再跳跃于水中；能够以一层剧毒物质覆盖在叶片表面或长期滞留在土壤中。而人们使用所有这些药品消灭的目标或许仅仅是屈指可数的几种杂草或昆虫。"

和《屠场》的命运类似，最初没有出版社愿意出版这本书。在朋友的帮助下，卡森从1962年2月开始在《纽约客》（*New Yorker*）杂志上连载，直到同年10月才正式以书的形式出版。即便如此，这本日后被誉为"现代环境保护主义的基石"的书一出版就引起了极大的争议。20世纪五六十年代的美国正处于经济高速发展时期，如今大众普遍接受的环境保护理念在当时还属于惊人之语。在激烈争议中，该书得到了当时的美国总统约翰·肯尼迪（John F. Kennedy）的重视。卡森于1963年出席了国会的听证会，肯尼迪在国会上讨论了这本书，并授意总统科学顾问委员会（PSAC）对杀虫剂问题展开专门调查。结果，卡森关于杀虫剂潜在危险的警告被确认，一些企业和官僚被起诉。美国国会开始逐步重视环境中化学物质对食品安全的影响，并推动成立了一系列农业环境组织。

这本书带来的直接后果是相关立法得以通过，从而禁止美国国内再生产和使用农药滴滴涕，然而该杀虫剂仍然可以在海外销售。滴滴涕在土壤和食物中的残留性很强，即使是在美国禁用多年后，仍不时有报道披露在某些动物体内甚至人体器官中检测到它的存在。1970年，美国国会通过了国家环境政策法案，并在此基础上成立了美国环境保护署（EPA），使环境保护不仅有法可依，也有了执行这一使命的实体。

（三）第三阶段：“新型风险”

20 世纪末，由于生物技术高速进步，食品新原料、新工艺、新方法大量涌现，尤其是快餐和方便食品迅速占领人们的餐桌。尽管食品行业的创新给消费者提供了便利，但同时带来新的风险，例如，儿童肥胖成为世界各国普遍面临的问题。根据国际肥胖特别工作组提供的数据，目前全球儿童超重率和肥胖率总体高于 10%，且呈现比例明显上升的趋势。其中 45% ~50% 的小学生肥胖者和 60% ~70% 的中学生肥胖者到成年后仍然肥胖。研究显示，儿童肥胖与许多成年期慢性病如高血压、高脂血症、糖尿病、动脉粥样硬化性心脑血管疾病有非常密切关系，肥胖导致这些疾病的患病率和死亡率急剧上升，使人群健康水平下降。肥胖还会给社会带来直接和间接经济负担。直接经济负担主要指医疗卫生系统的开销，如住院、门诊、药物等花费；间接负担则包括因肥胖引起的诸多负面效应，如增加退休前死亡率、残疾和由此对生产力造成的影响。

美国《纽约时报》著名专栏作家埃里克·施洛瑟（Eric Schlosser）所著的《快餐帝国》（*Fast Food Nation*）一书宣告食品安全“新型风险”阶段的到来。这部书后来被翻拍成纪录片，获得了 2006 年奥斯卡最佳纪录片奖提名。由于新型食品的安全性尚不可知，食品安全监管成为一种在信息不完全情况下面向未来的预判，从而加大了监管难度。施洛瑟在书中用翔实的数据，将美国快餐和方便食品的状况震撼性地呈现在我们眼前。他写到：“全美每年大约消耗 130 亿只汉堡，如果将这些汉堡排成行，可以环绕地球 23 圈。大约有 1/8 的美国工人的薪水来自麦当劳。美国人目前每年要花费 1 340 亿美元购买快餐食品，比花费在教育、电脑、软件和汽车上的费用都要高。在美国有将近 350 万快餐工人，是低收入人群中人数最多的群体。美国儿童每年会收看 2 000 条垃圾食品广告。美国儿童每年得到的玩具有 1/3 来自于快餐店。每天有 1/5 的美国幼童会吃炸薯条。全美的多数牛肉来自 13 家大型屠宰场。肉类加工是美国最危险的职业之一，在 2001 年，肉类加工工人的重伤率是普通工人的 3 倍。每年约有 760 万美国人因食品患病。在当今的肉类加工生产线，一头感染大肠杆菌的肉牛会感染 32 000 磅牛肉。一只快餐汉堡的肉馅来自数百头牛。”

该书的核心观点是：《屠场》一书问世近 100 年过去了，但大工业化食品生产改变甚小，甚至随着垄断程度的加深，工业化达到了无以复加的程度。考虑到转基因食品等新领域落入农业部、食品药品监督管理局、环境保护署的“三不管地带”，作者在书中建议：美国国会应该成立一个新机构，赋予它足够的权威，全权负责和统领食品安全的各个方面，捍卫公众健康。为了让读者有直观感受，上述三部书的封面如图 1－1 所示。

图 1－1 《屠场》《寂静的春天》《快餐帝国》
三部书英文原版封面（从左至右）

直到今天，发达国家还存在这样那样的食品安全问题，如欧洲的“疯牛病”和“口蹄疫”事件就造成了巨大的损失和恐慌，“马肉冒充牛肉事件”“毒黄瓜事件”同样引起广泛关注。近年来，美国也频繁发生食品安全事件，如 2008 年的“沙门氏菌事件”、2009 年的“花生酱事件”和 2010 年的“沙门氏菌污染鸡蛋疫情”。2001 年以来，日本相继发生了雪印牛奶事件、大阪界市小学病原性大肠杆菌 0157 集体食物中毒事件、禽流感等食品安全事故。可见，食品安全着实是个世界性难题。

以上谈了近现代发达国家食品安全问题经历的三个阶段，实际上希望引发读者思考一个重要命题：我国的食品安全问题正处于哪个阶段？改革开放近 40 年来，我国实现的快速发展相当于发达国家上百年才走完的历程，因此发达国家在不同时期渐次出现的食品安全问题也在我国当前一段时期内比较集中、突出地暴露出来。我们不仅有生产力落后带来的“前市场”风险，包括商家出于逐利目的带来的假劣食品问题，也不得不应对大工业生产和现代风险社会的诸多不确定因素，还有新产品、新工艺、新方法、新资源带来的新型食品安全风险。形象地说，发达国家的食品安全问题是分阶段出现的，我们则是“扎堆”出现。媒体上经常讨论这样一个话题：为什么经济社会发展了，我们的食品安全问题反而感觉比过去严重了？在系统梳理了发达国家食品安全历程后不难发现，恰恰是因为经济社会发展了，才出现了许多以往不存在的问题，而且我国食品安全处于各类问题并存、矛盾交织和风险聚集的复杂阶段。[①]

三、当前我国食品安全状况

那么，如何评价当前我国食品安全形势？应当说，一方面我国食品安全总体形势不断好转，另一方面也要正视各种问题的存在。正是从这个意义上说，我们必须科学、全面、客观、辩证地

① 胡颖廉：《大国食安》，云南教育出版社 2013 年版。

理解当前食品安全形势。

（一）食品安全形势总体稳定

国际上，通常用食品检验检测合格率衡量一国食品安全状况。自20世纪90年代中期以来，卫生部公布的食品卫生监测合格率和质检总局公布的加工食品检测合格率已从80%左右上升至90%以上，并保持持续稳定，如下图1－2所示。“十二五”以后，随着监管体制改革和政策手段变化，数据标准和统计口径发生变化。2016年全年，国家食品药品监管总局在全国范围内组织抽检了25.7万批次食品样品，总体抽检合格率为96.8%，与2015年持平，比2014年提高2.1个百分点。因此从抽检合格率的角度看，当前我国食品安全形势总体平稳。

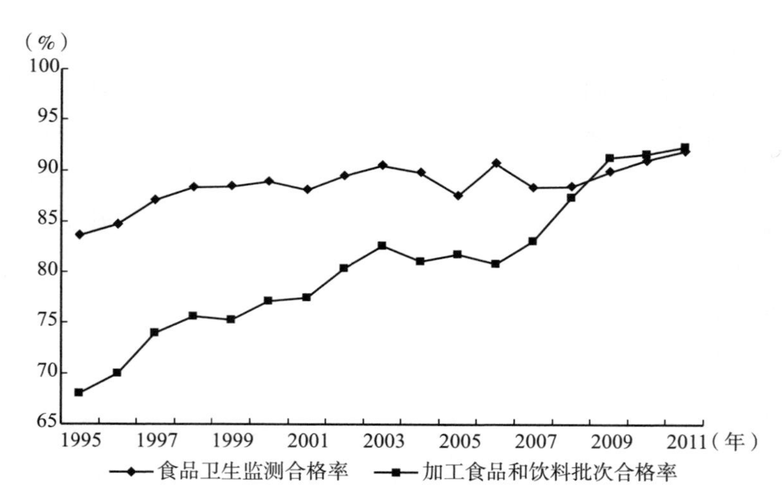

图1－2　1995～2011年以来我国食品安全主要指标统计

资料来源：历年《中国卫生年鉴》、历年《中国质量监督检验检疫年鉴》，经作者整理。

2016年最新的抽检结果显示，大宗日常消费品抽检合格率总体保持较高水平，粮食加工品为98.2%，食用油、油脂及其制品为 97.8%，肉、蛋、蔬、果等食用农产品为 98.0%，乳制品为 99.5%。社会关注度较高的婴幼儿配方乳粉共抽检 2 532 批次，其中有 0.9% 的样品不符合食品安全国家标准，0.4% 的样品符合国家标准但不符合产品包装标签明示值。1 299 家大型生产企业的 18 030 批次样品和 19 家大型经营企业集团 2 949 个门店的 30 599 批次样品的合格率分别为 99.0% 和 98.1%，比总体合格率分别高出 2.2 个和 1.3 个百分点。[①] 农业部在 2016 年前三季度共监测 31 个省（区、市）152 个大中城市的蔬菜、水果、茶叶、畜禽产品和水产品等 5 大类产品 102 个品种 94 个参数，抽检样品 33 363 个，总体合格率为 97.4%，同比上升 0.6 个百分点。其中，蔬菜、水果、茶叶和水产品监测合格率分别为 96.7%、95.4%、99.7% 和 95.9%，同比分别上升 0.8 个、1.2 个、3.3 个和 1.1 个百分点；畜禽产品为 99.3%，同比下降 0.1 个百分点。[②]

也许有人对抽检合格率数据存有疑虑，我们再来看看国际社会的评价。著名的英国经济学人智库（Economist Intelligence Unit）发布《2015 年全球食品安全指数报告》（*Global Food Security Index*）。该指数包括食品价格承受力、食品供应能力、质量安全保障能力等 3 方面 27 个定性和定量指标。报告依据世界卫生组织、联合国粮农组织（FAO）、世界银行（World Bank）等权威机构的官方数据，通过动态基准模型综合评估 109 个国家和地区的食品安全现状，并给出总排名和分类排名。

---

① 刘潇潇：《2016 我国食品安全形势平稳　抽检合格率近 97%》，中国经济网，2017 年 1 月 16 日，http://www.ce.cn/cysc/sp/info/201701/16/t20170116_19624128.shtml。

② 毕井泉：《国务院关于研究处理食品安全法执法检查报告及审议意见情况的反馈报告——2016 年 12 月 23 日在第十二届全国人民代表大会常务委员会第二十五次会议上》，中国人大网，2016 年 12 月 23 日，http://www.npc.gov.cn/npc/xinwen/2016-12/23/content_2004587.htm。

数据显示，在国家综合排名方面，109 个被评估国家平均分约为 49.3 分。美国以 89.0 分位居全球第一，新加坡和爱尔兰以 88.2 分和 85.4 分位列第二、第三位。中国以 64.2 分排在第 42 位，位居上游，排名在中国前后的国家分别为南非（64.5 分）和俄罗斯（63.8 分）。

从细分项目看，在食品价格承受力、食品供应能力、食品质量安全保障排名方面，中国分别以 61.0 分、65.2 分、69.3 分位列第 50 名、第 39 名、第 38 名。报告将中国列入良好一档，并指出，中国在食品安全系统建设、营养标准、农产生产波动性等方面的指标表现突出，在人均 GDP、农业研究开发公共支出方面的指标稍弱。因此从国际社会的评价来看，我国食品安全保障水平显著提高，超过与我国人均 GDP 相当的国家。这就为全面建成小康社会奠定了坚实基础，也为实现联合国千年发展目标作出巨大贡献。在我们这样一个人口大国、食品药品生产消费大国，在当前所处的历史发展阶段，从 2008 年以来没有发生系统性、区域性重大食品药品安全事件，实属不易。

（二）食品安全风险聚集

受生态环境水平、产业发展水平、企业管理水平等深层次因素的制约，当前我国食品安全基础薄弱的状况未根本转变，食品安全风险聚集，食品安全领域存在的问题仍然不少。中华民族饮食文化特点决定了食品安全工作的艰巨性，全国有食品添加剂 22 类 2 000 多种，日均消费食品 40 亿斤，光各类菜名就有 19 000 种，食品品种的丰富、变化、增加速度惊人。数据显示，1985 年我国食物中毒死亡人数高达 620 人，2002 年降至 68 人，之后又出现反弹趋势，死亡人数呈“W 型”波动。根据国家卫生计生委提供的数据，2013～2015 年全国通过突发公共卫生事件管理信息系统报告的食物中毒事件死亡人数分别为 109 人、

146 人、137 人。[1] 在经历了多次事件后，人们越来越认识到影响食品安全状况的因素是多元的，主要包括三个方面。

首先是“产”的落后，生产经营者尚未成为食品安全第一责任人。我国现有 2 亿多农民散户从事种植养殖业，农户违法成本低，监管难度极大。全国每年消耗 32 万吨农药、6 000 万吨化肥和 250 万吨农业塑料薄膜，[2] 粗放的农业生产模式导致化学污染成为当前食品安全的最大风险。2015 年我国规模以上食品工业企业主营业务收入 11.34 万亿，占全国工业总产值比重 10% 以上。尽管已成为国内第一大工业行业和国民经济重要支柱，与发达国家集中生产和有序流通的食品供应体系相比，我国食品产业基础系统性薄弱，全国 1 180 万家获证食品生产经营企业中，绝大部分为 10 人以下小企业，产业结构“多、小、散、低”，也就是企业数量多、规模小、分布散、集约化程度低。生产经营者诚信意识和守法意识淡薄，主体责任尚未完全落实，高质量食品有效供给水平有待提高。可以说，产业素质不高是我国食品安全基础薄弱的最大制约因素。

其次是“管”的不足，强大产业和强大监管未能互为支撑。美国食品药品监督管理局原局长汉堡博士（Dr. Margaret Hamburg）认为，强大产业是强大监管的基础，强大监管通常催生强大产业。[3] 如 2013 财年美国食品药品监督管理局实有雇员 14 648 人，其直接监管的食品生产经营企业仅 5 万多家。英国食品标准署（FSA）和地方卫生部门（EHO）的食品安全检查员要在大学

---

① 国家卫生计生委办公厅：《关于 2015 年全国食物中毒事件情况的通报》，2016 年 4 月 1 日，http://www.nhfpc.gov.cn/yjb/s7859/201604/8d34e4c442c54d33909319954c43311c.shtml。

② 张桃林：《农业面源污染防治工作有关情况》，中国政府网，2015 年 4 月 14 日，http://www.gov.cn/xinwen/zb_xwb60/。

③ Hamburg, Margaret. *How Smart Regulation Supports Public Health and Private Enterprise*. http://www.commonwealthclub.org/events/2012-02-06/margaret-hamburg-fda-chief-special-event-luncheon 2016-05-27.

经过4年正规学习方可上岗，监管全国50多万家食品生产经营企业。[①] 然而我国食品药品监管人员编制长期在10万左右，而各类有证的食品生产经营主体则数以百万计，监管人员和监管对象比例严重失衡。在监管资源硬约束下，静态审批替代动态检查成为主要监管手段，难以发现行业"潜规则"。与此同时，统一权威的食品安全监管体制仍需完善，法规标准还要进一步健全，监管队伍特别是专业技术人员短缺，打击食品安全犯罪的专业力量严重不足，监管手段和技术支撑等仍需加强。在2013年新一轮机构改革中，部分市县将新组建的食药监管部门与工商、质监等部门合并为市场监管局，在有些地方弱化甚至边缘化食品安全监管职能。[②]

最后是"本"的制约，即环境本底和社会因素给食品安全带来的影响。风险社会对食品安全产生源头影响。随着经济社会高速发展，生物污染、化学污染和重金属污染加剧。一些地方工业"三废"违规排放导致农业生产环境污染，农业投入品使用不当、非法添加和制假售假等问题依然存在。当前全国19.4%耕地土壤点位重金属或有机污染超标，[③] 61.5%的地下水监测点水质为较差或极差，[④] 工业化带来的环境污染从源头影响食品安全。然而根据现行机构设置，上述工作分别由农业、国土、环保、食药监管部门负责，其往往以自身职能为出发点设置政策议程，政策缺乏互补性和一致性。

复杂形势决定了当前我国处于多种食品安全问题并存的特殊

---

① Food standards Agency. *Food Hygiene Ratings*. http：//ratings. food. gov. uk/enhanced-search/en - GB/%5E/%5E/Relevance/0/%5E/%5E/1/1/10.

② 全国人民代表大会常务委员会执法检查组：《关于检查〈中华人民共和国食品安全法〉实施情况的报告》，中国人大网，2016年7月1日，http：//www. npc. gov. cn/npc/xinwen/2016 - 07/01/content_1992675. htm。

③ 王硕：《全国19.4%耕地污染物超标》，载于《京华时报》2014年4月18日。

④ 刘晓慧：《2015中国国土资源公报发布》，载于《中国矿业报》2016年4月23日。

阶段，要求我们聚焦主要问题。

第一类是恶意违法违规行为。“十二五”期间，全国查处食品安全违法案件约95.8万件，侦破食品安全犯罪案件8万余起。预计“十三五”时期食品安全违法犯罪易发态势基本不变，以至于各地公安机关纷纷成立专门的食品药品犯罪侦查机构。尤其是《“十三五”国家食品安全规划》重点提及的超范围超限量使用食品添加剂、使用工业明胶生产食品、使用工业酒精生产酒类食品、使用工业硫磺熏蒸食物、违法使用瘦肉精、食品制作过程违法添加罂粟壳等物质、水产品违法添加孔雀石绿等禁用物质、生产经营企业虚假标注生产日期和保质期、用回收食品作为原料生产食品、保健食品标签宣传欺诈等危害食品安全的“潜规则”和相关违法行为，需引起高度重视。

第二类是经济社会发展带来的风险。食品安全风险一般来自三个方面：一是生物性风险，二是物理性风险，三是化学性风险。生物性风险主要是食物腐化变质，物理性风险主要是食物中掺杂进不应有的异物，这两类风险自古有之，人们一般可以从感官上判断，带来的危害也可以预期。相对而言，化学性风险是伴随着工业化和现代科技进步出现的。过去人们食用的农产品都是天然的，没有任何添加剂，现在农药、兽药、化肥大量使用。为了改善食物品质，满足对色、香、味的追求，食品添加剂广泛应用。添加剂是现代食品工业的灵魂，没有添加剂，就没有现代食品工业。但是，事物都有两面性，现代农牧业和食品工业给人们带来好处的同时，也产生了负面影响，这就是农产品质量安全和食品安全问题。我国耕地面积占世界的7%，但农业投入品使用多，消耗了世界上35%的化肥、20%的农药。应当说，农药兽药残留和添加剂滥用是当前我国食品安全的最大风险。[①] 农业部

---

① 毕井泉：《用“四个最严”保障食品药品安全》，载于《行政管理改革》2015年第9期，第17~22页。

曾经公布一组数据，蔬菜里高毒农药超标品种主要是豇豆、芹菜、韭菜，污染物是氧乐果等高残留农药。畜产品最突出的是瘦肉精问题，品种主要是生猪产品，同时也有向牛羊产品蔓延的趋势，药物主要是盐酸克伦特罗、莱克多巴胺和沙丁胺醇，近年出现喹乙醇等又一代瘦肉精。水产品中最突出的是孔雀石绿、硝基呋喃、氯霉素超标，其作用是消除水产品的疾病，受影响品种主要是鳜鱼、多宝鱼等名贵养殖水产品。[①] 研究表明，当今人类许多疾病与我们的食物链整体受污染不无关系。同时在大工业生产模式下，企业生产经营质量控制体系缺陷也会带来重大风险隐患。近年发生的过期肉等事件都是典型例证，必须从整体治理的视角加以破解。

第三类是新型安全隐患。发达国家食品安全历程表明，随着经济社会发展水平提高，食品新原料、新工艺、新品种层出不穷，新事物的未知性给监管工作带来挑战。同时互联网食品销售、网络订餐、跨境电商等新业态迅猛增长也带来新的风险。以2016 年前后开始蓬勃发展的跨境电商为例，相对于传统的货物贸易，通过快递等渠道进口的食品一般游离于检验检疫等监管手段之外，在分包、运输、投递过程中存在遭遇“二次污染”的风险。尤其是通过跨境电商购入的奶粉，由于物流运输链条长、环节多，有些还需要特定的温度和湿度条件，发生变质的概率较高。面对这些问题，需要用前瞻性思维加以回应。

我国从基本解决温饱问题到追求食品质量安全，食品产业从起步到发展规范，经济从搞活繁荣市场到规范市场主体行为，经历的时间还不长。总体而言，监管队伍力量薄弱，监管科技支撑不足，监管手段相对滞后，加之体制机制的约束，监管工作不到位的问题比较突出。尤其是在信息社会和自媒体时代，讨论食品

---

① 中共中央组织部干部教育局编:《干部选学大讲堂——中央和国家机关司局级干部选学课程选编（第 4 辑）》，党建读物出版社 2013 年版。

安全问题的准入门槛低，人人关心且个个都有发言权。各种观点莫衷一是，各类说法流传甚广。科学的解读与不科学的解读并存，有害无害的辩论交锋，事实不明、是非不清，给监管工作带来新的难度和挑战。近年来，《小康》杂志每年发布年度消费者饮食小康指数，公众的食品饮食安全感在所有被测量指标中分数偏低，我们将 2005～2013 年数据归纳如图 1－3 所示。

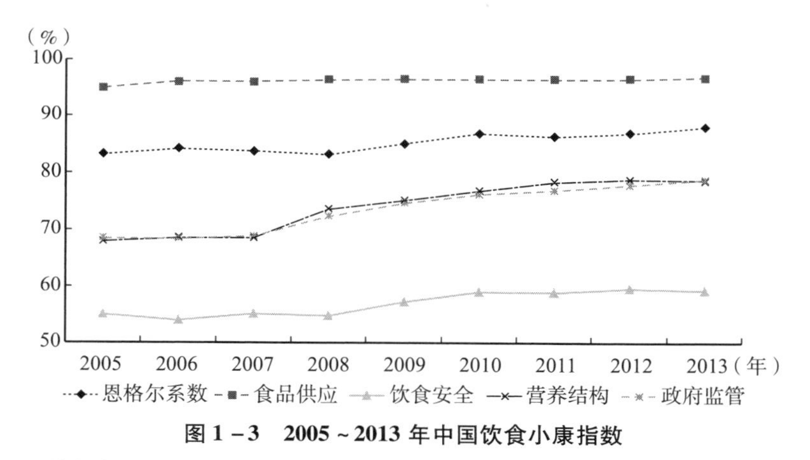

图 1－3　2005～2013 年中国饮食小康指数

资料来源：历年《小康》杂志，经作者整理。

那么，政府如何应对不断变化的食品安全问题，当前监管工作理念和思路经历了怎样的演变过程，这是本书第二章将探讨的核心命题。

第二章

新中国食品安全理念和实践演进

导读：新中国成立以来尤其是改革开放近40年来，我国食品安全理念和实践经历了怎样的变迁？基于历史制度主义分析方法，构建“环境—目标—制度”分析框架，探讨各变量间互动关系。在介绍新中国成立后食品卫生工作的基础上，将1979年至2012年的食品安全工作划分为混合过渡阶段（1979～1993年）、全面外部监督阶段（1994～2002年）、科学监管阶段（2003～2012年）三部分，并对不同阶段进行情景白描和机理分析。分析发现，食品产业基础和消费者饮食需求影响食品安全状况的基本面，市场失序和突发公共事件是导致食品安全政策议程变化的重要契机，法律法规、监管体制、政策工具随政治领导人政策目标变化。2013年以后，我国进入国家治理现代化新阶段，食品安全被赋予公共安全新定位和国家战略新高度。研究认为，“多期叠加”的经济社会发展阶段、“反向演进”的制度变迁路径是决定食品安全绩效的结构性因素，据此提出优化市场、最严监管、社会共治三大未来改革方向。从温饱到放心，不仅反映食品安全工作范式转变，更折射监管型国家的中国路径。

一、我国食品安全工作阶段划分和制度变迁动因

中国是食品生产和消费大国，从农田到餐桌的食品产业链较长，既有加强质量安全监管的问题，又有规范市场秩序的问题，也有发展生产、促进经济增长的问题。[①] 由于我国食品安全形势依然严峻，保障食品安全仍面临艰巨任务。因此回顾和梳理改革开放 40 年来食品安全理念和实践变迁，是重要的理论命题，更有助于探索大国食品安全治理之道。

国内外研究从多元视角关注中国食品安全。有观点认为，产业结构不合理和产业素质不高是食品安全基础薄弱的根本制约因素。[②] 也有研究指出，体制不畅和地方保护制约了食品安全监管有效性。[③] 还有研究从法律条文、标准数量和队伍素质等六大方面历数了我国食品安全的困境。[④] 另有观点认为，复杂的消费结构给低质量食品带来生存空间，食品生产经营者嵌入个体风险漠视的社会心态诱发其产生机会主义行为。与此同时，检验检测、风险分析等技术支撑不足是制约食品安全保障水平的瓶颈。[⑤] 在梳理基本概念和研究视角的基础上，我们将聚焦食品安全工作阶段划分、制度变迁动因两大命题。

---

① 李玉梅：《今后一段时期抓好食品安全工作的着力点——专访国务院食品安全委员会办公室主任张勇》，载于《学习时报》2011 年 6 月 20 日。

② Liu Peng. Tracing and Periodizing China's Food Safety Regulation: A study on China's Food Safety Regime Change. *Regulation & Governance*, 2010 (4), pp. 244 – 260.

③ Tam Waikeung and Yang Dali. Food Safety and the Development of Regulatory Institutions in China. *Asian Perspective*, 2005, 29 (4), pp. 5 – 36.

④ 廖文根：《人大常委会执法检查发现：食品安全存在六大问题》，载于《人民日报》2011 年 6 月 30 日。

⑤ 罗云波、吴广枫：《从国际食品安全管理趋势看我国〈食品安全法（草案）〉的修改》，载于《中国食品学报》2008 年第 3 期，第 1 ~ 4 页。

基于食品管理体制、食品产业发展、食品安全（卫生）状况等变量，学界就如何划分新中国食品安全阶段形成诸多观点。

一是“两阶段论”。原卫生部食品卫生监督检验所李小芳认为，以全民和集体所有制为基础的传统食品卫生监督管理模式已不符合经济体制改革要求。新模式必须兼容经济发展与食品卫生执法，引入竞争机制、有偿服务和分级管理，发挥科技和企业的积极作用。两类模式转折点是1982年全国人大常委会审议通过的《食品卫生法》（试行）。[①]

二是“三阶段论”。张炜达和任端平根据政府职能总体定位和食品安全状况，将我国食品安全监管职能划分为三个历史阶段。新中国成立后至1982年《食品卫生法（试行）》出台前，为食品卫生内部全面管理阶段，其特点是政府同时作为食品生产经营者和管理者。1982～2004年国务院下发《关于进一步加强食品安全工作的决定》前，为食品卫生国家外部监管为主阶段。其特征是政企逐步分开，卫生部门的外部监管者角色被强化。2004年至今为食品安全政府动态监控阶段，政府职能随着食品生产流通体制改革从单一管理向动态监控、技术支撑和市场服务转变。[②]

三是“四阶段论”。刘鹏引入历史制度主义分析范式，从监管者、监管对象和监管过程三个角度，将我国食品安全管理体制划分为指令型体制（1949～1977年）、混合型体制（1978～1992年）、监管型体制（1993年至今），并以增进监管绩效为目标提出未来监管体制改革方向。[③] 必须承认，上述阶段划分模式都具有启发意义。

---

① 李小芳等：《新经济体制下食品卫生监督管理的变化》，载于《中国公共卫生》1998年第8期，第504～507页。

② 张炜达、任端平：《我国食品安全监管政府职能的历史转变及其影响因素》，载于《中国食物与营养》2011年第3期，第9～11页。

③ 刘鹏：《中国食品安全监管——基于体制变迁与绩效评估的实证研究》，载于《公共管理学报》2010年第2期，第63～78页。

那么，哪些因素推动了监管制度变迁呢？市场监管是我国政府五大职能之一，与宏观调控、社会治理、公共服务、环境保护相并列。监管是政府依据规则对市场主体行为进行的引导和限制，其本质是纠正市场失灵。[①] 理论上将监管分为经济监管（economic regulation）和社会监管（social regulation）两类。我国政策实践则将市场监管区分为公共安全类监管和一般市场监管两大领域，前者包括食品药品安全、环境保护、安全生产、防灾减灾救灾等，后者诸如市场秩序、产品质量、消费者权益、价格管制等。

2015 年 5 月 29 日下午，中共中央政治局就健全公共安全体系进行第二十三次集体学习，习近平总书记主持学习，公安部、农业部、民政部、安全生产监督管理总局、食品药品监督管理总局等部门负责同志先后发言。上述五个领域被学术界统称为“五大公共安全”。需要说明的是，环境保护在我国是与市场监管并列的政府五大职能之一，但鉴于国内外理论界通常将环境保护作为社会监管的重要和典型领域，故在此纳入政府监管范畴。

一些学者对具体领域市场监管制度变迁进行了深入分析。王海芹和高世楫梳理了改革开放以来我国绿色发展的理念和政策演进，认为这是一个由表及里、由浅入深、由自然自发到自觉自为的过程，本质是权衡经济发展与环境保护的矛盾，相应带来政策目标、立法体系、政策工具的调整。[②] 胡颖廉提出，中国药品监管体制改革的自变量是国家面临药品产业安全抑或质量安全问题，因变量是选择什么样的监管体制和机构。在缺医少药的年代，需要嵌入产业的专业监管机构确保药品产业发展和安全；而当安全健康成为人们普遍认可的新理念时，中立的行政部门能更

---

① ［美］丹尼尔·史普博著，余晖等译：《管制与市场》，上海三联书店、上海人民出版社 1999 年版。

② 王海芹、高世楫：《我国绿色发展萌芽、起步与政策演进：若干阶段性特征观察》，载于《改革》2016 年第 3 期，第 6 ~26 页。

好地协调政策，保障药品质量安全。[1] 马得勇和张志原基于社会演化理论的“环境—结构—行为者（观念和利益）”框架，研究铁道部制度的产生、延续与变革历程，发现这是一个由关键行为者发起和主导的、自上而下的、强制性的外生性制度变迁。[2]

在综述相关文献的基础上，本章将围绕中国语境下的食品安全话题构建分析框架。与既有研究不同，该框架不能局限于情景白描和资料堆砌，更应当探讨不同主体间互动关系和各类变量间动态机理，从而生动展现制度变迁的过程和全貌。

二、“宏观环境—政策目标—制度设计”分析框架构建

英国监管学者亚伯拉罕（John Abraham）认为，现代食品药品安全史是一部国家、市场和社会关系史，每一次重大制度变革和政策调整都充满着各方利益博弈。[3] 食品安全糅合了公众健康、产业利益、科技创新、社会环境、监管政策等多元价值，[4] 因此食品安全状况与法律因素、风险因素、监管者与监管对象关系、政治考量、监管能力都密切关联。[5] 基于已有文献，我们认为影响新中国食品安全制度变迁的政策主体包括社会公众、食品产业、监管部门、政治领导人等。

---

① 胡颖廉：《从福利到民生谈新中国药品安全管理体制变迁》，载于《中国药事》2014 年第 9 期，第 925 ~933 页。

② 马得勇、张志原：《观念、权力与制度变迁：铁道部体制的社会演化论分析》，载于《政治学研究》2015 年第 5 期，第 96 ~110 页。

③ Abraham, John. *Science, Politics and Pharmaceutical Industry: Controversy and Bias in Drug Regulation* (1st *Edition*). London: VCL Press Limited, 1995, pp. 36 – 86.

④ ［美］玛丽恩·内斯特尔著，程池等译：《食品安全：令人震惊的食品行业真相》，社会科学文献出版社 2004 年版。

⑤ Hutter, Bridget. *Managing Food Safety and Hygiene: Governance and Regulation as Risk Management*. Edward Elgar Publishing, 2011.

研究引入历史制度主义理论，将上述要素整合到同一分析框架内。历史制度主义研究者认为，由于制度领域存在路径依赖现象，当制度在特定历史时间点形成后，其一般不会随外部环境轻易发生变化，而是具有持续性、渐进性、稳定性等特征，并对后来的政策选择产生约束作用，最终实现制度变迁和政策过程。消费需求、产业发展、食品安全状况、政治领导人观念、监管体制和手段、法律法规都是影响制度变迁的具体因素。研究据此提出"环境—目标—制度"分析框架，从宏观经济社会环境、中观政策目标、微观制度选择三个层面，探讨食品安全领域的制度变迁，如图2－1所示。

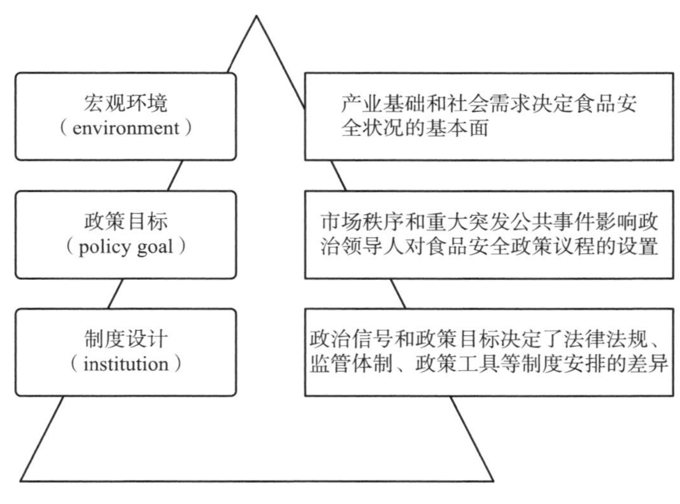

图2－1　"环境—目标—制度"三层分析框架

资料来源：作者自制。

首先是食品安全嵌入的宏观经济社会环境，包括食品产业基础和消费者需求。发达国家食品产业发展离不开有效监管和强大监管能力。为实现监管与产业激励兼容，其许多监管政策都建立在对市场机制的模拟之上。与此同时，食品安全风险受消费结构影响，高水平的需求决定高质量的供给。发达国家食品安全状况随着恩格尔系数（食品消费支出占消费总支出的比重）下降呈现先恶化后好转的趋势，拐点出现在恩格尔系数为30%时。具体而言，当一国恩格尔系数大于50%，消费结构为生存型，政府将农业和食品工业作为提供基本公共服务的福利事业牢牢掌控，食品安全问题不易发生。当系数在30%～50%，消费结构从生存型转向发展型，食品产业市场化步伐加快，此时政府监管体系改革通常滞后于产业的扩张，食品安全问题呈高发态势。而当系数小于30%，消费结构趋于合理，产业趋于成熟，监管体系趋于完善，食品安全问题亦趋于平缓。[①] 如上文所述，在近百年发展历程中，发达国家食品安全问题依次经历了"劣质食品""化学污染""新型风险"三个阶段，食品安全状况随消费水平提高不断好转，现阶段发达国家恩格尔系数已普遍在15%以下，食品安全总体具有保障。

其次是政治领导人政治信号和政策目标。一般而言，政府管理市场的目标包括活力、秩序、安全三个层次：一是服务市场主体，激发市场效率和社会活力，推动产量增长和技术创新；二是维护市场秩序，促进企业公平竞争；三是保障产品服务质量安全和消费者权益。在经济社会发展不同阶段，市场面临的主要矛盾不同，政治领导人需要权衡食品可及性、安全性、可持续性等价值，其政治信号和政策目标通过各类重要讲话和文件释放。食品安全突发事件等危机往往会成为推动政策议程转变的政策窗口。

最后是国家为实现政策目标的制度设计，如法律法规、监管体制、政策工具等。当人们对政策目标逐步凝聚成共识后，需要用制度形式固定下来。法律法规是权利（权力）义务关系的基础性制度安排，其规定了企业、监管部门、行业协会、消费者等

---

① 陈晓华：《完善农产品质量安全监管的思路和举措》，载于《行政管理改革》2011年第6期，第14～19页。

主体在食品安全中的角色。体制是机构设置、权责关系和人员编制等组织制度的总称，本质上是一种行政资源配置过程和方式。具体到食品安全，包括监管机构设置、中央和地方事权划分、监管执法队伍建设、责任体系等要素。政策工具是政府及其部门采取相应措施达到政策目标的过程，从而实现从意愿到能力的转变。

上述分析框架的逻辑链条包括若干层层相扣的内在机理：首先，产业基础和消费需求决定食品安全状况的基本面。其次，市场秩序和重大突发公共事件影响政治领导人对食品安全政策议程的设置。再次，政治信号和政策目标决定了法律法规、监管体制、政策工具等制度设计的差异。最后，监管制度和治理体系综合反映为食品安全保障水平。在厘清分析框架的基础上，我们对新中国食品安全理念和实践演进路径进行研究。

三、从管控到监管：2012 年以前我国食品安全工作历程

我国政府对食品安全的管理肇始于新中国成立初期。1949 年 11 月 1 日，中央政府成立卫生部，同年长春铁路局成立了我国最早的卫生防疫站。1953 年 1 月，政务院决定在全国范围内建立卫生防疫站，地方各级卫生部门在防疫站内设置食品卫生科（组），具体从事食品卫生监督管理工作。卫生行政部门通过发布粮、油、肉、蛋、酒、乳等大宗消费食品卫生标准和开展卫生监督，旨在防止食物中毒和肠道传染病等突出问题。比如，1953 年卫生部颁布的《清凉饮食物管理暂行办法》是建国后我国第一个食品卫生法规，扭转了因冷饮不卫生引起食物中毒和肠道疾病暴发的状况；1957 年卫生部转发天津市卫生局关于酱油中砷含量每公斤不超过 1 毫克的限量规定；1960 年国务院转发国家

科委、卫生部、轻工业部等制定的《食用合成染料管理办法》，规定了只允许使用的五种合成色素及其用量，化工部还指定了专门生产厂家，纠正了当时滥用有毒、有致癌作用色素的现象。

然而当时食品工作的首要任务是解决人民群众温饱问题，食品供不应求、凭票供应，其数量充足比质量安全重要。各级政府通过牢牢掌握食品工业，把保障食品供应作为一项政治任务来抓。食品企业生产经营基本处于政府的直接管控之下，政企合一的特征十分明显。[①]

1953～1978 年，我国食品工业总产值年均递增 6.8%。[②] 与之相适应，政府在食品领域的机构和职能逐步扩大和细化，卫生部会同相关行业主管部门共同管理食品卫生，确立了食品行业部门与卫生部门"双头共管"的模式。1956 年我国第二次政府机构改革后，轻工、商业、内贸、化工等行业主管部门纷纷建立保证本系统产品合格出厂销售的食品卫生检验和管理机构。国务院于 1965 年 8 月转批了卫生部、商业部等五部委制定的《食品卫生管理试行条例》，食品卫生标准的贯彻执行、食品生产经营企业的卫生管理都由其行业主管部门负责，具体是通过思想教育、质量竞赛、群众运动、行政处分等"指令加管控"（command and control）的内部管理方式约束企业行为。卫生部门在整个体制中处于从属地位，其无权处理不符合要求的企业，实际上只起到技术指导作用。好在计划时代的企业缺乏独立经济诉求，为追求利润而违规造假、偷工减料的情况并不严重，假冒仿冒现象也十分少见。食品卫生问题主要是由工艺、设备、企业内部管理水平不高等因素导致的，属于生产力不发达状况下的"前市场"风险。也正是从这个意义上说，本书在措辞上不严格区分食品卫

① 胡颖廉：《食品安全"大部制"的制度逻辑》，载于《中国改革》2013 年第 3 期，第 29～32 页。

② 吕律平：《国内外食品工业概况》，经济日报出版社 1987 年版。

生监督管理与食品安全监管。

（一）计划与市场的混合过渡阶段（1979～1993年）

随着商品经济起步和食品产业发展，食品市场逐渐形成，制假售假等食品安全问题开始出现。传统和现代相互交织的风险特征，催生了这一时期独特的食品卫生管理体系。

1. 改革开放初期食品产业发展和食品卫生问题。

党的十一届三中全会提出把党和国家的工作重心转移到经济建设上来。食品生产、经营、餐饮服务行业具有门槛低、投资少、需求大、见效快等特点，因此迅速吸引了大批劳动力。尽管国有食品生产经营企业仍占主导地位，私营、合资、合作、独资、个体等不同所有制形式的生产经营者大量涌现，其行为模式也发生深刻变革。例如，在计划经济时期，政府通过定点生产控制食品添加剂、食品包装材料质量。随着统购统销模式逐步退出，产品只要符合国家卫生标准就可以出厂流通。竞争机制激发了市场主体积极性，供需基本趋于平衡，而人民群众对食品的需求也开始从温饱向多样化转变。1979～1984年，我国食品工业总产值以每年9.3%的较高速度递增。[①]

经济基础的变化迫切要求改革经济体制管理模式。经国务院批准同意，卫生部于1978年牵头会同其他有关部委组成“全国食品卫生领导小组”，组织对农业种植养殖、食品生产经营和进出口等环节的食品污染开展治理，具体包括农药、疫病牲畜肉、工业三废、霉变等。应当承认，改革开放初期的食品卫生监督工作取得了明显进展，1982年食品卫生监测合格率达到61.5%，其中冷饮食品的合格率从计划时代的40%左右提高到90%以上，酱油的合格率从20%提高到80%左右。

① 杨理科、徐广涛：《我国食品工业发展迅速》，载于《人民日报》1988年11月29日。

然而《食品卫生管理试行条例》和1979年颁布的《食品卫生管理条例》只将全民和集体所有制企业列为食品卫生监督管理对象，导致大量食品生产经营者处于法规调整范围之外，出现监管空白地带。从这个意义上说，食品卫生监督制度已经滞后于经济形势，进而制约了食品产业健康发展。同时随着经济体制改革推进和市场不断扩张，食品产业规模、技术手段、产销行为日趋复杂。搞活经济的政策提供了致富环境，各类所有制经济企业追求商业利润的动机日益强烈，诱发变通、逃避、对抗监督执法的机会主义行为，甚至采取非法手段牟取暴利。在市场扩张和管理滞后的双重因素影响下，这一时期除了“前市场”风险因素，食品领域出现了因市场竞争和利益驱动引发的人为质量安全风险，恶性中毒事故不断发生。

例如，当时一些食品企业削弱食品卫生管理体系甚或干脆撤销检验人员，有的企业虽有形式上的出厂出售检验，但长官意志替代真实检验结果，不合格产品照样能够过关，食品卫生管理失控。许多城乡农贸市场布局混乱，面积狭小，缺乏食具消毒、上下水设施、防尘防蝇等基本设备，从业人员无卫生许可证和健康合格证。上海、辽宁等地产牛奶的加水率超过44.7%，还有地方出现在牛奶中加洗衣粉、甲醛，在西瓜中注射色素和糖精等非法添加现象。有不法分子将病死畜禽甚至患狂犬病死亡的狗肉加工出售，造成食物中毒；因食用霉变粮食、甘蔗造成儿童中毒、终生残疾和死亡的事件遍及全国8个省份；用甲醇兑酒致人中毒失明甚至死亡的恶性事件也时有发生。①

2. 食品卫生管理初步法制化。

在总结30多年食品卫生工作经验基础上，1982年11月19日，第五届全国人大常委会第25次会议审议通过了《中华人民

---

① 郭节一：《国内食品卫生管理现状及经验》，载于《食品卫生进展》1987年第4期，第17页。

共和国食品卫生法（试行）》（以下简称《试行法》）。这是我国食品卫生领域的第一部法律，其篇章结构总体完备，内容体系较为完整。该法对食品、食品添加剂、食品容器、包装材料、食品用工具、设备等方面卫生要求，食品卫生标准和管理办法的制定，食品卫生许可、管理和监督，从业人员健康检查以及法律责任等方面都做了翔实规定。初步搭建起现代食品卫生法制的基本框架。

《试行法》规定国家实行食品卫生监督制度，改变了各级政府非常设机构——食品卫生领导小组负责食品卫生监督管理的格局，明确各级卫生行政部门领导食品卫生工作及其执法主体地位。鉴于计划经济体制依然存续，法律并未改变卫生部门与行业部门分工协作的管理体制，其中卫生部门负责食品卫生监督执法，行业主管部门侧重企业内部生产经营规范管理，包括如下特征：首先，县级以上卫生防疫站或卫生监督检验所负责辖区内食品卫生监督工作。其次，政企合一特征显著的铁道、交通、厂矿等部门和单位，其卫生防疫站在管辖范围内执行食品卫生监督机构职责，同时接受所在地食品卫生监督机构业务指导。再次，城乡集市贸易的食品卫生管理工作和一般食品卫生检查工作由1978年恢复建立的工商行政管理部门负责；其食品卫生监督检验工作由食品卫生监督机构负责；而畜禽兽医卫生检验工作由农牧渔业部门负责。还有，进口食品由当时隶属卫生部门的国境食品卫生监督检验机构负责，出口食品则由国家进出口商品检验部门进行卫生监督检验。最后，食品生产经营企业的主管部门负责本系统的食品卫生工作，并检查法律执行情况，主管部门和食品生产经营企业必须建立健全本系统、本单位的食品卫生管理、检验机构或者配备专职或兼职食品卫生管理人员。

3. 传统和现代交织的食品卫生管理手段。

伴随产业基础和管理体制变化，行政指令、教育劝说等传统行政干预手段效果明显下降，食品卫生监督的政策工具亟待丰富。政府逐步引入法规标准、市场奖惩、司法裁判等新方式，提升监督管理绩效。1981 年，卫生部成立食品卫生标准技术分委员会，并委托中国医学科学院卫生研究所（国家食品安全风险评估中心前身）制定了食品卫生标准研发五年规划，发布了调味品、食品添加剂、包装材料等 80 多项标准，包括产品标准、限量标准以及微生物和理化检验方法标准。1984 年中国正式成为国际食品法典委员会成员，积极参与国际食品标准的制定。与此同时，卫生部门开始利用市场机制引导企业注重食品卫生。如广东省韶关市卫生防疫站为促进企业内部管理，对食品企业实行卫生等级申报评审制度，共分为五等。评审结果向全市通报，对食品卫生三级单位实施限期改进，对四级单位责令停业整顿。又如山东等省市组织了食品卫生质量万里行，在“‘3·15’国际消费者权益日”前后对企业产品质量进行抽检，并曝光不合格产品，倒逼企业与卫生部门合作改进工作。① 另一个重大变化是 1988 年卫生部、国家物价局、财政部联合颁布的《全国卫生防疫防治机构收费暂行办法》，国家事业经费补助相对减少，有偿服务成为食品卫生监督机构的重要经济来源。于是食品卫生监督监测工作由纯公益性转变为消费者与国家共同承担，由此还明确划分了各级监管事权。

商品经济无疑为食品卫生监督管理注入了新的活力，《试行法》的实施更是对于改善我国食品卫生状况和促进食品产业发展发挥了巨大作用。全社会食品卫生法律意识大大提高，食品卫生知识逐步得到普及，食品卫生监测合格率由 1982 年的 61.5% 上升到 1994 年的 82.3%。1990 年全国食品工业企业单位数达到 75 362 个，职工 484.6 万人，食品工业总产值为 1 447.7 亿元，

① 郑家潮：《食品企业实行卫生等级申报审评制度的效果分析》，载于《中国食品卫生杂志》1995 年第 1 期，第 50 页。

利税总额 406.91 亿元，位居全部工业部门第三位。[①] 可见，不论是从经济社会背景、管理体制还是政策工具等方面看，改革开放初期的食品卫生都带有浓厚的混合过渡色彩，这是一种徘徊于温饱与吃好、计划经济与商品经济、政企合一与政企分离、行业管理与外部监督、传统管控与现代监管之间的独特现象。

（二）全面外部食品卫生监督阶段（1994～2002 年）

在市场经济环境下，传统行业部门行政手段和企业内部管理已经无法适应各式食品卫生问题。《食品卫生法》的颁布和后续“食品安全”概念的首次提出，是政策层面对现实需求的积极回应，以全面外部监督管理为特征的新型政策工具也随之确立。

1. 市场经济环境下食品产业格局和监管理念新特征。

1992 年 10 月，党的十四大确立了社会主义市场经济体制，提出“实行政企分开，逐步扩大企业生产经营自主权”。在这一背景下，1993 年国务院机构改革撤销轻工业部，成立中国轻工总会。至此，食品企业正式与轻工业主管部门分离，延续了 40 多年的政企合一体制被打破。

在此之后，各类市场主体发展食品产业的积极性被激发，食品产业获得前所未有的发展。2000 年规模以上食品企业固定资产投资为 5 103.7 亿元，是 1980 年的 30 多倍。随着产业规模扩大，食品市场转变为买方市场，产品竞争日趋激烈，消费者选择范围变大。与之相伴的是食品生产经营方式发生变化，国营企业数量减少，其他所有制企业数量大幅增加，规模持续扩大，新型食品、保健食品大量涌现。食品卫生与改革开放、对外贸易、经济社会发展等核心政策议题的关系越来越紧密，食品卫生状况亟须与人民群众日益改善的生活水平相适应。

---

① 付文丽、陶婉亭、李宁：《创新食品安全监管机制的探讨》，载于《中国食品学报》2015 年第 5 期，第 261～266 页。

在日益激烈的市场竞争中，食品行业主管部门基本摒弃统购统销、逐级调拨的旧模式，纷纷下放管理权限。这样一方面有助于增强食品企业生产经营自主权和灵活性，另一方面也客观上放松了对企业在食品卫生管理方面的要求。个别部门从局部利益出发，非但没有认真履行《试行法》规定的食品卫生管理义务，甚至还阻挠食品卫生监督部门正常执法。类似地，一些地方出于“发展型地方主义”争相上马食品生产企业和批发市场，在20世纪90年代初形成“麻雀虽小五脏俱全”的区域性食品产业布局，扰乱了市场秩序。部门和地方在发展经济与保障食品卫生的政策目标之间产生冲突，保护主义越演越烈。在这样的背景下，这一时期我国食品安全主要问题已经从“前市场”风险转变为经济利益驱动的人为安全质量风险。

面对严峻现实，国家采取一系列举措打击地方保护、纠正市场失灵并促进竞争。[①] 1994年党的十四届三中全会首次提出“改善和加强对市场的管理和监督，建立正常的市场进入、市场竞争和市场交易秩序，保证公平交易、平等竞争，保护经营者和消费者的合法权益”。政治领导人对食品卫生的重视程度也不断提升，集中体现在重要文件和报告中关于食品卫生的表述。1995年3月，时任国务院总理李鹏在政府工作报告中提出“依法加强对药品、食品和社会公共卫生的监督和管理”；1997年国务院政府工作报告更是强调“严格食品以及社会公共卫生的监督管理”。1997年1月，中共中央、国务院联合发布《关于卫生改革与发展的决定》将食品卫生作为“五大公共卫生”之首，强调“认真做好食品卫生、环境卫生、职业卫生、放射卫生和学校卫生工作”。

---

① Mertha, Andrew. China's "soft" Centralization: Shifting Tiao/Kuai Authority Relations since 1998. *China Quarterly*, 2005, No. 184, pp. 791 – 810.

2.《食品卫生法》的内容和意义。

宏观背景的深刻变化，为颁布施行十多年的《试行法》正式实施提供了良好契机。在当时国务院法制局和卫生部的大力推动下，八届全国人大常委会第16次会议于1995年10月30日审议通过了《食品卫生法》，标志着我国食品卫生管理工作正式进入法制化阶段。该法继承了《试行法》的总体框架、主要制度和条款内容，增加了保健食品相关规定，细化了行政处罚条款，强化了对街头食品和进口食品的管理。

《食品卫生法》再次明确国家实行食品卫生监督制度，废除原有政企合一体制下的行业部门食品卫生管理职权，确定了卫生行政部门作为食品卫生执法主体的地位。卫生部具体行使十项职能：制定食品卫生监督管理规章；制定卫生标准及检验规程；审批保健食品；进口食品、食品用具、设备的监督检验和卫生标准审批；卫生许可证审批发证；新资源食品及食品添加剂等新产品审批；食品生产经营企业的新、改、扩建工程项目的设计审查和工程验收；日常的食品卫生监督检查、检验；对造成食物中毒事故的食品生产经营者采取临时控制措施；实施行政处罚。同时，国务院有关部门在各自职责范围内负责食品卫生管理工作，例如，农业部门负责种植养殖环节监管，铁道、交通部门和军队系统设立的食品卫生监督机构负责本行业内部的食品卫生监督。政府通过建立有权威的外部食品卫生执法和监督机构，在绝大部分领域取代行业内部食品卫生管理，将监管者与监管对象都纳入法制框架。尽管具体机构设置和职权划分存在差异，管理主体都已经转变为市场经济条件下的第三方独立监督机构，从而确立了食品卫生全面外部监督体制，初步具备现代监管体系的特征。

新管理体制助推了县、地（市）、省、国家四级食品卫生执法监督体系和技术支撑体系不断完善，当时全国共有卫生监督员约10万人和卫生专业技术人员约20万人从事食品卫生许可、监督检查、卫生检验监测、食物中毒事故处置和食源性疾病防控工作。1997 年 3 月，卫生部颁布了更为细化的《食品卫生监督程序》，进一步加强食品卫生监督执法工作，严格食品生产经营卫生准入制度，规范食品添加剂、新资源食品和保健食品等产品的行政许可，连续组织开展全国范围的监督抽检和专项整治，查处了大量社会反响强烈的食品卫生案件。

3. 新型政策工具兴起和“食品安全”理念提出。

与社会主义市场经济体制以及新的外部监督体制相适应，传统行政干预手段基本退出历史舞台，卫生部门继续强化国家立法、技术标准、行政执法等工作，同时质量认证、风险监测、科普宣传等新型监管工具也初现端倪。具有特色的政策工具主要包括：一是制定了 90 余部《食品卫生法》配套规章，涉及食品、食品原料、食品包装材料、容器、食品卫生监督处罚等方面。各地也制定实施了一批地方配套法规，初步形成了符合国情、层次分明的食品卫生法规体系。二是标准体系建设走上法制轨道。至 1998 年底制定并颁布食品卫生国家标准 236 项、标准检验方法 227 项、行业标准 18 项，基本形成一个由基础标准、产品标准、行为标准和检验方法标准组成的国家食品卫生标准体系。[①] 三是吸收国外先进经验并结合我国实际，卫生部于 2003 年制定实施了“食品安全行动计划”。具体包括推行食品卫生监督量化分级管理制度、良好生产规范（GMP）管理和危险分析关键控制点技术（HACCP）管理体系，建立食品污染物和食源性疾病监测网，开展危险性评估。四是广泛开展食品卫生宣传教育，从 1996 年开始连续 11 年开展“全国食品卫生法宣传周”活动，定期向社会公布食品卫生信息和食物中毒情况，发动公众参与食品卫生社会监督。

此时，监管核心理念也发生了变化。传统的食品卫生通俗来

① 倪楠、徐德敏：《新中国食品安全法制建设的历史演进及其启示》，载于《理论导刊》2012 年第 11 期，第 103 ~ 105 页。

讲是干净，目的是防止食品不洁净因素对人体的危害，其不包括农产品种植养殖环节。食品安全强调的是无毒、无害。比较而言，前者多表现为食品外在表面的现象，后者侧重于食品内在的品质。随着我国食品产业持续发展和市场不断扩张，侧重事后消费环节的食品卫生管理已不适应监管对象的复杂化，理想的监管链条必须覆盖事前、事中、事后环节。从卫生到安全两个字的改变体现了观念与监管方式的转变。现实发生的食品安全事故也在警示我们需要转变监管方式，在重在外部监管的基础上，更加重视解决食品的内在安全隐患。这是世界各国食品安全管理发展的趋势，也是世界卫生组织对各成员国的要求。2000 年，世界卫生大会通过了《食品安全决议》，制定了全球食品安全战略，将食品安全列为公共卫生的优先领域，并要求成员国制定相应的行动计划，最大程度减少食源性疾病对公众健康的威胁。包括中国在内的许多国家据此采取行动，加强了食品安全工作。[①] 食品安全包括食品表面卫生、质量性状、内在营养等内容，能够涵盖农产品种植养殖、农副产品加工、食品工业、食品流通销售以及餐饮服务整个产业链条。可见，从食品卫生向食品安全的转变，是经济社会发展的必然结果。

理念层面的变化反映为监管体制改革。1998 年国务院机构改革旨在大幅精简政府机构和人员，撤销了众多工业经济部门。即便在这样的形势下，国家依然加强了有关部门的食品安全监管职能。机构改革后，国家技术监督局更名为国家质量技术监督局，开始承担原属卫生部的食品卫生国家标准审批和发布职能以及国家粮食局研究制订粮油质量标准、制定粮油检测制度和办法的职能。同年，原国家进出口商品检验局、原农业部动植物检疫局和原卫生部卫生检疫局“三检合一”，组建国家出入境检验检

① 卫生部：《关于印发食品安全行动计划的通知》，中国政府网，2003 年 8 月 14 日，http：//www. gov. cn/gongbao/content/2004/content_62680. htm。

疫局，统一负责全国进出口食品管理。2001 年 4 月，国家工商行政管理局升格为正部级的国家工商行政管理总局，除继续负责城乡集市贸易食品卫生管理外，还基于其在商品流通环节的管理优势，开始承担原属质量技术监督部门的流通环节食品质量监督管理职能。2001 年原国家技术监督局和国家出入境检验检疫局合并，组建同为正部级的国家质量监督检验检疫总局。为打破长期存在的地方保护，工商、质监和后来的食药监管都实行省以下垂直管理体制，在机构设置及管理、财务经费管理、编制及干部管理等方面区别于一般政府机构。与此同时，农业部门依然负责种植养殖环节初级农产品质量安全监管。至此我国食品安全监管部门按职能合并完成，为后来的分段监管体制奠定了基础。

《食品卫生法》的颁布施行以及新监管理念和体制的构建，有效地促进了我国食品工业持续、快速、健康发展，食品卫生和质量安全水平有了显著提高，严重危害人体健康的霍乱、痢疾、伤寒等食源性传染病得到有效控制。根据历年《中国卫生年鉴》《中国卫生统计年鉴》的数据，2004 年我国食品卫生监测合格为 90.13%，比 1995 年的 83.1% 高出 7 个百分点，比 1982 年的 61.5% 更是高出 29 个百分点。与此同时，全国食物中毒发生起数从 1992 年的 1 405 起下降至 1997 年的 522 起，到 2003 年低至 379 起；食物中毒人数由 1990 年的 47 367 人降至 1997 年的 13 567 人，整体都呈现下降趋势。尽管这些指标后续有所反弹，但至少说明改革在当时取得了一定成效。

（三）科学监管阶段（2003～2012 年）

“入世”使中国食品市场进一步融入国际贸易，跨国境贸易大幅增加，消费者权利意识逐步提高，食品安全作为政策议题上升到一个新的高度。“综合协调、分段监管”体制和《食品安全法》的诞生，标志着我国食品安全工作进入科学监管的新阶段。

1. “入世”给食品领域带来的影响。

2001 年 11 月 10 日，世界贸易组织第四届部长级会议在卡塔尔首都多哈以全体协商一致的方式，审议并通过了中国加入世贸组织的决定。“入世”给中国食品安全带来两大深刻变化：其一，进口食品大量进入国内市场，知识产权、政策性贸易壁垒等风险不断增加，消费者食品安全意识也逐步提高，我国食品产业面临大分化、大重组；第二，随着中国食品大量出口到国外，食品安全政策议题不再局限于国内层面和市场范畴，而是升级到跨国贸易乃至国家外交关系高度，从而具有一定政治意义。

经过多年发展，中国食品工业整体面貌发生了历史性巨变，食品行业的生产力得到了极大解放和发展，形成了门类齐全的生产体系和较为完整的产业链。从食品供应短缺到世界食品工业生产大国，从半封闭状态到全方位多层次宽领域的对外开放，竞争力和综合实力显著增强。2007 年我国食品工业总产值 32 665.8 亿元，实现利税 5 482 亿元，其中利润 2 355 亿元，分别比效益较好的 1983 年增长 34 倍和 45 倍。尤其是大米、小麦粉、食用植物油、鲜冷藏冻肉、饼干、果汁及果汁饮料、啤酒、方便面等产品产量已位居世界第一或世界前列。①

随着经济社会发展，民众利益诉求日益增长，商品和服务供给已不再是简单有和无、多和少的问题，而是优和劣、好和坏的差异。表现在食品领域，消费者不仅要求吃饱，还期待更多质量安全且营养丰富的食品，以提高生活品质。令人遗憾的是，这一时期开始爆发一些具有系统性、全局性特征的食品安全事件，引起全社会广泛关注。2003 年安徽阜阳“劣质奶粉事件”充分暴

① 新华社：《改革开放 30 年中国发展成为世界食品工业生产大国》，中国政府网，2008 年 12 月 13 日，http://www.gov.cn/jrzg/2008-12/13/content_1177387.htm。

露出监管缺失与部门间缺乏协调等体制弊端。面对类似恶性事件，政治领导人对食品领域的关切日益提升，不再单纯关注市场秩序，而是扩展到产业基础、公众健康、社会稳定等综合因素。这种转变同样充分体现在历年政府工作报告中有关食品安全的表述，从2001年的“建立食品安全和质量标准与检测体系”到2002年时任国务院总理朱镕基强调“狠狠打击严重危害人民生命健康的食品等方面的制假售假行为”，直至2004年的“重点是继续抓好直接关系人民群众身体健康和生命安全的食品、药品等方面的专项整治”。与20世纪90年代相比，其概念和基调已发生本质变化，这也成为催生食品安全分段监管体制的重要诱因。

2. “综合协调、分段监管”模式及其挑战。

为加强部门间食品安全综合协调，2003年国务院机构改革在原国家药品监督管理局基础上组建国家食品药品监督管理局，负责食品安全综合监督、组织协调和组织查处重大事故，同时还承担保健食品审批许可职能。2004年9月，国务院印发《关于进一步加强食品安全工作的决定》，按照一个监管环节由一个部门负责的原则，采取“分段监管为主、品种监管为辅”的方式，明确了食品安全监管的部门和职能。其中，农业部门负责初级农产品生产环节的监管；质检部门负责食品生产加工环节的监管；工商部门负责食品流通环节的监管；卫生部门负责餐饮业和食堂等消费环节的监管；食品药品监管部门负责对食品安全的综合监督，从而确立了综合协调与分段监管相结合的体制。该决定同时明确提出，地方各级人民政府对本行政区域内食品安全负总责，统一领导和协调本地区的食品安全监管和整治工作，建立健全食品安全组织协调机制。作为具体工作，由质检总局牵头、会同有关部门建立健全食品安全标准和检验检测体系，同时加强基层执法队伍建设，由食品药品监管局牵头加快食品安全信用体系和信息化建设。承担综合协调职责后，国家食品药品监管局于2004

年牵头组织查处了安徽阜阳奶粉事件，组织制定了食品药品安全“十一五”规划，组织开展食品放心工程（2005～2007年），开展省会城市食品安全评价、创建食品安全示范县区，推动食品诚信体系建设，起草食品安全状况报告，建立食品安全信息发布和沟通机制等。各地陆续建立由政府领导领衔、相关部门负责同志参加的食品安全协调机制，协调机制办公室由各级食品药品监管局承担（此处有两个例外，北京为工商部门、福建省由经贸部门负责食品安全协调工作），基本形成了上下联动的综合协调工作机制。农业、质检、工商、卫生等部门分别在相关领域和环节的监管方面做了大量工作。2007年《国务院关于加强食品等产品安全监督管理的特别规定》进一步明确了“地方政府负总责，监管部门各负其责，企业承担主体责任”的责任机制。

然而，分段监管体制下某些环节职责交叉和多头执法，综合协调的权威性不高、手段不足，部门利益问题也逐渐显露。与此同时，由于食品生产经营行为是连续的，但各部门出台的政策和规范可能不匹配甚或冲突，这就会导致执法人员监督检查和被监管者遵从行为无所适从，执法和守法成本都很高。

体制缺陷最终演变为食品安全突发事件。2005年“苏丹红事件”涉及食品安全标准、风险沟通等问题；屡禁不止的瘦肉精、地沟油等食品安全问题不但给人体健康带来潜在危害，还演变为社会影响极为恶劣的公共事件；2006年底，一场围绕宠物食品、牙膏、原料药的“中国制造”危机在发达国家蔓延。在一系列重大食品药品质量安全事件爆发后，食药监管部门官员腐败案件也不断暴露，进而招致诸多批评。2007年2月8日，时任国务院副总理吴仪在全国加强食品药品整治和监管工作电视电话会议上历数了食药监管部门存在的主要问题：监管工作思想有偏差，对政府部门工作定位不准确，没有处理好政府职能部门与企业的关系、监管与服务的关系、商业利益与公众利益的关系，单纯强调“帮企业办事，促经济发展”[1]。尽管这些定性主要针对药品监管领域，但与食品安全工作也不无关系。之后，与科学发展观相符合的“科学监管”理念逐步替代过往工作方针，成为监管部门的指导思想。[2] 也正是在这次会议上，中央再一次重申“地方政府负总责，监管部门各负其责，企业是第一责任人”的食品安全责任体系，为后续食品安全法的出台奠定了基础。

3.《食品安全法》出台和国务院食品安全委员会成立。

在这样的形势下，为了厘清监管部门和产业的关系，着力维护公众利益，有必要选择一个相对超脱的中立部门来推动改革。2008 年国务院机构改革的主题是大部门制，改革把国家食品药品监督管理局从国务院直属机构改为由卫生部代管的国家局，并将两者食品安全监管职能对调。卫生部门负责食品安全综合协调和组织查处重大食品安全事故职责，组织制定食品安全标准，组织开展食品安全风险监测、评估和预警，制定食品安全检验机构资质认定条件和检验规范，统一发布重大食品安全信息。食药监管部门负责餐饮业和食堂等消费环节监管和保健食品监督管理的职责等。农业、质检、工商等部门延续原有职责分工。

为落实地方政府属地责任，同年 11 月 10 日，国务院明确将食药监督管理机构省级以下垂直管理改为由地方政府分级管理，业务上接受上级主管部门和同级卫生部门的组织指导和监督。2011 年底，国务院办公厅《关于调整省级以下工商质监行政管理体制加强食品安全监管有关问题的通知》提出，将工商、质监省级以下垂直管理改为地方政府分级管理体制，目的同样是强化地方政府对食品安全负总责。令人遗憾的是，由于种种原因，这项改革推进得并不顺利，直到 2013 年以后才得以落实。

---

① 吴仪:《在 2007 年全国加强食品药品整治监管工作会议上的讲话》，中国政府网，2007 年 2 月 8 日，http://www.gov.cn/wszb/zhibo9/content_521888.htm。

② 邵明立:《树立和实践科学监管理念》，载于《管理世界》2006 年第 11 期，第 1~5 页、第 58 页。

随着食品安全分段监管体制的确定，《食品卫生法》的修订也早在2004年9月就提上议事日程。为避免部门利益干扰，修法由国务院法制办牵头，各有关部门、专家、行业协会、企业甚至国外机构都参与了相关工作。几乎在同一时期，《农产品质量安全法》立法工作提速，并最终在2006年4月经十届人大常委会第21次会议通过并于当年11月1日起施行。中共中央政治局还专门在2007年4月23日下午进行第四十一次集体学习，强调以对人民群众高度负责的精神做好农业标准化和食品安全工作。

然而《食品卫生法》主要规范产业链条各环节食品卫生管理，其没有包括种植业养殖等初级农产品生产环节监管，同时也没有规定诸如食品安全风险监测与评估、食品下架和召回制度、保健食品和食品添加剂监管、食品广告监管、民事赔偿责任、行政执法与刑事司法衔接等一系列更符合市场经济条件的现代监管手段。于是在修订《食品卫生法》过程中，关于制定更高层次《食品安全法》的呼声越来越高。《食品安全法》（草案）于2006年提交国务院常务会议讨论，2007年该法草案提交全国人大常委会讨论。2008年三鹿牌婴幼儿奶粉事件爆发后，各界对于食品安全监管的争议日趋激烈。经过前后长达近两年的审议，2009年2月28日，十一届人大常委会第7次会议通过了《食品安全法》，原《食品卫生法》同时废止。

根据《食品安全法》规定，国务院于2010年2月6日印发《关于设立国务院食品安全委员会的通知》，成立了由国务院领导担任正副主任，由卫生、发展改革、工业和信息化、财政、农业、工商、质检、食品药品监管等15个部门负责同志作为成员组成的食品安全委员会，作为国务院食品安全工作的高层次议事协调机构，负责分析食品安全形势，研究部署、统筹指导食品安全工作，提出食品安全监管的重大政策措施，督促落实食品安全监管责任。后来国务院食品安全委员会成员单位几经扩大，加入了宣传部门和司法机关。

根据中央编办于2010年12月6日印发《关于国务院食品安全委员会办公室机构设置的通知》，国务院食品安全委员会设立了办公室，具体承担委员会的日常工作，从而取代卫生部成为更高层次的食品安全综合协调机构。食品安全办成立后，加大了食品安全工作督促力度，协调稳妥处置食品安全热点问题，积极商请中央政法委研究完善严打食品安全违法犯罪的政策措施，组织开展乳品质量安全和地沟油综合治理，组织制定《"十二五"期间国家食品安全监管体系规划》。[①] 较好地起到了牵头抓总作用。

四、迈向治理现代化：新形势下我国食品安全

党的十八大以后，在国家治理现代化的新背景下，我国食品安全也进入新阶段。当前食品安全工作既有对过去经验的继承和发扬，也有新的理念和实践。因此，总结改革开放后食品安全制度变迁的内在逻辑，探讨从监管到治理的范式转变，有助于更加准确地把握中国式监管型国家的独特路径。

（一）食品安全制度变迁的内在逻辑

回顾2012年以前我国食品安全历程，我们发现其理念和实践变迁符合历史制度逻辑。改革开放初期，国民经济百废待兴，解决群众温饱问题是食品领域主要矛盾。加之当时食品卫生问题主要表现为生产力落后导致的"前市场"风险，调动行业管理部门和地方政府壮大食品产业的积极性成为政治领导人的理性选择。因此不论是法律法规、监管体制抑或政策手段，都带有鲜明

① 胡颖廉：《食品安全理念与实践演进的中国策》，载于《改革》2016年第5期，第25~40页。

的混合过渡色彩，兼具计划体制和商品经济两类特征。

之后，我国食品行业无序发展，市场秩序混乱，体制弊端逐渐暴露。在社会主义市场经济的宏观背景下，二次改革势在必行。国家试图通过全面外部监督管理打击地方保护和部门局部利益，将食品卫生管理带入法制化轨道，并提出食品安全新理念以符合全产业链条发展需求。此时，尽管经济发展依然是"最大的政治"，但食品安全和卫生问题显然已经受到政治领导人更多的关注。

市场经济体制逐步完善和我国加入世贸组织推动了食品产业快速发展，食品产业链条的延伸和新型风险的出现，要求制度设计有新变化。政治领导人逐步意识到，保障消费者食品安全的公众利益比食品产业发展的商业利益更为重要。"综合协调、分段监管"模式的提出和地方政府属地责任体系的明确，正是其实现上述政策目标的有益尝试。面对频繁发生的重大食品安全事件，体制机构不断调整，现代化监管手段接连出现。监管理念和经验最终在2009年《食品安全法》中得以明确。而国务院食品安全委员会的成立，更是有助于从顶层制度设计高度保障食品安全政策目标的实现。表2-1归纳了1979~2012年我国食品安全（卫生）制度变迁的历程。

表2-1　　食品安全（卫生）制度变迁（1979~2012年）

阶段 变量	1979~1993年	1994~2002年	2003~2012年
产业基础	食品产业整体落后	食品市场秩序混乱	食品企业"多、小、散、低"
主要风险	"前市场"风险与主观恶意行为并存	基于利益驱动的人为问题	现代性风险
政策目标	解决温饱问题和促进产量增长	打破地方保护和政企合一，维护市场秩序	保障食品安全，促进产业健康发展

续表

阶段 变量	1979～1993年	1994～2002年	2003～2012年
管理体制	行业管理与部门监督并存	外部独立监督为主	综合协调、分段监管
标志事件	《食品安全法（试行）》颁布施行	十四届三中全会首次提出“改善和加强对市场的管理和监督”	国务院印发《关于进一步加强食品安全工作的决定》
政策工具	行政指令、教育劝说、法规标准、市场奖惩、司法裁判	传统行政干预手段基本退出历史舞台，新型监管工具兴起	现代化、市场化、信息化监管手段

资料来源：作者整理。

归纳而言，产业基础决定了特定历史阶段食品领域主要矛盾及其风险类型，政治领导人对食品安全议题的关切和因此产生的变化。不同政策目标通常在市场失序和突发公共事件中固化和放大，法律法规、监管体制、政策手段都会随之发生相应变化。也就是说，有什么样的产业基础和社会需求，就有什么样的食品安全监管法律、体制和政策手段。不论是外力推动的强制性制度变迁，还是内生自发的诱致性制度变迁，食品安全监管上层制度设计必须随着经济社会基础的变化而调整。中国食品安全制度变迁的自变量是政府所嵌入的食品产业和社会需求，中间变量是政策目标，因变量是选择什么样的制度设计。食品安全理念和实践的三个历史阶段，变化的是食品领域的具体形势和食品安全问题，不变的是其内在制度逻辑。

（二）2013年后我国食品安全理念和路径

习近平总书记在2013年中央农村工作会议上强调，食品安全首先是“产”出来的，也是“管”出来的。这就告诉我们食品安全不能单靠政府监管，必须提升产业素质和引导社会共治，实现产业发展与质量安全相兼容。新时期食品安全理念和路径就此展开。

1. 从监管到治理的范式转变。

过去，人们对食品安全的认识停留在食品卫生、产品质量等技术层面。2008 年三鹿牌婴幼儿奶粉事件给全国数十万消费者尤其是婴幼儿的身体健康造成危害，并严重冲击国内乳制品行业，其影响至今还未消除。在前述《小康》杂志举办的“中国全面小康进程中最受关注的十大焦点问题”评比中，食品安全问题连续多年位列社会关注度第一。

从学理上说，监管是政府对市场主体行为进行引导和限制的双向关系，治理（governance）则强调政府、市场、社会多方使用灵活手段实现公共利益的活动和过程，通过构建综合关系网络提升制度绩效。国家治理包括治理体系和治理能力两方面，前者侧重制度本身的合理性，后者关注制度执行的有效性。

在现代风险社会，任何主体都无法单独应对日益复杂的安全问题。食品安全成因的复杂性决定了其解决途径的综合性。除政府监管外，企业自治、行业自律、媒体监督、消费者参与、司法裁判同样是纠正市场失灵进而保障食品安全的手段。因此，食品安全治理现代化要改变过去政府一家“单打独斗”的格局，重构监管部门、企业、行业协会、媒体和消费者等主体的角色和权力（利）义务关系。当这种关系用法律、政策等制度形式固定下来时，就成为食品安全治理体系。而制度的执行情况，也就是各类制度对食品领域行为的引导和约束，体现为食品安全治理能力。

2011 年初，中央首次将健全食品药品安全监管机制作为加强和完善公共安全体系，创新社会治理的重点工作，改变了过去市场监管职能的定位。党的十八大、十八届三中全会、四中全会进一步围绕健全公共安全体系，提出食品药品安全体制机制改革任务和法治化要求。2013 年，主管食品安全工作的国务院副总理汪洋明确提出构建企业自律、政府监管、社会协同、公众参与、法治保障的食品安全社会共治格局。之后，监管部门提出食品安全治理现代化的全新理念，旨在突破线性监管的传统方式。2014 年全国食品安全宣传周主题是“尚德守法，提升食品安全治理能力”，2015 年全国食品安全宣传周主题是“尚德守法，全面提升食品安全法治化水平”，2015 年全国食品药品监督管理暨党风廉政建设工作会议主题是“深化改革　强化法治　努力提升食品药品安全治理能力”，2016 年全国食品药品监督管理暨党风廉政建设工作会议主题是“‘十三五’开局　加快构建食品药品安全治理体系”，2016 年和 2017 年全国食品安全宣传周主题均为“尚德守法，共治共享食品安全”。

然而，要将食品安全监管嵌入经济结构调整、政府职能转变和社会治理创新的战略布局中，亟须一个高层次、综合性监管机构统筹食品领域监管政策和相关经济政策、社会政策，协调食品产业发展、质量安全等目标。习近平总书记在 2015 年 5 月 29 日的中央政治局第二十三次集体学习时强调，要编制全方位公共安全网，加快建立科学完善的食品药品安全治理体系，并实施食品安全“党政同责”。党的十八届五中全会更是创造性地将食品安全提升到共享发展高度，提出推进健康中国建设，实施食品安全战略，形成严密高效、社会共治的食品安全治理体系，让人民群众吃得放心，如表 2-2 所示。

表 2-2　“十一五”以来食品安全在国民经济和社会发展布局中的定位

文件	通过时间	政策定位	目标	从属领域
中共中央“十一五”规划建议	2005 年 10 月 11 日	保障人民群众生命财产安全	保障安全	推进社会主义和谐社会建设（第九章/共十章）

续表

文件	通过时间	政策定位	目标	从属领域
中共中央“十二五”规划建议	2010 年 10 月 18 日	加强和创新社会治理	降低风险	加强社会建设，建立健全基本公共服务体系（第八章/共十二章）
中共中央“十三五”规划建议	2015 年 10 月 29 日	推进健康中国建设	增进福祉	坚持共享发展，着力增进人民福祉（第七章/共八章）

资料来源：作者整理。

2. 完善统一权威专业的监管机构和新《食品安全法》出台。

2009 年公布实施的《食品安全法》明确，县级以上地方人民政府统一负责、领导、组织、协调本行政区域的食品安全监督管理工作。然而正如前文所述，作为食品安全监管的重要部门，工商行政管理、质量技术监督和 2008 年前的食药监管部门长期实行省级以下垂直管理体制，与地方政府负总责不匹配。加之近年食品安全形势严峻，属地负责的制度设计带来较大行政问责风险，体制改革呼声越来越高。

2013 年 3 月《国务院机构改革和职能转变方案》获第十二届全国人民代表大会第一次会议审议通过，改革的目标是整合职能、下沉资源、加强监管，在各级政府完善统一权威的食品药品监管机构。至此，整合各部门食品安全监管职责以法定形式被固定下来，省以下工商和质监行政管理体制改革也终于实质性启动。改革组建正部级国家食品药品监督管理总局，对研制、生产、流通、消费环节食品的安全性实施统一监督管理。改革方案特别强调，改革后，食品药品监督管理部门要转变管理理念，创新管理方式，充分发挥市场机制、行业自律和社会监督作用，建立让生产经营者真正成为食品安全第一责任人的有效机制。[①] 之后，各地食药监管部门升格为独立的政府工作部门，北京、海南等地实行省以下垂直管理体制。地方政府则在乡镇或区域设立食品药品监管派出机构，实现监管重心下移和关口前移。

党的十八届三中全会提出，改革市场监管体系，实行统一的市场监管。三中全会同时强调完善统一权威的食品药品安全监管机构。2014 年 7 月国务院发布的《关于促进市场公平竞争维护市场正常秩序的若干意见》指出，整合优化市场监管执法资源，减少执法层级，健全协作机制，提高监管效能。从 2013 年底开始，一些地方政府在不同层面整合工商、质监、食药甚至物价、知识产权、城管等机构及其职能，推进“多合一”的综合执法改革，组建市场监督管理局（委）。尽管如此，中央依然强调要确保食品药品监管能力在监管资源整合中得到强化。考虑到街道、社区以及乡镇、村屯等基层地区食品安全风险脆弱性高。根据国务院《关于地方改革完善食品药品监督管理体制的指导意见》要求，工商、质监相应的食品安全监管队伍和检验检测机构划转食品药品监督管理部门，在乡镇或区域设立食品药品监管派出机构，配备必要的技术装备，填补基层监管执法空白。应当承认，新一轮食品安全监管体制改革取得了成效，当然还有待完善。2017 年初，习近平总书记进一步对食品安全工作作出重要指示，要求增强食品安全监管统一性和专业性，切实提高食品安全监管水平和能力。[②] 统一权威专业成为评价食品安全监管体制的三大主要指标。

随着经济社会进一步发展，具有现代性的食品安全风险不断出现。爆发了餐饮平台黑作坊事件等新型食品安全风险，给监管

① 马凯：《关于国务院机构改革和职能转变方案的说明》，人民网，2013 年 3 月 11 日，http://cpc.people.com.cn/n/2013/0311/c64094-20741513-2.html。

② 新华社：《习近平对食品安全工作作出重要指示强调　严防严管严控食品安全风险　保证广大人民群众吃得放心安心》，载于《人民日报》2017 年 1 月 4 日。

提出了全新挑战。为应对这些问题，同时也为了适应食品安全监管新体制。2015 年 4 月 24 日，《食品安全法》经第十二届全国人民代表大会常务委员会第 14 次会议修订通过。新法律明确食品安全工作实行预防为主、风险管理、全程控制、社会共治，建立科学、严格的监督管理制度。法律的亮点是创新了信息公开、行刑衔接、风险沟通、惩罚性赔偿等监管手段，同时细化了社会共治和市场机制，确立了典型示范、贡献奖励、科普教育等社会监督手段。此外，法律还为职业监管队伍建设、监管资源区域性布局、科学划分监管事权等未来体制改革方向埋下了伏笔。新《食品安全法》还被称为“史上最严”，其中有八大亮点构成了保卫人民“舌尖上的安全”的制度化的保障。如惩罚性赔偿最低赔 1 000 元；确立产销者首负责任制；第三方平台要对网购食品负责；相关人员要承担连带责任；特殊食品监管更严；果蔬等禁施剧毒高毒农药；批发市场须抽查农产品；加大违法行为惩处力度。

3. 食品安全社会治理创新的探索。

加强和创新社会治理，提高食品安全保障水平，是近年来我国食品安全工作的新亮点。各地在创新工作机制、加大投入保障、提升监管能力的同时，更加注重监管理念、主体、方式、环节和手段的转变。通过对各地区有关部门负责同志进行深度访谈，详细了解其创新社会治理，加强食品安全工作的情况。现将各地的做法和经验简要介绍如下。

一是调动群众积极性，树立食品安全社会共治共享科学理念。群众的食品安全，要动员和依靠群众，形成食品安全由全社会共治共享的氛围。例如，各地建立健全食品安全有奖举报制度，依托现有农村药品监督网，建设乡镇食品安全协管员和村级食品安全信息员队伍。一些地方聘请社会公众人士参与食品安全监督，包括人大代表、政协委员、媒体工作者、社区管理者、企业代表等。例如，深圳市成立全国首支“食品安全义工队”，发动大学生走进社区、农村、工矿宣传食品安全知识，营造人人关心、人人维护食品安全的良好氛围。

二是强化企业社会责任，提高食品生产经营者质量管理水平。要实现我国食品安全形势根本好转，就必须使企业主动承担社会责任与履行法定义务相结合，提高食品生产经营者的自律意识和质量管理水平。有的省份召开食品生产企业落实主体责任经验交流和现场观摩会，全面推行企业法定代表人定期履责报告制度。有地方借鉴药品生产企业质量受权人制度的经验，试行保健食品生产质量受权人制度。质量受权人掌握专业技术知识，经企业法定代表人授权，独立履行食品生产质量监督管理职责，促使企业在追求经济效益的同时更加注重产品质量。事实上这一做法具有坚实的理论支撑。古典经济学的厂商理论认为，企业以利润最大化为目的，只有当市场上每一个生产经营者都追求利润最大化时，市场整体运行才是有效率的。20 世纪三四十年代以来，企业社会责任理论在美国兴起，有学者主张企业不仅要对股东负责，还要对各利益相关者负责，否则不仅会损害到社会公共利益，最终也无法实现企业利润最大化，这就是企业社会责任理论。质量授权人的作用就是制衡企业法定代表人，前者对产品放行负直接责任，后者对企业负整体责任。

三是发挥行业自律，提升区域性食品产业整体素质。小作坊、小摊贩、小餐饮等食品“三小”具有数量多、分布散、水平低、秩序乱等特点，其治理一直是食品安全监管的难点。在基层执法资源有限的情况下，监管难度尤其大。一些地方积极推广食品小作坊园区集中监管模式，建立数十个小作坊集中加工区域，整合监管资源，提升区域性食品产业整体素质。有的地方在实践中摸索出“区域限入”的做法，即在“五小”集中的特定行政区域内（如行政村），当一家食品生产经营者出现严重违法违规行为时，区域内所有生产经营者都要接受监管部门检查。

四是利用互联网渠道和大数据，优化食品安全信息收集和发布。食品是经验商品，在生产经营者、监管者和消费者之间存在严重信息不对称。因此，信息收集和发布成为食品安全工作的重要抓手。一些地区的食品安全监管部门积极利用网络渠道，在各大门户网站开设博客或微博，动态掌握和及时发布相关信息。如有的地方食品安全委员会官方微博有“粉丝”数十万人，并积极开发微信公众号、头条号等新媒体途径，主要用于宣传食品安全知识、通报执法情况和公布处罚结果；而消费者在微博留言中提供的举报线索一般能在两个工作日内得到官方回应。还有地方实行食品质量信息的社会共享，建立健全食品安全监管部门与人民银行、税务、海关等部门合作共享企业食品质量信息的联动机制，做到“来源可追溯、去向可查清、产品可召回”。

五是运用宣传教育、经济手段，引导生产经营者和监管者更加重视食品安全。理想的食品安全监管政策工具组合应当包括直接干预、激励和自我监管三类，其中加强对生产经营者和监管者的宣传教育和经济激励，是预防和处置食品安全事件的重要手段。国务院食安委开展的国家食品安全示范城市创建工作，就是调动地方党委政府积极性的很好手段。一些地区的食药、质监部门开展食品安全责任人约谈工作，针对下级监管部门和食品生产经营者存在的轻微问题，通过与相关责任人员进行告诫谈话，帮助其正视错误，纠正并规范不当行为，以避免出现更严重后果。①

（三）中国式监管型国家的独特路径

新中国成立以来特别是改革开放近40年来，我国政府与产业关系几经变迁，总体上经历了全能型国家、发展型国家、监管型国家等阶段。如何概括中国式监管型国家的特征和意义，具有

① 胡颖廉：《社会治理视野下的我国食品安全》，载于《社会治理》2016年第2期，第36～42页。

重要价值。作为个案，从管控到监管再到治理的食品安全理念和实践变迁，为我们展示了一幅生动的画卷。

1. “多期叠加”和“反向演进”：两大理论归因。

一方面是“多期叠加”的发展阶段。食品安全属于公共安全体系，公共安全有其内在特征和规律。国际经验表明，一国公共安全状况总体上随着经济社会发展呈“倒 U 型”曲线变化趋势，不同阶段问题类型各异，环境保护、安全生产领域都是如此。具体到食品安全状况，其随着恩格尔系数变化呈现先恶化后好转的趋势，最高点出现在恩格尔系数为 30% 时。这一点在上文已经详细介绍过，但有必要再次强调。2015 年我国居民恩格尔系数为 30.6%，贫困地区、低收入群体、特定职业人群系数偏高。[①] 尽管当前我国食品安全形势总体稳定，但依然面临严峻挑战。既有生产力落后导致的“前市场”风险，也有假冒伪劣、非法添加等恶意利益驱动行为，还有农药残留、重金属等化学污染，更有新原料、新工艺、新业态带来的新型食品安全问题。经济社会发展本身“多期叠加”的特征，决定了各种类型食品安全问题并存，具体如图 2－2 所示。

另一方面是“反向演进”的制度变迁路径。监管型国家（regulatory state）是近 30 年国外政治科学界关注的重要话题，被用来概括继福利型国家和自由市场型国家后国家、市场、社会三者关系的特征。值得注意的是，发达国家是在上百年市场经济和市民社会发展后，才逐步建立起以事先预防和过程控制为特征的现代食品安全监管体系，其手段多样且相互补充。我国的路径刚好相反，在市场经济尚不成熟和社会未发育的前提下开启了监管体制改革的步伐。于是在经济社会发展特定阶段，政府既要培育

---

① 国家统计局：《中华人民共和国 2015 年国民经济和社会发展统计公报》，中国政府网，2016 年 2 月 29 日，http：//www. gov. cn/xinwen/2016 －02/29/content_5047274. htm。

市场主体，又要监管其行为。在施莱弗（Andrei Shleifer）等人看来，这种“反向制度演进”① 导致一些部门始终在充当企业“保姆”和扮演市场秩序“警察”的双重角色间摇摆和纠结，甚至混淆了公众利益和商业利益的关系。在政策实践中，个别监管人员尚未树立正确的食品安全工作理念，影响到监管绩效提升。

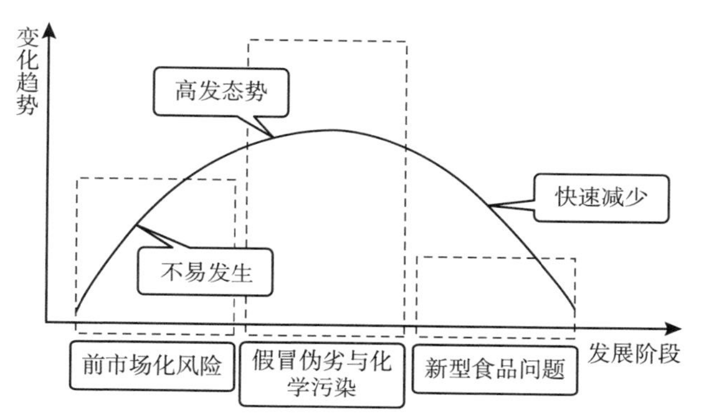

图 2－2　经济社会发展阶段与食品安全状况

注：图中实曲线代表不同发展阶段食品安全问题总量变化趋势，虚线方框代表对应的主要食品安全问题类型。

资料来源：作者整理。

2. 协同市场、政府和社会：宏观层面政策启示。

食品安全首先是生产出来的，市场应发挥决定性作用。要正确处理监管与产业的关系，就必须充分尊重企业作为市场主体的自主权。监管是市场机制的补充而非替代，理想的食品安全治理体系应该让各方面的激励和约束集中到生产经营者行为上，让优胜劣汰的市场机制成为食品安全水平的决定性因素。强调市场机制并不是否定监管的作用，而是克服“委托—代理”的传统线性监管模式弊端，让监管回归到其本原状态。通过强化食品产业

① Glaeser, Edward. Shleifer, Andrei. The Rise of Regulatory State. *Journal of Economic Literature*, 2003, 41 (2). pp. 401－425.

基础，发挥信息公开、第三方参与、成本干预等市场机制，促使企业承担食品安全第一责任。

食品安全也是监管出来的，政府是食品市场的“警察”。转变“权责同构”的监管组织体系，科学划分各级政府监管事权，防止监管职责层层推诿。中央政府负责食品安全治理基础性制度建设，包括加强法律法规、标准和企业生产经营行为规范建设，建立国家食品安全基础信息数据库和信用体系，完善统一权威高效的监管体制。市、县两级政府要落实属地管理责任和坚持问题导向，实现责任可量化、可操作、可检验，严惩各类食品安全违法犯罪行为。乡镇基层要将食品安全纳入社会治理综合治理网格中，定格、定责、定人，聘请协管员、信息员负责网格内食品安全巡查，改变“牛栏关猫”的状况，防止食品安全在第一线失守。

食品安全更是治理出来的，社会要主动构建共治网络。食品安全具有最广泛的命运共同体，只有坚持群众观点和群众路线，才能真正动员全社会的力量来维护食品安全。应当以社会治理精细化为指导，建立企业自律、政府监管、社会协同、公众参与和法治保障的包容性共治体系，优化风险沟通、贡献奖励、典型示范、科普教育、第三方参与等社会共治机制。现阶段要重点推广大众参与式科普，建立生产经营者社会信用体系，引导社会力量开展第三方巡查、检验等工作。

3. 从温饱到放心的范式转变。

改革开放40年来，随着经济社会发展和民众消费水平提高，我国食品产业由小变大，在有效解决温饱问题的基础上不断满足人民群众对吃好的需求。从长远看，食物营养安全必将受到越来越多的关注。然而在生态环境、产业基础、监管能力等条件制约下，我国正经历现代性食品安全风险高发阶段，重大食品安全事件频发。同时受“多期叠加”的经济社会发展阶段、“反向演进”的制度变迁路径等结构性因素影响，我国食品安全面临与发达国家截然不同的严峻挑战。为提升食品安全保障水平，政府在法律法规、监管体制、政策手段等方面做了诸多努力，也经历了数次反复，客观上取得了一定成效。随着食品安全上升到国家战略高度，食品安全治理的“中国故事”也必将演绎出新的篇章。

第三章

食品安全监管体制变迁和机构改革

导读：食品安全重在监管，监管体制是影响监管绩效的重要因素。我国食品安全监管体制经历了从福利到民生的范式转变，总体上适应了不同历史时期食品安全工作需要。然而长期以来，横纵分割的食品安全监管体制存在“碎片化”特征，不利于提升食品安全本质保障水平。2013 年国务院机构改革新组建国家食品药品监督管理总局，对食品药品实行相对统一监管。与此同时，地方食品药品监管体制改革有序推进，在乡镇和区域设置监管所以实现重心下移。党的十八届三中全会审议通过了《中共中央关于全面深化改革若干重大问题的决定》，其同时强调“推进综合执法”和“完善统一权威的食品药品监管机构”。综合执法改革的目标是整合执法主体，通过精简机构解决权责交叉、多头执法问题，进一步简政放权。食药监管体制改革旨在相对整合监管职权并下沉监管资源，实现机构统一、执法权威、队伍专业，保障人民群众饮食用药安全。两项工作最初并行实施。在人员编制、机构数量、财政经费等硬约束下，一些地方锐意创新，“两步并一步走”，成建制整合工商、质监、食药等部门，组建新的市场监督管理局。综合执法改革为食品安全监管提出了新命题，也成为中国式监管型国家建设和食品安全治理的一道独特风景。有必要说明的是，由于食品药品监管机构本身是一个整体，因此在讨论中我们不刻意加以区分。

一、食品安全监管体制改革的制度逻辑

在本书第二章介绍食品安全理念和实践演进过程的基础上，我们有必要聚焦监管体制，探讨体制改革的制度逻辑。新中国食品安全管理体制经历了福利、发展、监管、民生四大阶段变迁，每个阶段的体制特征都与当时的时代背景紧密相连。

（一）监管体制的变革过程和特征

总体上说，新中国食品监管体制经历了从福利到民生的转变。需要注意的是，福利与民生不同。计划经济时代的福利是一种低水平状态，而和谐社会和中华民族伟大复兴进程中的食品民生，是在基本解决了数量和质量安全问题后赋予公民的高层次社会权利。这种变化符合制度变迁理论的基本假设，即制度是一种公共产品，它是由个人或组织生产出来的。第二章的研究已经表明，当制度的供给和需求基本均衡时，制度是稳定的；当现存制度不能使人们的需求满足时，就会发生制度的变迁。换言之，有什么样的市场基础和社会需求，就有什么样的食品管理体制。那么，食品安全监管体制变革的内在机理是什么呢？

一是基本福利阶段的“双头共管”型体制。正如上文所述，1949 年 11 月中央人民政府成立卫生部，之后在卫生部内设专门机构负责食品卫生工作。由于新中国成立初期食品领域的主要任务是解决人民温饱问题，因此食品供应数量充足远比质量安全受决策者重视，政府将农业和食品产业作为福利事业牢牢控制，把保障食品供应作为一项政治任务来抓。负责食品卫生管理的部门在整个体制中处于从属地位。卫生部会同轻工、商业、内贸、化工等行业主管部门共同开展食品卫生管理工作，通过发布食品卫

生标准和开展卫生监督，防止食物中毒和肠道传染病。监管部门与行业主管部门共同形成“双头共管”体制。在计划经济体制下，食品企业公私合营、政企合一，企业经营行政依附度高，行业主管部门对企业直接管理，在食品卫生工作中具有重要作用。由于食品企业生产经营基本处于政府的直接管控之下，“政企合一”特征明显，因此，企业为追求利润而偷工减料、违规造假的现象并不严重，食品质量安全问题的主要成因是设备、工艺、企业内部管理水平不高，属于生产力不发达所导致的风险。[①]

二是产业发展阶段的过渡型体制。从 1978 年到 2003 年，食品安全管理工作是紧紧围绕经济发展这一中心任务开展的，质量安全目标总体上依然处于从属地位。1978 年，国务院批准由卫生部牵头，会同其他有关部委组成“全国食品卫生领导小组”。1982 年，五届全国人大常委会第 25 次会议审议通过了《食品卫生法（试行)》，明确规定国家实行食品卫生监督制度。在计划经济的思维惯性下，行业主管部门依然定位于管理规范，卫生部门仅负责监督执法，工商、农牧渔业、进出口商检等部门负责职责范围内的食品卫生监督检验。正是由于这种多部门管理的体制，加之各地在经济发展中滋生的保护主义，区域性食品产业布局逐渐形成，市场秩序十分混乱，低水平制假售假层出不穷。

针对严峻的现实，同时也为了适应社会主义市场经济体制改革，第八届全国人大常委会第 16 次会议于 1995 年通过《食品卫生法》，确立了卫生部门食品卫生执法主体地位，废除了原有政企合一体制下主管部门的管理职权，明确国务院卫生行政部门主管全国食品卫生监督管理工作，农业、铁道、交通、工商等部门在各自的职责范围内负责食品卫生管理工作。可见在食品市场形

① 陈啸宏：《我国食品安全监管体制的发展历程和现状》，在中组部、国务院食品安全委员会办公室、国家行政学院“省部级领导干部加强食品安全监管专题研讨班”上的授课讲义，2011 年 5 月 9 日。

成过程中，卫生部门的地位逐步由从属向主导过渡。

三是市场监管阶段的混合型体制。从 2003 年到 2011 年，食品安全管理工作转入市场监管阶段。十四届三中全会提出，要强化政府市场监管职能。1998 年国务院机构改革撤销多个工业管理部门，相关政府部门逐步开始从不同的角度参与到食品安全监管工作中。其中，质量技术监督部门逐步将食品纳入法律实施范围，制定实施了食品质量安全市场准入制度，组织对重点食品进行抽检；工商部门增加了质量技术监督部门的流通领域食品质量监督管理职能，如规范食品经营供销、打击制售假冒伪劣食品；原国家经贸委以及后来的商务部的职责重在整顿和规范食品流通秩序，加强生猪屠宰管理等。

2003 年的国务院机构改革组建了国家食品药品监督管理局，负责综合监督、组织协调和重大事故查处，这一职权先后转交给质检总局、卫生部和国务院食品安全委员会办公室承担。2004 年的《国务院关于进一步加强食品安全工作的决定》确立了"分段管理为主，品种管理为辅"的食品安全监管体制。在此基础上，中央机制编制委员会办公室于 2004 年 12 月印发《关于进一步明确食品安全部门职责分工有关问题的通知》，细化了相关部门在食品生产加工、流通和消费环节的职责分工。其中，质检部门负责食品生产加工环节质量卫生的日常监管，实行生产许可、强制检验等食品质量安全市场准入制度，查处生产、制造不合格食品及其他质量违法行为，将生产许可证发放、吊销、注销等情况及时通报卫生、工商部门。工商部门负责食品流通环节的质量监管，负责食品生产经营企业及个体工商户的登记注册工作，取缔无照生产经营食品行为，加强上市食品质量监督检查，严厉查处销售不合格食品及其他质量违法行为，查处食品虚假广告、商标侵权的违法行为，将营业执照发放、吊销、注销等情况及时通报质检、卫生部门。卫生部门负责食品流通环节和餐饮业、食堂等消费环节的卫生许可和卫生监管，负责食品生产加工环节的卫生许可，卫生许可的主要内容是场所的卫生条件、卫生防护和从业人员健康卫生状况的评价与审核，严厉查处上述范围内的违法行为，并将卫生许可证的发放、吊销、注销等情况及时通报质检、工商部门。2007 年的《国务院关于加强食品等产品安全监督管理的特别规定》明确了“地方政府负总责，监管部门各负其责，企业承担主体责任”的责任机制。2009 年颁布施行的《食品安全法》将这一体制用法律形式固定下来。于是，本应统一高效的食品安全监管职权被分割为食用农产品、食品生产加工、食品流通和餐饮服务四个环节，形成了“多龙治水”的分段监管格局。

2011 年 2 月 19 日，胡锦涛同志在“省部级主要领导干部社会管理及其创新专题研讨班”上指出，完善公共安全体系，健全食品药品安全监管机制，是当前社会管理的重点工作之一。这是中央首次将食品药品安全纳入社会治理和社会建设范畴。党的十八大进一步将食品药品安全提升到公共安全体系建设的新高度。由于食品与每个人利益密切相关，食品安全已不再是简单的技术问题，而成为一项基本社会权利，是公民健康权的重要组成部分，也是不特定多数人的公共安全的基础。随着理念和范式的变化，食品安全监管体制当然需要有相应调整。食品安全监管不仅仅是政府的监管职能，而应当充分调动各利益相关方的积极性共治共享，新的监管体制渐行渐近。

（二）横纵分割：2013 年前监管体制的弊端

纵观世界各国食品安全监管体制，总体上有单一、分段、分层和分品种等模式。我国在 2013 年前长期实行混合型体制。首先是单部门监管的特征，卫生部和国务院食品安全委员会办公室都曾扮演综合协调角色。其次有分层负责的特征，中央与地方依法负责不同的监管事务。还有分段管理的特征，就是通常说的“多龙治水”，农业、质监、工商、食药在食品产业链条上各管一段。此外还有分品种管理，比如，转基因食品、食盐都是由特定部门全程管理的。混合型体制的优势在于灵活，其挑战则是兼有各种体制的弊端。监管体制存在诸多缺陷，归纳而言是横向分割导致风险“碎片化”、纵向分割导致信息本地化，从而影响监管绩效提升。

一方面是横向分割导致风险碎片化。食品产业链长，其业态千变万化，任何环节的疏忽都会对上下游食品质量安全造成影响，存在明显的“短板效应”。也正因此，横向分段监管成为我国食品安全监管问题的症结所在。农业、质监、工商和食药各管一段的做法带来诸多监管缝隙，分割的职权导致风险“碎片化”。事实上，近年来发生的三聚氰胺、瘦肉精、地沟油等重大食品安全事件，都与分段监管的弊端有关。在此举两个形象的例子来说明问题。

分段监管的最大难处是食品小作坊、小摊贩、小餐饮治理的职权划分，2009 年《食品安全法》把这一权力交给省级人大，2015 年《食品安全法》进一步将立法权也授予省级人民政府。然而许多地方迟迟未出台相关条例。在 2013 年之前的政策实践中，小作坊主要归质监部门监管，餐饮归食药部门监管，流动摊贩则归工商、城管管理，小型集贸市场由商务等部门负责，那么如何区别餐饮与流动摊贩呢？譬如类似街边卖麻辣烫、卖臭豆腐的经营者究竟归入哪一类呢？一般观点认为餐饮通常比摊贩大。问题是大和小的标准是什么？于是便闹出不少笑话。一些地方的判定方法是摆不摆桌子和凳子，有桌凳的算小餐饮，没有桌凳的算小摊贩。但是否摆凳子和桌子对食品安全的影响到底何在，这一命题又很难界定。笔者在各地调研中了解到，一些商贩为规避监管，看到工商和城管的执法人员就摆上桌椅板凳，因为这样就算小餐饮，应当归食药部门监管；遇到食药部门检查就撤掉桌椅板凳，这样就转变成小摊贩，由工商和城管负责。

另一个例子是 2013 年机构改革前食品安全举报投诉电话五

花八门，工商、质监、物价、农业、商务、公安、食药监管分别使用“12315”“12365”“12358”“12316”“12312”“110”“12331”等热线电话。尽管一些地方在省域范围内对食品安全投诉举报电话进行了统一，比如说浙江是“96317”，上海是“12331”，湖北是“96578”，但全国各地还是不尽一致。2009年《食品安全法》通过时，全国人大常委会投票158票赞成，3票反对，4票弃权。据全国人大法工委后续评估，这些反对和弃权票主要是投给监管体制的。[①] 与此同时，由于食品业态千变万化，成文的法规政策根本无法穷尽现实中所有情形，以至于《食品安全法》不得不用“加强沟通、密切配合”这样的非典型法律语言对监管部门做出规定。各级政府也设立食品安全委员会办公室，履行综合协调、督促指导等职能。

另一方面是纵向分割带来信息本地化。风险全球化是当代社会的重要特征，即危害不再局限于一地一时，而是具有流动性和隐秘性。全球化的风险就不能用本地化策略来应对，否则会陷入“按下葫芦浮起瓢”的治理困境。正因此，世界主要发达国家食品安全监管体制改革的大趋势是特定监管权力统一和上收，即便在实行中央地方分权的联邦制国家如美国，联邦监管部门也通过设立大区域派出机构和地方办事处来动态收集原子化分布的监管信息，防范风险跨地区外溢。

我国食品工业主要是为解决人民群众的温饱问题而建立的，加之国人独特的饮食结构，产业整体上形成“多、小、散、低”的格局，这一点在上文已多次阐述。随着消费者对食品质量、品种等需求的大幅提升，食品产业已经融入全球大市场。“小生产与大市场”不相匹配的结构性矛盾，成为食品安全风险的制度根

① 李援：《食品安全法与我国食品安全法制建设》，在中组部、国务院食品安全委员会办公室、国家行政学院“省部级领导干部加强食品安全监管专题研讨班”上的授课讲义，2011年5月9日。

源。从某种程度上说，我国食品监管体制改革经历了权力下放和分散的“反向运动”。监管体制变革路径的原因很复杂，总体上有利于实现地方政府负总责的责任安排，但在现实中也可能诱发地方的机会主义心理——只要存在问题的食品不给本行政区域带来直接危害，便可听之任之。更为严重的是，个别地方政府从保护当地就业、增加税收甚至是声誉的角度出发，倾向于少报甚或瞒报问题，出现地方保护势力重新抬头的迹象。

横纵分割的监管体制既有重复监管，又有监管盲点，不利于责任落实，与日益突出的食品安全系统性风险形成鲜明反差。与此同时，人民群众对药品的安全性和有效性也提出更高要求。在政策协调理论看来，部门内部的科层比部门之间的协调更为高效。为进一步提高食品药品监督管理水平，有必要推进有关机构和职责整合，对食品药品实行统一监督管理。体制改革正是要破除上述弊端。

（三）相对统一监管格局的确立和影响

结构性矛盾需要强有力的体制和机构因素来加以破解，相对统一监管的食品安全“大部制”改革刻不容缓。为加强食品药品监督管理，提高食品药品安全质量水平，2013 年新一轮国务院机构改革将国务院食品安全委员会办公室的职责、国家食品药品监督管理局的职责、国家质量监督检验检疫总局的生产环节食品安全监督管理职责、国家工商行政管理总局的流通环节食品安全监督管理职责整合，组建国家食品药品监督管理总局，开展相对统一的食品药品监管。国家食品药品监督管理总局的主要职责是，对生产、流通、消费环节的食品安全和药品的安全性、有效性实施统一的行政监督和技术监督。

2013 年《国务院机构改革方案》还提出，将工商行政管理、质量技术监督部门相应的食品安全监督管理队伍和检验检测机构划转食品药品监督管理部门。保留国务院食品安全委员会，具体工作由食品药品监管总局承担。食品药品监管总局加挂国务院食品安全委员会办公室牌子。不再保留食品药品监管局和单设的食品安全办。为做好食品安全监督管理衔接，明确责任，上述《方案》提出，新组建的国家卫生和计划生育委员会负责食品安全风险评估和食品安全标准制定。农业部负责农产品质量安全监督管理。将商务部的生猪定点屠宰监督管理职责划入农业部。[①]

总体而言，2013 年食品药品监管机构改革呈现三大亮点。

一是食品领域监管职能实现有限整合，初步改变分段监管模式。从理论上说，分段、分事项和分品种是三类渐进整合的模式，原来的分段监管模式主要根据食品业态划分为生产、流通和餐饮三个环节，其在实践中难以界定，容易出现责任推诿。2013 年机构改革更加突出行政许可、日常监管和风险分析等工作的分殊性，初步改变了分段监管模式，有利于厘清职责。根据国务院办公厅《关于印发国家食品药品监督管理总局主要职责内设机构和人员编制规定的通知》也即是“三定”方案，与食品监管职能直接相关的有四个司，其中综合司（政策研究室）承担国务院食品安全委员会办公室日常工作，该司于 2017 年进一步加挂国务院食品安全办秘书处牌子；食品监管一司和二司分别负责生产和经营环节（含流通和餐饮）的食品安全形势分析，并对下级监管部门工作进行督促；食品监管三司则被赋予风险预警、交流和监测的职能。由于专门法律法规缺位，保健食品等特殊食品的监管模式最初未有提及。2017 年国家食药总局根据监管形势和产业发展需要专门成立特殊食品注册管理司，未来保健品产品准入将实行注册和备案“双轨制”。在地方食品药品监管体制改革中，省级食药监管部门内设机构设置原则上参照国家食品药品监督管理总局模式，当然也有所创新。

---

① 马凯：《关于国务院机构改革和职能转变方案的说明》，中国政府网，2013 年 3 月 10 日，http：//www. gov. cn/2013lh/content_2350848. htm。

二是药品领域简政放权，逐步合并和下放行政许可。例如，药品生产许可与药品生产质量管理规范（GMP）逐步合一，药品经营许可与药品经营质量管理规范（GSP）逐步合一，从而减轻相对人的负担。与之相关的是，将药品质量管理规范认证、药品再注册和不改变内在质量的补充行政许可、药品委托生产行政许可下放到省局，调动省级食药监部门积极性，改变过去的“审批权力在国家局，监管责任在地方”的状况。与此同时，为回应业界长期以来的诉求，优化医疗器械监管权，将原来的医疗器械监管司一拆为二，分设医疗器械注册和监管两个司，从而实现内部权力制约。根据风险分析框架和经济社会发展趋势，决策者对化妆品的风险管理级别提升，药品与化妆品的监管逐渐趋同，分设药化注册司和药化监管司两个机构。

三是加强宏观政策指导，减少微观干预。与以往相比，2013年机构改革还加强中央顶层设计和宏观政策指导，具体的监管工作交给地方，从而尽可能减少对市场的不必要微观干预。例如，原来的国家食药监管局政法司一分为三，分设综合司（研究室）、法制司和新闻宣传司。此外还单独设立应急管理、科技标准等司局，其中应急管理司于2016年被撤销。还设2名食品药品安全总监，进入总局党组，类似于其他部委的总工程师或总会计师，属于业务技术权威。同时为防止属地管理可能带来的地方保护问题，设立若干名正司级实职的食品药品稽查专员，在相关司局工作，跨区域轮流巡视督查各地监管执法。总的来说，方案遵循国务院机构改革深化政府职能转变的方针，将更大精力投入到创造公平的市场竞争环境中。

总体上说，机构改革给监管工作带来的变化是正面的。一是政策将更为一致（consistency）。食品具有“从农田到餐桌”的全生命周期性，其生产经营行为是连续的，但是，各监管部门出台的政策和标准存在不匹配甚至冲突。这就导致执法人员监督检查和相对人生产经营无所适从，行政和经济成本都很大。“大部制”将把部门间的法规冲突转变为机构内部的政策协调和清理。二是职能将更加互补（complementary）。例如上文所述的食品小作坊、小餐饮和小摊贩治理一直是食品安全工作难点，根本问题在于监管职能不清与业态界定困难。个别监管部门为了规避责任，拒绝向“前店后场”等业态模糊的生产经营者颁发许可，以至于在一些地区出现相对人无处申领许可的尴尬情况。而“大部制”将有望实现监管职能兜底，堵塞监管漏洞。三是责任将更可追究（responsibility）。过去，由于管辖权模糊导致监管责任不清，有关部门在日常监管中相互推诿，一旦发生重大食品安全事件就“各打五十大板”。这种责任摊派的做法一方面会打击主动履职部门工作人员的积极性，另一方面无法威慑消极懈怠者。“大部制”将确立责任的可追究性，有望根本扭转这一局面。

（四）准确认识中外食品安全监管体制差异

媒体上经常有关于发达国家食品安全监管体制的讨论，在此有必要加以简单回应。由于食品与一国历史、文化习俗息息相关，不同国家的监管体制存在差异是必然的。客观而言，世界各国的食品安全监管体制各不相同，归纳而言有如下几类：德国是单部门监管，联邦消费者保护与食品安全局（BVL）负责监管全国的食品安全；加拿大是分层监管，中央管标准和政策、省一级管许可、地方管执法；美国是分品种监管，联邦食品药品监督管理局、农业部、商务部和环保署各管若干品种；日本是分段监管，在内阁食品安全委员会指导下，农林水产省和厚生劳动省各管一段。应该说，上述各种监管体制都有利有弊，没有完美的模式，我们也不应该迷信任何特定的体制。

笔者在与美国食品药品监督管理局高级官员互动过程中，直观了解到其监管体制的弊端。2011 年 6 月，美国食品药品监督管理局总法律顾问拉尔夫·泰勒先生（Ralph Tyler）来北京大学法学院交流，他邀请了几位学者共同探讨中美两国的食品药品安全问题。我当时向他提出一个问题：美国各部门食品监管中有没有相互推诿、职责不清的现象？他说，当然有！一个最明显的例子就是鸡蛋在产业链条不同阶段归属不同部门监管。2017 年 3 月，美国食品药品监督管理局前助理局长大卫·艾奇逊博士（David Acheson）到访北京，笔者与之深入交流了美国食品安全监管体制改革情况。他提到美国体制的诸多缺陷，比如说食品药品监督管理局和农业部的监管职能协调，联邦和州的权责关系，食品药品监督管理局与卫生部疾控中心的协作等。他举例说，假如比萨里含有进口冷冻海鲜，那么这块披萨就归食品药品监督管理局管，但如果是牛肉比萨，根据规则由农业部管，所以说同一家比萨店的两块比萨居然归属两个不同部门管辖。从这个意义上说，世界上没有公认的最优体制，只有最符合本国国情的体制。

二、地方食品安全监管体制改革重要命题

在系统回顾国家层面食品药品监管机构改革后，我们接下来分析地方食品安全监管体制改革。十二届全国人大一次会议审议通过的《国务院机构改革和职能转变方案》提出，要推进食品药品监管机构和职责整合，充实加强基层监管力量。2013 年 4 月 10 日，国务院下发《关于地方改革完善食品药品监督管理体制的指导意见》，阐述了地方整合监管职能和机构、队伍和技术资源以及加强监管能力等问题，要求地方原则上参照国务院模式单独设置食药监管机构。同时指导意见还创造性地提出，在乡镇或区域设立食品药品监管派出机构，配备必要的技术装备，填补基层监管执法空白。在农村行政村和城镇社区要设立食品药品监管协管员，承担协助执法、隐患排查、信息报告、宣传引导等职责。2013 年 6 月 5 日，国务院副总理汪洋在全国食品药品安全和

监管体制改革工作电视电话会议上强调，加快推进地方监管体制改革和职能转变，促进形成社会共治格局。指导意见的发布和国务院领导同志的讲话，标志着新一轮地方食品安全监管体制改革拉开序幕，也为改革指明了方向。

体制是机构设置、人员编制和权责关系等组织制度的总称，本质上是一种资源配置方式。由于上述方案和指导意见具有总体性和原则性，给地方体制改革留出较大政策空间。如何将机构改革的顶层设计与基层落地有机结合，切实提高食品安全保障水平，成为各地重要且紧迫的任务。本节将结合食品安全监管的理论和实证，对体制改革三个重要命题的挑战和对策加以探讨。

（一）基层监管体制变革和发展

城乡基层（包括城市街道、社区以及乡镇、村屯）承载着我国13多亿人口，是食品的主要生产、流通和消费场所，因此风险聚集和多发，许多食品安全事件的问题源头都在基层。2013年以前，大量监管人力和设备集中在省、市层面，质监、食药和商务等监管机构只设置到县一级，全国80%以上的县乡镇村没有专职人员和机构负责食品药品安全监管和百姓饮食用药知识普及，[①] 因此基层风险脆弱性较高。尽管工商管理所和农业技术服务站（农产品质量安全监督站）延伸到乡镇一级，但总体上也无法做到全覆盖，监管资源配置的“倒金字塔”格局十分明显。这种长期存在的食品安全城乡二元监管体制，导致广大农村地区成为政策和风险洼地。

针对上述问题，决策者强调要实现监管重心下移。地方政府也积极探索基层监管新做法，在原有食品安全工作联席会议的基

---

① 富子梅：《谁来保证农民饮食用药安全》，载于《人民日报》2011年12月15日。

础上，进一步向基层延伸监管触角。总体而言，一些地方形成乡镇监管站（所）、社区网格化管理以及“一专三员”机制三类模式，并且都取得了相应成效，其主要特征如表3－1所示。其中“一专三员”共有四类角色：“一专”指乡镇食品安全专干，“三员”则包括村级食品安全联络员、协管员和信息员，一般分别由乡镇分管领导、包村干部、村支书和村委会文书兼任。这样就构成了乡镇和村两级立体协管体系。

表3－1　2013年机构改革前基层食品安全监管三大模式一览

模式	地区举例	创新	挑战
乡镇监管站（所）	天津滨海、浙江宁波	在乡（镇、街道）设立专门的监管派出机构，拥有完整的监督执法权	人员编制、经费等方面存在难度
社区网格化管理	湖北宜昌、宁夏银川	网格管理员分片负责，动态开展社会监督和信息收集，变部门管理为社会治理	兼职队伍的专业性和积极性有待提高
“一专三员”机制	安徽、甘肃等地	构建两级立体协管体系，负责宣传知识、报送信息和协助监管	

资料来源：作者整理。

据国务院食品安全委员会办公室2011年统计，质监部门监管着我国44.8万家食品生产加工单位，工商部门负责流通环节323万家食品经营主体，食药部门管理210万家有证餐饮单位和不计其数的无证小餐饮、小摊贩。[①] 笔者在调研中了解到，基层质监和工商部门在日常工作中将三分之一左右甚至更多精力投入到食品安全领域，食药部门更是投入了60%以上的人力物力。

---

① 刘佩智：《切实保障食品安全让人民群众“吃得安全、吃得放心”》，新华网，2011年3月9日，http://news.xinhuanet.com/politics/2011lh/2011－03/09/c_121165658.htm。

具体而言，尽管县级质监和工商部门通常只设1名股级干部专司食品安全工作甚至没有专门编制，但实践中往往是混岗工作，两个部门有大量人力物力投入到食品安全领域，各类食品安全专项整治行动则全员上阵。另外，一些地区的食药部门承担着本级政府食品安全办公室日常工作，尤其是在餐饮监管资源不足的地方，更是举全局之力监管食品安全。综合考虑监管对象的数量和工作难度，上述三个部门对于保障基层食品安全都发挥了重要作用。

全国工商行政管理系统实有工作人员42万人[①]，与总人口之比约为万分之三点二。县级质监局通常设有稽查大队作为二层执法机构。相比之下，2011年全国食药监系统在岗工作人员仅有8.3万人，2012年约9万人，监管队伍规模远不及工商。在机构改革后，质监部门的生产环节食品安全监督管理职责、工商部门的流通环节食品安全监督管理职责都划归食药部门。因此随着质监和工商队伍的退出，基层食品安全工作格局需要有重大调整。

那么，如何填补机构改革后的监管空白呢？在上述三类监管模式中，社区网格化管理和“一专三员”机制都具有嵌入基层的特点，在熟人社会网络中，有助于实现食品安全信息的快速收集和传递。然而，由于兼职人员缺乏专业知识和执法权，其优势集中在信息报送、协助执法等领域，而日常监管、风险防范以及突发事件的事后应对能力不足。换言之，上述两类模式无法适应机构改革后的监管重任，有必要在基层派驻专门的食品安全监管机构，事实上这也是上述国务院指导意见的明确要求。

根据我国乡镇和街道平均人口规模差异和分殊化的经济社会

---

① 周伯华：《深入贯彻落实党的十七大精神　努力开创工商行政管理工作新局面——在全国工商行政管理工作会议上的讲话》，载于《工商行政管理》2008年第1期，第15页。

发展水平，我们保守估计其分别需要3名、4名和5名监管人员，据此全国共需增加约15.5万名基层监管人员，如表3－2所示。如此庞大的监管队伍，不可能靠新招聘公务员解决，必须采取灵活的办法。具体而言，可将根据工作量划转工商部门监管人员、地方配套参公事业编制人员和招聘协管人员三种渠道相结合。后来的政策实践也证明，各地工商行政部门划转了本部门10%～20%不等的编制，监管人员到岗率相对更低。同时，欠发达地区的基层工商干部对划转后的收入待遇存有疑虑，因为省垂直部门工资明显高于基层县区。此外，基层监管体制改革要留足过渡期，在人员到位前不贸然调整职能。尤其是避免2008年机构改革通过抽调药品监管力量充实食品安全监管队伍，从而削弱药品监管的教训。①

表3－2　2012年我国基层食品监管派出机构人力资源估算

单位：个，人

	乡镇级区划数	平均监管人员数	小计	合计
乡（民族乡）	13 587	3	40 761	155 463
镇	19 683	4	78 732	
街道	7 194	5	35 970	

注：设区市城区的街道、镇和乡规模通常较大，此外中心乡镇所需的监管人员也会超过上述平均值，在此一并作简化处理。

资料来源：乡镇级区划数来自《中国统计年鉴》（2012），其余为作者估算。

当然机构改革也存在一些难点和挑战。几个食品安全监管部门的行政审批、执法和处罚风格不尽一致，工商是从管理城乡农贸市场起家，质监更关注产品的质量如重量、成色和品质，餐饮监管主体的前身是卫生监督。所以各个部门的内设机构整合到同

① 胡颖廉：《地方食品监管体制改革前瞻》，载于《中国党政干部论坛》2013年第7期，第72～74页。

一个机构中，需要统一的行政流程再造，否则会产生行政文化的内部冲突。另外，我国食品与药品产业所处的阶段和主要矛盾不同，药品的专业性和跨区域风险流动性更强，有必要用区分的理念进行监管。

（二）打造技术支撑机构升级版

食品安全问题本质上源于未知风险，理想的食品安全监管体系应当是建立在风险分析基础上的预防性体系。国际食品法典委员会就认为，风险分析框架是处理任何潜在或现实食品安全问题的最佳方法。[①] 根据这一框架，科学家从事的技术工作是行政部门风险管理和决策的基础，如图 3－1 所示。换句话说，现代食品安全监管需要风险监测、检验检测和产品追溯等强大技术支撑，而不仅仅是传统“管、控、压、罚”套路。

根据权威定义，食品安全风险分析框架由风险评估（risk assessment）、风险管理（risk management）和风险沟通（risk communication）三部分组成。风险评估是指食物中生物、化学、物理等危害对人体健康产生的已知或潜在不良作用的可能性评价，这是一项由科学家独立完成的活动，其任务是发现各种危害因素对健康不良作用的性质和最大安全暴露量。风险管理是政府监管部门根据特定经济社会发展状况和风险分析结果决定可接受的风险水平，包括制定和实施法规、标准并采取监管措施。不论是专家风险评估的结果抑或政府风险管理的决策，都要让不同利益相关方知晓，这一过程就是风险沟通，科学家、政府、媒体、企业和公众都参与其中。

---

① FAO. *Food Safety Risk Analysis：A Guide for National Food Safety Authorities.* Rome，Italy：FAO Food and Nutrition Paper，2006：3.

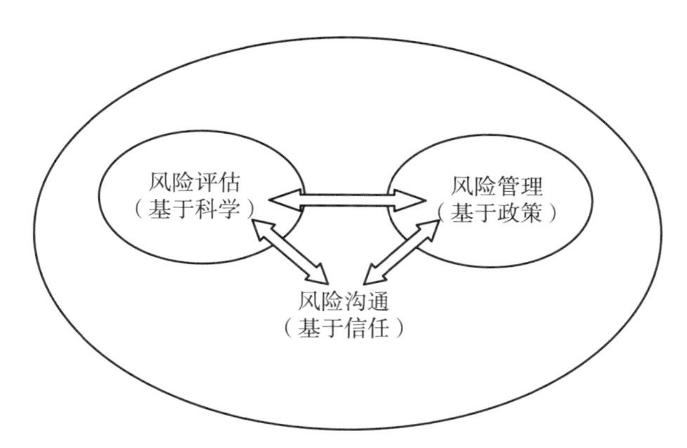

图 3－1　食品安全风险分析框架

资料来源：FAO/WHO. *Risk Management and Food Safety*. Rome，Italy：Joint FAO/WHO Consultation，1997.

但在基层监管实践中，执法人员的主要手段还长期局限于索证索票、核对台账以及查看包装等“土办法”，薄弱的监管基础设施根本无法判断食品是重金属超标、添加剂滥用抑或微生物含量过多。尽管各地逐步配备快检箱等设备，但快速检测结果只能用于定性而不具法律效力，也无法从事监督抽检和风险监测等高技术含量工作。于是许多基层监管部门在执法过程中主要依靠县级质检所和疾控中心提供支持，或是向社会购买服务。由于质检所和疾控中心分别隶属质监和卫生部门，其业务范围较为广泛，不可能集中力量为食品安全工作提供技术支撑。在一些经济发达地区，农业、质监、食药、水产畜牧等部门分别自建了食品安全检验检测机构，并装备了相应仪器设备。只是这种“撒胡椒粉”的方式根本无法集中资源形成技术优势，不仅带来重复建设，还存在检验结果冲突的可能性，给工作带来新的不便。

国务院指导意见已明确要求，各级质监部门划转涉及食品安全的检验检测机构、人员、装备及相关经费，具体数量由地方政府确定，目的是确保新机构有足够力量和资源有效履行职责。然而笔者在调研中发现，市县质监部门绝大部分检验检测机构都是在原化学检验设备的基础上增加相应功能，利用化学产品检验人员开展食品检验工作，并未设置专门机构，设备也是共享混用。从这个意义上说，划转质监部门的检验检测资源存在一定难度。与此同时，农业、卫生等部门的技术资源不可能在机构改革中触及。因此需要开动脑筋，跳出固化模式，打造升级版的技术机构。

升级版的技术机构可采用“建、借、买”相结合的菜单式政策。例如，在农业大县和食品工业发达的地区，不妨整合县级食品安全检验检测资源，新建区域性的检验检测中心。在保障食品源头安全的同时，用技术手段促进本地产业转型升级，实现安全与产业共赢的双重效果。新建机构的好处是变原来的部门间合作为科层内部协调，从而提高工作效率，其难度是需要极其雄厚的地方财力支持。而在大部分地区，可以依托原有县级质检所和疾控中心内设新机构，承接食品安全技术工作。这种“借壳生蛋”的折中办法，兼顾了工作有效性和财力可负担性两个方面因素。最后，在经济欠发达地区，上级可通过专项财政经费保障基层检测工作，地方政府不必专设机构，而是用购买服务的方式委托有资质的机构来提供技术支撑。总之，食品安全技术机构的设置没有统一的最佳模式，只有最合适本地的做法。

（三）垂直和属地的模式选择

正如上文所述，从 2001 年前后开始，我国工商、质监、食药监等部门实行省以下垂直管理体制，监管人员、经费、工作在省级范围内统筹。然而 2008 年之后，几个部门的垂直体制相继被取消，改为属地管理。属地管理的目的是让地方政府真正担负起总责，为什么会出现这样的转折呢？

在食品药品监管领域，实行垂直管理抑或属地管理一直是理论界和实务界激辩的话题。客观而言，两者都是行政管理体制的具体表现形式，本身没有先验的优劣之分，垂直管理有利于全国一盘棋防范区域性风险，属地管理便于调动地方政府积极性，关键看工作面临的主要矛盾是什么。从经济学理论上说，判断一项事务是否应进行垂直管理，取决于其溢出的外部成本与本地化的内部收益之间的权衡。现代社会食品药品风险越来越具有全生命周期性和跨区域流动性，分散的本地监管机构很难单独加以应对，所以世界主要发达国家的经验是食品药品监管权力上收、集中和强化，这一点在上文也已经介绍。

然而我国正处于经济社会转型期，既要大力发展食品和医药产业，又要切实保障食品药品安全；既要调动生产经营者积极性，又要规范市场秩序，上述工作需要地方政府全方位、强有力的支持。因此与发达国家相比，我国从 2008 年开始经历了食品药品监管权力下放和分散的“反向运动”，旨在落实和强化地方政府责任。很显然，决策者的思路是要推进食品药品监管工作重心下移和关口前移，加快形成横向到边、纵向到底的工作体系，从而加强基层执法力量，防止食品药品安全在第一线失守。

然而属地管理在现实中面临一些问题，表现为两个方面。一是监管职责层层下压效应。在垂直体制下，各级监管机构作为一个整体负责省级行政区域内的食品药品安全。属地管理后，由于法律、“三定方案”、省级食药监局对各级食药监管事权划分并不一致，加之上下一般粗即权责同构的行政体制，导致省市县三级监管部门职责边界并不清晰。在最严问责的压力下，一些地方以属地管理为理由，把食品药品监管事权层层下放到乡镇市场监管所。市县两级不再从事监督检查或办理具体案件，但相应的检测、执法等监管资源并未随之下沉。这就意味着，基层必须包揽从传统小餐饮到现代化大药厂的全部食品药品业态，给监管实效带来严峻挑战。

二是地方政府扭曲执行效应。尽管属地管理有利于落实地方政府责任，但并未真正激发其内生动力。地方政府的目标具有多元性和变动性，每个阶段关注的重点不同。与经济发展、社会稳定等工作相比，食品药品安全很难进入优先政策议程。现实中屡屡出现食药监管所人员被乡镇抽调，从事征地拆迁、市容整洁、大型活动保障等情况。与此同时，产业发展与质量安全没有形成相互兼容的良性关系，食品药品安全工作在不少地方政府眼中依然是“花钱”的事，并未被纳入当地经济社会发展大局，因而陷入“说起来重要、干起来次要”的尴尬境地。在人员编制、机构数量、财政经费等硬约束下，地方保护主义并未完全消除。

应当说，现阶段食品药品安全实行属地管理无可厚非，但从长远看，当垂直管理的利大于弊时，监管事权还应当有所调整。与之相关的是，尽管 2013 年机构改革强调整合、统一和加强等原则，但仅仅是有限解决了食品药品分段监管问题，初级农产品质量监管和食品标准制定以及风险评估职能依然散落在农业、卫生等部门，药品领域也存在食药监、卫计、发改、工信和商务等部门“多龙治水”的格局。由于食品药品生产经营行为是连续的，但各监管部门出台的政策和标准可能不匹配甚或冲突，这就会导致执法人员监督检查和被监管者遵从行为无所适从，执法和守法成本都很高。可见，食品药品监管机构需要在改革的基础上进一步整合。也正因此，党的十八届三中全会在强调“加强食品药品等重点领域基层执法力量”的同时，提出“完善统一权威监管机构”。前者是为了放大属地管理的优势，把食品药品安全隐患解决在基层和一线；后者则是要完善统一权威的监管机构，杜绝属地管理的弊端，防止部门间推诿，打破地方保护势力，进一步完善全国统一市场。该体制能否有效运行，取决于中央与地方各级政府间财权、事权和责任的科学划分，这是值得深入研究的理论命题。

正是看到了属地管理面临的挑战，为进一步发挥食药监管体系的整体优势，在 2013 年机构改革后，北京、重庆、海南等地实行省级以下垂直管理体制，在实践中取得了较好的成效。下一步体制改革将如何在垂直和属地之间抉择，还有待观察。

三、公众健康和产业发展如何影响监管改革

国务院指导意见要求各地原则上于2013年底之前完成食品药品监管机构和体制改革工作。那么，实践中地方食品药品监管体制改革进展如何？存在哪些亮点和差异？为什么会出现差异？围绕这些问题，本节将开展政策回顾和评估，从而反映食品安全监管体制改革的阶段性特征。

（一）地方食药监管体制改革进展

截至2014年2月10日，全国有26个省（区、市）出台了省局“三定方案”；27个省（区、市）明确了省局主要负责人；22个省（区、市）出台了省内地方食品药品监管体制改革指导意见，如表3-3所示。省局“三定方案”规定了行政机关主要职责、内设机构和人员编制，关注部门内部行政流程和部门间协调关系，属于横向权力分配；“地方指导意见”则明确了不同层级政府间关系，是纵向权力分配。之所以选择这一时间节点，是考虑其相距2013年国务院机构改革启动将近1年，具有政策回顾的价值。

表3-3　各地体制改革进展情况汇总（截至2014年2月10日）

省（区、市）	省局“三定方案”	地方指导意见	省局领导班子	省（区、市）	省局“三定方案”	地方指导意见	省局领导班子
北京	●10.13	●6.29	●8.15	河南	●9.16		
天津				湖北	●7.10	●8.15	●
河北	●6.24	●6.24	●8.6	湖南	●10.15		●12.10

续表

省（区、市）	省局“三定方案”	地方指导意见	省局领导班子	省（区、市）	省局“三定方案”	地方指导意见	省局领导班子
山西	●6.26	●6.9	●7.11	广东	●8.27	●8.27	●
内蒙古	●9.26		●	广西	●9.27	●10.17	●
辽宁	○	○	●	海南	●7.18	●12.5	●12.12
吉林	●8.15		●7.10	重庆	●7.26	●6.26	●
黑龙江	●12.13	●10.17		四川	●7.29	●8.8	●8.20
上海	●12.19	○	●6.6	贵州	●7.18	●12.12	●12.3
江苏	●9.9		●12.26	云南		●12.4	●1.9
浙江	●11.25	●12.9	●9.27	西藏			
安徽	○	●7.26	●7.31	陕西	●7.25	●10.9	●
福建	●11.20	●12.11	●12.4	甘肃	●6.17	●7.4	●6.30
江西	●8.19	●7.16	●9.5	青海	●12.17	●6.28	●7.16
山东	●9.3	●10.24	●7.17	宁夏			●
全国	26	22	27	新疆			

注：表格中●代表文件已出台并公开，○代表文件已出台但尚未公开，空白代表文件未出台，●后为文件出台日期，年份为2013年、2014年。表格中从上到下、从左至右依次为华北、东北、华东、中部、华南、西南和西北地区。

国务院指导意见原则规定省、市、县三级食品药品监督管理机构改革工作分别于2013年上半年、9月底和年底前完成。可以看到，绝大多数地区未能按照该时间表推进体制改革。从区域分布上说，华北、华南和西北地区改革进展较快，华东地区则较慢。从时间节点上看，2013年6月和7月为文件密集出台期，但后续跟进乏力，可见区域间进度差距在拉大，且个别地区改革明显滞后于全国平均进度。

我们通过对省局“三定方案”和地方指导意见进行文本研究（discourse analysis），主要根据体制改革进展快慢和内容成效，将全国地方食药监管体制改革情况划分为三大类型。

一是谨慎推进型。典型地区如天津、上海、江苏、浙江和福建，其特点是“按兵不动”，文件基本未出台。此外，辽宁因举办第十二届全运会，经省政府讨论决定，仍然按照分段管理，保障食品药品安全，避免出现因体制改革带来衔接不到位；新疆、西藏和宁夏属于少数民族自治区，具有独特的政治经济背景，体制改革也进展不大。

二是有限完善型。尽管其出台机构和体制改革文件速度较快，但主要内容基本上重申了上述国务院指导意见相关要求，结合本地实际进行改进之处较少，政策创新更是乏善可陈。这类地区数量较多，典型省份如重庆、四川、贵州、海南、青海。此外，河北、吉林、安徽、江西等省份也有类似特点。

三是积极创新型。这类地区在国务院指导意见的基础上有重大突破或自我创新，同时进度也不落后。例如，北京实行垂直与分级相结合的监管体制；陕西采用分品种食品安全监管模式（具体分为肉制品及工业加工食品、乳制品及饮品、食品添加剂和调味品、餐饮服务、食用农产品流通、保健品）；广东、河南在各级监管机构主要负责人任免上规定“事先征得上级主管部门同意”，而不仅仅是“征求意见”；甘肃、山西通过从工商所、乡镇卫生院、计生服务中心等多家机构划转编制充实基层监管派出机构；山西、湖北全面整合县（市、区）有关部门检验检测资源，建立综合性的公共检验检测中心，作为同级政府的直属事业单位，实质上是引入第三方购买服务；山西要求市、县统一组建食品药品行政执法队伍，予以高配并明确编制，还提出市（县）公安机关组建食品药品犯罪侦查支队（大队）；甘肃、湖北、山西、山东、广西、黑龙江明确了基层监管派出机构人员编制配备数量；武汉根据辖区人口总数匡算食品药品监管机构执法人员编制总数，等等。

（二）监管体制改革影响因素分析

那么，为什么会出现上述差异呢？根据美国政治学家詹姆士·威尔逊（James Wilson）提出的监管政治学理论，任何监管政策的形成都受到社会公众、企业和决策者三大利益相关方影响。[①] 具体到食品药品领域监管政策，英国监管学者亚伯拉罕认为是公众健康、产业发展和部门利益的杂糅和结果，而绝不是单一的技术命题，这些观点上文均已论述过。

结合上述理论，我们认为监管体制改革有下列可能的影响因素（自变量）：首先，决策者对体制改革的偏好主要取决于公众诉求，需要用改革行动回应人们对保障食品药品安全的期望，实际上是改革的政治正当性。其次，产业界（包括农业和食品工业）希望机构改革尽快推进，从而营造稳定且可预期的市场竞争环境。由于监管能力对产业发展有正相关作用，因此产业界还期待监管体制科学有效。再次，根据公共选择理论，政府机构具有扩张预算和人员规模的特性，由于改革牵涉机构整合、编制设备划转和职能转变等现实问题，必然存在不同部门间利益博弈。最后，改革还会受到经济社会发展水平、地缘环境、历史路径等宏观背景和客观因素制约。需要说明的是，由于机构和体制改革主要涉及食品安全监管，因此药品领域因素考虑较少。通过对政策实践的观察检验上述假设，我们初步认为地方食药监管体制改革具有如下特征。

一是学习和跟进：政策扩散效应。公共政策理论认为，相同经济社会发展水平的区域，其地理位置越接近，政策扩散的可能性越大。这就证实了第一个假设，即地缘相邻且经济社会发展水平相近的地区之间，存在相互学习和跟进的政策扩散效应。此外，食品药品安全风险具有跨地域流动性，监管能力薄弱的地区和环节容易成为违法犯罪行为高发的风险洼地，或许正是认识到这种可能性，各地特别注重与周边省份保持体制改革一致性。

二是东边不亮西边亮：后发优势效应。马克思主义政治经济

---

① Wilson, James., ed. *The Politics of Regulation*. New York: Basic Books, Inc., Publishers, 1980.

学的基本假设是经济基础决定上层建筑。应用到本研究中，有什么样的产业基础，就有什么样的监管体制改革。在不少中西部省份，农业和食品工业在当地国民经济中占据重要地位，完善监管体系有助于产业健康发展和保障食品药品安全。然而这些地区经济社会总体欠发达，过去监管基础薄弱，历史欠账多。于是决策者有动力利用改革契机建立一套强大的监管体系，一方面回应本地公众和产业诉求，另一方面可在新一轮行政管理体制改革中获得政绩加分，因此其具有较强的内生动力。

而沿海经济发达地区的农产品和食品主要由外地输入，过去的监管基础较好，决策者并不急于推进改革，而是采取“以慢会快”的观望态度。这也解释了为什么津、沪、江、浙、闽等经济发达的东部省份迟迟按兵不动，照理说这些地区更有条件快速且有力推进改革。与此同时，市场经济繁荣的地区，典型市场监管部门如工商、质监嵌入产业网络较深，在政府体系中拥有更大话语权，其影响改革的能力也更强。

三是壮士断腕：危机倒逼效应。从危机一词的字面理解，其既是危险，也是机遇。近年来，我国发生了多起重大食品安全事件，有些还伴随着区域性和系统性风险。一些受到事件重创的地区纷纷加强监管能力建设，危机成为倒逼改革的政策窗口。典型例证如河北在2008年受三鹿牌婴幼儿奶粉事件冲击，多名地方领导被问责，随即以壮士断腕的豪情成立全国首支省级食品安全稽查大队。中部农业大省河南在2011年因双汇瘦肉精事件影响，当地畜牧业和肉品加工业发展受巨大冲击，于是将食品安全委员会办公室设在省政府，加强综合协调能力，食品安全委员会办公室主任由省政府副秘书长兼任。同样地处中部的山西省，在2010年2月1~10日的“问题乳粉集中清查专项行动”中，该省阳泉市某企业被查出严重问题，后来出台多项创新监管方式的举措，与之境遇相似的还有其他一些中西部省份。此外，陕西省渭南市作为2013年体制改革的先驱，或许也与当地曾发生过食品安全事件有关。

在这些地区，食品药品安全作为一项政策议题具有更高的政治正当性，体制改革的紧迫性更为突出，容易得到主要决策者的认同和支持。可以看到，上述曾经历重大食品安全事件的省份基本上都是改革的“优等生”，或者是改革进度较快，或者是改革力度较大。

四是过去就好则现在就快：路径依赖效应。良性改革通常是循序渐进、前后关联的，过去体制改革的成效会延续到新一轮改革。例如，在 2013 年前，全国有河北、河南、山东、吉林、四川、青海等七个省份的食品安全委员会办公室设在省级人民政府，其综合协调能力显然高于食品安全委员会办公室设在具体业务部门的情况，这些地区在体制改革的进度上基本符合国务院要求。值得注意的是，改革进度快并不意味着改革力度也大。

（三）如何更好推进地方体制改革

可见，影响体制改革的因素多种多样。归纳而言，“重视程度决定改革进度，产业利益影响改革力度，发展水平无关改革水平”。在此基础上，提出如下政策建议。

一是树立标杆，以点带面。体制改革是一个相互学习和跟进的过程。食药监管体制改革本身难有先例可循，因此在后续类似改革进程过程中，国家不妨在每个省份选取典型市、县作为试点。一方面允许基层在一定程度上创新监管模式，促使地方政府间形成良性比较和竞争；另一方面把握好改革总体方向。

二是找准症结，分类激励。如上文所述，农业和食品工业大省具有体制改革的内生动力，但受经济发展水平和地方财力约束，改革的可持续性堪忧。中央有关部门应加大专项转移支付力度，保证其监管体系有效运行。沿海发达省份多为农产品和食品输入地，加之监管基础设施较好，其主动变革的愿望不迫切，需通过外压激励，例如，在地方政府考核指标中加大食品药品安全工作的比重。

三是把握政策窗口，倒逼责任。在现代风险社会，食品药品安全问题不可能逼近零，只能无限降低。改革过渡期使监管连续性、稳定性面临巨大考验，预计将不可避免地发生食品药品安全事件。风险本身并不可怕，可怕的是监管者不从中汲取教训。因此，必须建立最严格的食品药品安全监管制度，加大对地方政府问责力度，促使其更加重视体制改革和监管工作。后续政策事实也表明，中央要求用“四个最严”确保“舌尖上的安全”。

四是跳出体制，综合施策。体制改革结束后，监管体系综合改革需尽快提上日程。一是原属不同部门法律法规和政策的有机整合。二是来自不同部门工作人员的行政风格统一，即内部行政流程再造。三是食药监管部门在新体制下如何与农业、卫计等部门合理分工协作。四是食品和药品两大领域的监管经验要相互学习借鉴。五是创新乡镇监管派出机构的监管方式和流程，不能走“人海战术”的老路。

四、协调力和专业化：统一市场监管能否保障食品安全

党的十八届三中全会提出，深化行政执法体制改革，推进综合执法。从2014年初开始，一些地方在不同层级整合工商、质监、食药以及知识产权、物价、盐务等部门，组建市场监督管理局，试图解决权责交叉、多头执法问题。改革总体自下而上推进，并形成分级整合、统分结合、整体合并三类模式。截至2016年5月底，全国共有1个直辖市、5个副省级城市、94个地市以及2 088个县区实行综合执法。县区采取工商、质监、食药“三合一”整合的有1 502个，因此60%县区不再单设食品药品监管机构。

那么，地方政府应单独设置食品安全监管机构还是实行统一市场监管，这成为体制改革的重大争议。一般市场秩序与食品安全属性不同，发达国家普遍将两个部门分立。我国一些地方正组建市场监督管理局（委），整合工商、质监、食药等机构。本节的核心命题是，统一市场监管体制是否有利于提升食品安全保障水平？基于监管机构能力理论，以监管覆盖面和风险治理水平为维度，构建“协调力—专业化”分析框架，归纳出传统型、单一型、综合型和兼顾型四类监管机构设置模式。然后实证分析各地食品安全风险类型，并将其与机构模式相配对。理想的监管体制不是一成不变的，而应当针对本区域食品安全特征权衡协调力和专业化，使机构设置嵌入产业发展并与风险类型相兼容，两者形成结构性匹配。换言之，统一市场监管并不必然提升食品安全保障水平。

（一）统一市场监管改革的过程和论争

让许多人感到疑惑的是，统一市场监管是如何与食品安全监管联系到一起的呢？本部分将从实践政策过程视角聚焦这一命题。

1. 改革缘起和政策过程。

2009 年公布实施的《食品安全法》明确，县级以上地方人民政府统一负责、领导、组织、协调本行政区域的食品安全监督管理工作。然而作为食品安全监管的重要部门，工商行政管理、质量技术监督和 2008 年前的食药监管部门长期实行省级以下垂直管理体制，与地方政府负总责不匹配。加之近年食品安全形势严峻，属地负责的制度设计带来较大行政问责风险，根据笔者 2012 年 7 月 6 日上午对中编办有关司局负责人访谈，地方关于体制改革呼声越来越高。2011 年底，国务院办公厅《关于调整省级以下工商质监行政管理体制加强食品安全监管有关问题的通知》提出，将工商、质监省级以下垂直管理改为地方政府分级管理体制，目的是强化地方政府责任，理顺监管权责关系，为地方政府搭建一个集职能、机构、责任于一体，能对食品安全负总责的平台。[①] 然而这项改革推进并不顺利，只有陕西等极少数省份真正执行。直到2013年3月《国务院机构改革和职能转变方案》获第十二届全国人民代表大会第一次会议审议通过，整合各部门食品安全监管职责才以立法形式被固定下来，省以下工商和质监行政管理体制改革也终于实质性启动。

2013年监管体制改革的目标，是在各级政府完善统一权威的食品药品监管机构。根据国务院《关于地方改革完善食品药品监督管理体制的指导意见》要求，工商、质监相应的食品安全监管队伍和检验检测机构划转食品药品监督管理部门，在乡镇或区域设立食品药品监管派出机构。然而政策实际推行困难重重。加之财力和编制硬约束，许多地方也无力新设食品药品监管派出机构。与此同时，中央要求各地在机构中将市县政府机构数量控制在18～22个，强调一件事情原则上由一个部门负责。但现实中地方政府机构数量普遍超编，随着工商、质监部门属地分级管理，机构数量超标问题更为严重。一方面是食品安全问责压力，另一方面是机构改革的政绩动力，于是整合职能相近的市场监管部门成为地方政府在政策过程中的理性选择。

2. 各地体制改革方案和特征。

2014年7月国务院发布的《关于促进市场公平竞争维护市场正常秩序的若干意见》指出，整合优化市场监管执法资源，减少执法层级，健全协作机制，提高监管效能。从2013年末开始，一些地方政府在不同层面整合工商、质监、食药甚至物价、知识产权、城管等机构及其职能，推进“多合一”的综合执法改革，组建市场监督管理局（委），大致形成三类做法。

一是以浙江为代表的基层整合模式。2013年12月9日，浙

---

① 顾海兵、盛小伟：《存、改、废：直面工商行政管理改革》，载于《中国经济报告》2014年9月。

江省食品药品监管体制改革正式启动。浙江在县（市、区）整合工商、质量和食药的职能和机构，组建市场监督管理局；地级市自主选择机构设置模式，实际多为工商与食药合并；三个省局设置保持不变。通过重新布局结构，综合设置市场执法机构、基层市场监管所、技术检验检测和市场投诉举报等机构。与浙江做法类似的还有辽宁、安徽、贵州、青海等地。该模式有利于整合基层市场监管资源，并利用原有乡镇工商所巧妙解决了乡镇食药监管派出机构设置问题。然而在权责同构的行政架构中，由于上级对口部门未同步改革，影响政策一致性，下级部门不得不将大量行政资源投入到会议、报表等事务性工作。

二是以深圳为代表的统分结合模式。深圳早在 2009 年就组建市场监督管理局，整合工商、质监、知识产权等机构和职能，并将“从农田到餐桌”的全链条食品安全监管职能纳入其中，后来有所调整。2014 年 5 月 14 日，深圳组建市场和质量监督管理委员会，为政府组成部门，主要承担政策规划制定、决策协调、监督考核等职能，主任由分管副市长兼任。委员会内设 6 个综合处室统一管理人财物，下设市场监督管理局（挂质量管理局、知识产权局牌子）、食品药品监督管理局和直属市场稽查局三个行政机构，分别负责市场秩序、食品药品日常监管、监督执法工作。委员会在各辖区设置分局，分局在街道派出监管所，全市市场监管队伍实行垂直管理。该模式特点是采取分类监管模式，突出食品药品监管专业性，同时统一了政策制定和监管执法队伍。上海、吉林等地在基层市场监管局下单独设置专门的食品药品监管分局（稽查大队），其作为直属的二级局集中专业力量监管食品安全，亦属于统分结合模式。

三是以天津为代表的整体合一模式。2014 年 7 月 4 日，天津市市场和质量监督管理委员会正式成立。改革成建制整合了工商、质监、食药部门，整合三个局的执法机构为稽查总队。在区县层面，设市场和质量监督管理分局，受市场监管委垂直领导，乡镇街道设置市场监管所作为区市场监管局的派出机构。2017年，中共上海市委成立市场监管工作委员会，作为“大党口”负责市级工商、质监、食药三部门的相关工作。一些地方也正在酝酿类似改革。该模式最大亮点是实现从市级到区县、乡镇街道垂直统一市场监管。然而机构“物理叠加”并不意味着职能“化学融合”，制服公章、审批要件、法律文书、执法标准存在差异，内部行政流程需要再造。

此外，北京、山东、河南、湖北、广西、甘肃等地遵照国务院部署，单独设置食品药品监督管理部门，在上述省份内也有个别地区开展综合执法试点，但未成为主流。那么，究竟应单独设置食品药品监管机构抑或统一市场监管执法？2014 年 7 月，过期肉事件发生后，有关统一市场监管改革的争论趋于白热化。尽管上述事件在技术层面依然具有争论，与统一市场监管的关联也有待明晰，但争论本身客观存在。有观点认为统一市场监管改革能实现各部门优势互补，应鼓励地方探索试点；另有观点提出综合执法会削弱食品安全监管专业性，现实中政策扩散实际为盲目跟风。在不同观点的交锋中，一些地方已暂时叫停县级市场监管局改革，原本准备改革的地方开始摇摆不定，更多地方持等待观望态度。

（二）市场监管的理论和国际经验

如何从理论上和国内外经验视角厘清市场监管与食品安全监管的分殊性，是本部分需要聚焦的命题。

1. 秩序和安全的内涵差异。

从学理和实务视角辨析统一市场监管与食品安全的关系，是下一步分析的基础。上文已经提及，政府管理市场的目标包括三个层次：一是服务市场主体，激发市场效率和社会活力；二是维护市场秩序，促进公平竞争；三是保障公共安全，维护消费者权益。安全是一种可接受的风险，现代性带来的风险总体上呈现先上升后下降的变化趋势，每个阶段风险特征不同。典型社会监管领域如食品安全、安全生产和环境保护皆符合这一规律。例如，一国食品安全状况随着恩格尔系数变化呈现先恶化后好转的趋势。发达国家安全生产事故在工业化初期多发，在工业化中期达到顶峰，到工业化高级阶段和后工业化时期，事故快速下降并趋于稳定。[①] 环保领域更是有“环境库兹涅茨曲线”（EKC）的变化规律，揭示出环境质量开始随着收入增加而退化，收入水平上升到一定程度后随收入增加而改善，即环境质量与收入为“倒U型”关系。[②] 但市场秩序核心是市场活动对规则的遵循，包括各类市场主体和客体的数量、行为和质量对市场产生的影响，其本质是竞争适度、收益共享的资源配置状态。作为商品经济的基本要素，市场秩序总体上随着市场进步向好的方向转变。[③] 可见市场秩序与公共安全的内涵不同，其变化特征的差异如图3－2所示。

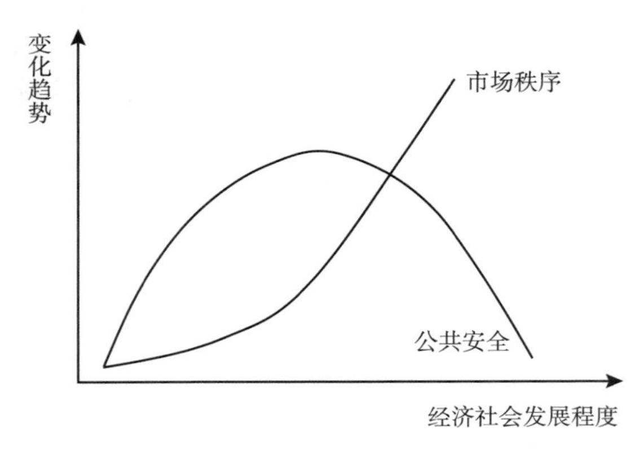

图3－2　市场秩序与公共安全趋势对比图

---

① 李毅中：《我国安全生产的形势和任务》，载于《人民日报》2007年6月29日。

② Theordore Panayotou. *Economic Growth and Environment*. CID Working Paper, No. 56, July, 2000.

③ 洪银兴：《经济转型阶段的市场秩序建设》，载于《经济理论与经济管理》2005年第1期，第5～11页。

2. 市场监管和食药监管机构分立的国际镜鉴。

发达国家的大部门制是针对其总统内阁行政系统而言的，在此之外还有大量拥有准行政、准立法和准司法权的独立监管机构。尽管各国具体做法不同，但不论如何都将食品药品等健康产品作为特殊商品进行监管，而市场监管部门通常负责保护消费者权益和促进公平竞争等事务。例如，美国政府设有监管一般市场秩序的联邦贸易委员会（Federal Trade Commission），同时专门设置监管健康产品的食品药品监管局，近些年甚至有独立设置食品安全监管机构的动向。英国政府设立专门的食品标准局（Food Standard Agency）以及药品和健康产品监管局（Medicine and Health Product Regulatory Agency），此外还设专门的公平贸易办公室（Office of Fair Trade）。日本由厚生劳动省医药食品局（Pharmaceutical and Food Safety Bureau）监管除食用农产品之外的食品药品安全，同时在内阁府内设消费者厅（Consumer Affairs Agency），如表3－4所示。上述机构在地方的派出机构或对应的地方政府组成部门一般也分开设立。

表3－4　　部分国家食品药品安全监管机构和市场监管机构设置情况

国家	食品安全监管机构	一般市场监管机构	职责分工
美国	食品药品监管局	联邦贸易委员会（FTC）	前者负责监管食品、药品、放射产品等安全；后者负责保护消费者权益和促进市场公平竞争
英国	食品标准局（FsA）、药品和健康产品监管局（MHRA）	公平贸易办公室（OFT）	前者分别负责食品安全标准、政策，以及药品安全监管；后者负责保护消费者利益

续表

国家	食品安全监管机构	一般市场监管机构	职责分工
日本	厚生劳动省医药食品局（PFSB）	内阁府消费者厅（CAA）	前者负责医药产品和食品安全，保障国民生命和健康；后者统一管理消费者行政事务，包括消费者安全、交易秩序、物价等

资料来源：上述机构官方网站，并经笔者整理。各机构网站地址如下：FDA（www. fda. gov），FTC （www. ftc. gov），FsA （www. food. gov. uk），MHRA （www. mhra. gov. uk），OFT （www. oft. gov. uk），PFSB （http：//www. mhlw. go. jp），CAA（http：//www. anzen. go. jp）。

3. 经济和社会分属的顶层设计。

中国特色社会主义事业的总体格局包括政治、经济、文化、社会和生态文明五大建设。根据十八届三中全会的表述，“实行统一的市场监管”属于加快完善现代市场体系的市场规则内容，而“完善统一权威的食品药品监管机构”则被纳入创新社会治理体制的公共安全体系。可见市场监管属于经济建设，食品药品监管处于社会领域，两者分属不同范畴。同样，十八届四中全会将食品药品安全与工商质检作为并列的行政执法类别分开表述，并强调有条件的领域才可以推行跨部门综合执法。十八届五中全会将实施食品安全战略落脚到健康中国建设和共享发展，区别于一般经济事务。就此推断政策原意是将两者区分开来。

归纳而言，不论是学理、国际经验还是顶层设计，都强调市场秩序与食品公共安全的分殊性。市场监管的对象是各类市场主体的行为，目的是维护市场秩序和促进公平竞争；而食品安全监管的对象是特定产品的质量安全，被上升到不特定多数人安全的战略高度，其定位具有根本区别。接下来我们实证分析不同监管机构设置模式的实际效果。

（三）体制改革对食品安全监管能力的影响机理

接下来我们划分监管机构模式，探讨体制改革影响食品安全监管能力的内在路径和机理。这也是本节的核心内容。

1. 食品药品监管机构模式划分框架。

与政府对市场活动的直接干预不同，监管是政府依据规则对市场主体行为进行的引导和限制，其本质是矫正市场失灵。管制经济学理论认为，市场失灵的成因包括垄断、公共产品、外部性和信息不对称。就社会监管而言，市场主体行为与产品质量的信息不对称是导致风险的主要因素。在日益开放的现代经济体中，监管资源与监管对象总是不对等的，市场主体对自身信息也占有先验优势。因此监管者必须准确获取信息并采取有靶向性的措施，将有限的监管资源配置到关键风险点。与此同时，经典的机构能力理论也从资源动员、信息捕获、利益平衡等维度入手，探讨政府管理经济社会事务的效能。[①] 结合两类理论，我们认为影响监管机构能力的要素有两方面，一是协调监管资源以增加发现信息的可能性，二是完善治理水平以提升解决市场失灵的有效性。具体到食品安全领域，监管者既要扩大监督检查覆盖面以发现食品安全违法违规行为，又要提升专业水平来治理深层次食品安全风险。

政策层面释放的信号同样支持上述假设。习近平在十八届二中全会第二次全体会议上强调，“大部门制要稳步推进，但也不是所有职能部门都要大，有些部门是专项职能部门，有些部门是综合部门。”[②] 这一表述强调了专业部门与综合部门的区分。2014 年 10 月，国务院办公厅发布的《关于进一步加强食品药品

---

① 世界银行编著：《1997 年世界发展报告：变革世界中的政府》，中国财政经济出版社 1997 年版。

② 中共中央文献研究室：《习近平关于全面深化改革论述摘编》，中央文献出版社 2014 年版。

监管体系建设有关事项的通知》则强调，“要充分考虑食品药品监管的专业性、技术性和特殊重要性，保持食品药品监管体系的系统性。进行综合设置市场监管机构改革的县（市、区）要确保食品药品监管能力在监管资源整合中得到强化。”可见决策者也在权衡普通商品监管的覆盖面与食品安全风险点的关系。

基于理论和实践，我们以协调力和专业化为维度构建分析框架。协调力指的是监管机构可动员资源规模，主要用监管人员编制占总人口比例、人均负责监管对象数量、监管经费支出与产业规模比值等指标来表示。专业化则是监管机构治理食品安全风险的水平，可用具有食品安全监管专业素质人员在监管队伍中比例、食品安全监管工作占整体监管业务量比例来测量。根据协调能力的强弱和专业化水平的高低，两两组合归纳出四类食品安全监管机构设置模式，如表3－5所示。由于省级（含副省级）行政区域内机构设置模式总体一致，我们以此为单位来分类分析各模式特征。

表3－5　　基于“协调力—专业化”分析框架的监管机构模式划分

专业化＼协调力	强	弱
高	兼顾型 （在统一市场监管基础上强调食品安全的特殊性，如深圳、吉林模式）	单一型 （单独设置食品药品监管机构，如北京模式）
低	综合型 （基层综合设置市场监管机构，如浙江、天津模式）	传统型 （食品安全分段监管体制，机构改革前普遍做法）

注：括号内为监管机构设置模式举例。

资料来源：作者整理。

2. 四类监管机构能力比较。

一是传统型模式。这是弱协调力和低专业化的组合。2004年以来，我国实行分段监管为主的食品安全监管体制，饱受各界诟病。在这一体制下，工商、质监分别负责流通环节和生产环节食品安全监管，食药监部门或卫生部门负责餐饮服务食品安全。这样表面上各部门能够各司其职，实际上“碎片化”监管体制导致部门间政策一致性和连续性不强，分段体制使得监督执法力量和技术支撑资源散落在食药、工商、质监、卫生等多个部门，无法形成食品全生命周期监管，阻碍风险治理水平提升。与此同时，段与段之间的缝隙带来部门职责不清和相互推诿，现实中这类例证举不胜举，以至于《食品安全法》不得不用“加强沟通、密切配合”这样的非法律术语来统筹各部门职责。尽管各级卫生监督所、基层工商所（分局）将三分之二工作精力用于食品安全日常监管，但难以形成政策合力，更多是在食品安全委员会办公室综合协调下通过专项整治、联合执法等运动式监管实现资源互补，维持食品安全低水平均衡。

二是单一型模式。其专业化水平高但协调力弱，机构改革的初衷就是构建统一权威的食品药品监管机构。食品具有从农田到餐桌的全生命周期性，其生产经营行为是连续的。单一型模式整合了食品生产、流通和餐饮服务环节各部门监管职责，改变过去各部门政策和标准冲突，将环环相扣的食品全行业链及其风险作为一个整体来对待。通过把部门间推诿转变为机构内部的政策协调和清理，使职能更加互补，责任更可追究，有利于提升风险治理水平。然而机构改革中实际划转的人员、经费和设备十分有限，但监管对象大幅增加。公共选择理论认为，官僚机构天然具有扩张预算和人员规模的特性。由于体制改革牵涉机构队伍整合、编制设备划转和经费调整等现实问题，必然出现部门间利益博弈和政策反复。前文已述，全国工商行政管理系统实有工作人员 42 万人，但各地普遍仅划转基层工商所 10% 左右的监管人员，有的地方只划转空编制。质监、卫生部门划转的人员同样有限，例如，笔者调研了河南省 Z 市、广西壮族自治区 N 市两个地级市，过去市卫生监督所均有 70 多人从事餐饮安全监管，改革后分别划转给市食药监局 9 人和 6 人。根据国家食品药品监督管理总局 2012 年和 2014 年统计年报，机构改革前后食品安全监管对象从 700 万人增加到 1 100 万人，但食药监管人员编制仅从 10.3 万人增加到约 12 万人，两者比例明显失衡。加之质监、工商、卫生部门基本退出食品安全监管工作，机构改革后可调动的潜在监管资源甚至少于分段监管时期，降低了协调力。

三是综合型模式。这是强协调力和低专业化的搭配，前述浙江在市县基层综合设置市场监管机构便是典型，天津模式本质上也是综合执法。统一市场监管有利于整合监管资源，同时发挥工商的队伍规模、质监的技术支撑和食药的监管理念三方面优势。改革有利于整合市场监管执法人力资源和经费装备，优化市场准入方式，强化事中事后监管，构建贯穿生产、流通、消费全过程，行政监管、执法办案、技术支撑相衔接的监管体制机制。根据笔者在浙江、安徽等地调研，改革后县级市场监管局人员编制普遍在 200 人左右，与食品安全工作相关的内设机构一般为 2 ~ 5 个。食品安全监管工作占基层监管所（分局）整体业务量三分之二，人均负责监管对象下降到改革前的一半。然而由于上下机构设置不一致，省、市两级工商、质监部门在剥离食品安全监管职能后的理性选择是强调本部门剩余工作的重要性，如商事制度改革和质量发展战略。在简政放权的政策背景和行政问责的压力下，高风险监管事务更被反复强调并层层下派到县级监管部门落实，但监督执法和技术支撑资源并未随之下沉。以浙江省 S 市 S

县市场监管局为例，该局在2015年1~6月共收到上级机构文件153份，要求开展食品药品、特种设备等监督检查，数量远远超过以往同期三局收文总和。县级监管部门以落实属地责任为理由，用同样的逻辑思路将大量监管职责下放给乡镇市场监管所。但以工商所为班底的市场监管所工作人员普遍身兼数职，疲于应付日常综合性事务，短期内难以承担食品安全等专业领域监管，“不愿学、不会管、不敢干”的问题十分突出。而原有专业监管人员或转岗到其他业务部门，或被下派到基层监管所。可见，市场监管综合性冲淡了食品安全监管专业化，数量有限的专业监管人员也被分散到综合执法工作中。

四是兼顾型模式。相比其他模式同时具有强协调力和高专业化特征，深圳、上海、吉林此轮市场监管改革方案与之较为接近。其特征是区分对待普通产品质量与食品安全，在综合监管的基础上实现专业化。其特点有三方面，一是采取分类监管模式。充分考虑并区分对待普通产品质量与食品安全，将食品安全监管职能调整由食品药品监管局或专门二级分局承担，实现专业化监管。二是统一监督执法队伍。由于行政强制、处罚等行为与市场主体利益直接相关，解决多头执法问题有利于减轻市场主体负担，提升监管公平性。三是宏观政策设计与微观监管有机结合。吉林省T市L县为例，其市场监管局下设专门的食药监管分局，承担本级和上级部门委托的食品领域许可、监管、执法三大类工作。该分局人员编制50人，超过机构改革前工商、质监、食药三个部门专门从事食品安全监管的人员编制总和，且大部分是具有专业素质的年轻干部。此外，该县每个乡镇市场监管所（分局）都有一名专职食品安全监管的副所长，提升基层监督执法专业化水平。表3-6从协调力和专业化两类维度分4个指标实证描述了不同模式监管机构能力。

表 3－6　　四类监管机构能力对比

指标 / 地区	类型	协调力		专业化	
		监管人员编制占总人口比例（‰）	人均监管数量（人）	专业监管人员占比（%）	食品安全监管业务量占比（%）
深圳市F区	兼顾型	2.8	79	50	3/4
北京市D区	单一型	1.6	147	65	1
浙江省S市S县	综合型	4.2	35	30	2/3
广西N市X区	单一型	2.1	116	59	1
机构改革前情况	传统型	0.7	81	44	1

资料来源：笔者于2014年和2015年，分别赴深圳、广西、北京、吉林、安徽、江苏等地开展实地调研，了解地方食品药品监管体制改革情况，深入县（区、市）基层获取一手数据和资料。上述地区分别位于东部沿海发达地区、中西部地区和东北老工业基地，在地理区位上具有代表性。其中有农业大县，也有工业化程度较高的城区，还有处于高速城镇化进程中的城乡结合部。经整理后得到上述表格。

（四）食品产业发展与风险类型匹配度实证分析

监管机构行为必须作用于监管对象，才构成完整的监管活动。除了考察监管机构能力本身外，还要分析监管对象的特征和主要风险类型。因此这一部分将重点聚焦食品产业发展与风险类型实证分析。

1. 不同食品业态及其风险特征。

总体上说，食品安全监管对象包括特殊食品生产（特殊医学用途食品、乳制品、食品添加剂、保健食品等）、普通食品生产、食品流通、餐饮服务四类业态，上述业态的专业风险点程度和监管对象分布面广度排列在矩阵中，如图3－3所示。

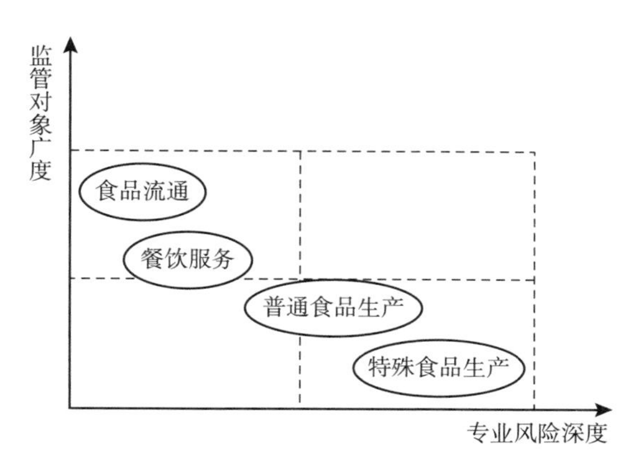

图3-3　不同食品业态安全风险分类

资料来源：作者自制。

其中特殊食品生产专业化最高但企业数量最少。统计表明，截至2014年底全国共有上述三类特殊食品生产企业6 448家，[①]数量相对稳定。大部分地区特殊食品生产企业由省级食品药品监管部门负责审批，市县负责监管。普通食品生产的专业化较高但企业数量增多。全国持有食品生产许可证的企业约12万家，其管辖权主要分布在市县两级监管部门，许可、认证、检查都要求监管机构具有高专业水平。通过统计行政处罚案件的案由，我们发现其违法行为主要为标准、添加、保质期等问题[②]，需要专业知识加以应对。一些大型食品生产企业开始引入关键风险点控制等质量管理规范，更是对监管机构提出新要求。

餐饮服务单位的专业化和数量都居中。目前全国餐饮服务许可证达330多万件，其风险点集中在原料控制和过程管理，行政处罚案件通常涉及证照、人员健康、场所卫生、容器消毒等方

① 国家食品药品监督管理总局：《2013年度食品药品监管统计年报》，国家食药总局网站，2014年12月23日，http://www.cfda.gov.cn/WS01/CL0108/111300.html。

② 国家食品药品监督管理总局食品监管三司课题组：《食品安全基层监督管理中发现的问题分析及对策研究》，2014年10月。

面。更多无证无照的小餐饮散布在城乡基层，风险面分布较广。食品流通监管的专业要求最低但市场主体数量最多。我国有食品流通许可证近 800 万件，一些经济欠发达地区还广泛分布着低水平市场违法行为，行政处罚案件主要涉及证照标签、储存场所、索证索票等面上问题，同样呈现点多面广分布格局。①

2. 分省食品风险类型测量和监管机构模式匹配。

在此基础上，我们同样以省级行政区域为单位开展分析，运用德尔菲法（Delphi Method）调查了多名业内专家对食品产业发展与风险类型的具体测量和划分方法，提出“食品产业发展和风险类型划分指标体系”，如图 3 –4 所示。

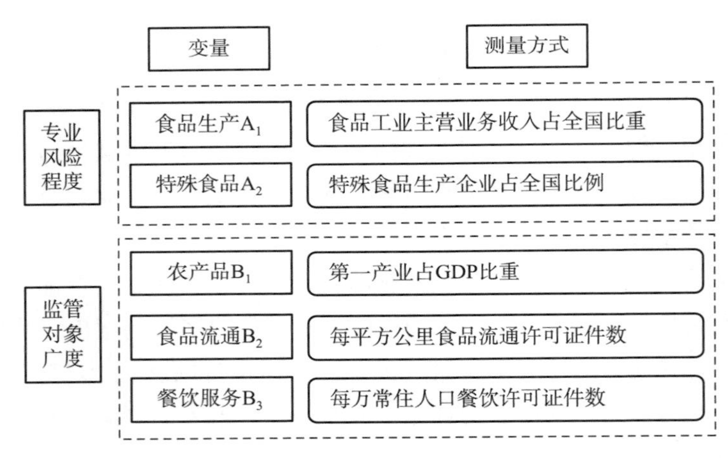

图 3 –4　食品产业发展和风险类型划分指标体系

资料来源：作者整理。

首先是专业风险程度，包括食品工业主营业务收入占全国比重和特殊食品生产企业占全国比例两项指标，比值越高说明本区

① 胡颖廉：《统一市场监管与食品安全保障——基于“协调力—专业化”框架的分类研究》，载于《华中师范大学学报（人文社会科学版）》2016 年第 2 期，第 8 ~15 页。

域对专业化监管的总体需求越多。其次是监管对象广度，包括农产品、食品流通和餐饮服务三个指标，分别从食品产业链三个环节测量监管工作量。其中第一产业占 GDP 比重代表了食用农产品监管任务，比值越高说明相关产品监督、检测工作量越大。每平方公里食品流通许可证件数代表流通环节风险密度，数值越高说明食品经营者分布越密集，相应的日常监督检查工作量越大。每万常住人口餐饮许可证件数表示餐饮服务业交易活跃度，假定餐饮食品安全风险发生概率是常数，交易越活跃风险频次也就越高。接着查询2015 年《中国统计年鉴》和2014 年《食品药品监督管理统计年度报告》，在获取和计算相关数据后，我们采用标准化方法处理数据，根据得分情况对各地食品产业发展情况和风险类型进行评估，进而分析其相互组合关系，得到表 3 –7（此处略去具体运算过程）。

表 3 –7　　　　食品安全风险类型区域划分

专业风险程度 监管对象广度	高	低
多	双强型	密集型
少	专业型	欠发展型

注：括号内为主要食品安全风险类型，资料为作者整理。

运算结果表明，双强型区域的专业风险程度和监管对象广度得分均为正。其特征是食品全产业链条都很发达，主要是经济社会发展水平较高的地区，如北京、天津、上海、江苏、浙江、广东，以及农业和食品工业大省，如山东、河南。密集型区域的专业风险得分为负，监管对象得分为正。集中在人口众多的农业大省和粮食主产区如河北、安徽、湖北、湖南、江西、四川、广西。专业型区域的专业风险得分为正，监管对象得分为负。其特征是食品生产加工业较发达，但常住人口较少，其商品经济相比沿海发达地区也不甚发达，包括辽宁、吉林、黑龙江、内蒙古、山西、陕西、福建、重庆、海南等。欠发展区域的专业风险和监管对象得分均为负，主要集中在经济社会发展相对落后地区尤其是边疆和少数民族地区，包括云南、贵州、宁夏、甘肃、青海、新疆、西藏等。我们将上文监管机构模式与风险类型进行关联匹配，如表3-8所示。从理论上说，“双强型—兼顾型”“专业型—单一型”“密集型—综合型”“欠发展型—综合型”是匹配度较好的组合，结果有15个省份匹配，16个省份不匹配。

表3-8　各省份食品安全监管机构模式与风险类型匹配情况

省份	风险类型	机构模式	是否匹配	省份	风险类型	机构模式	是否匹配
北京	双强型	单一型	N	湖北	密集型	单一型	N
天津	双强型	综合型	N	湖南	密集型	综合型	Y
河北	密集型	综合型	Y	广东	双强型	单一型	N
山西	专业型	单一型	Y	广西	密集型	单一型	N
内蒙古	专业型	单一型	Y	海南	专业型	单一型	Y
辽宁	专业型	综合型	N	重庆	专业型	单一型	Y
吉林	专业型	兼顾型	Y	四川	密集型	综合型	Y
黑龙江	专业型	综合型	N	贵州	欠发展型	综合型	Y
上海	双强型	兼顾型	Y	云南	欠发展型	综合型	Y
江苏	双强型	综合型	N	西藏	欠发展型	单一型	N
浙江	双强型	综合型	N	陕西	专业型	综合型	N
安徽	密集型	综合型	Y	甘肃	欠发展型	单一型	N
福建	专业型	综合型	N	青海	欠发展型	综合型	Y
江西	密集型	综合型	Y	宁夏	欠发展型	综合型	Y
山东	双强型	单一型	N	新疆	欠发展型	单一型	N
河南	双强型	单一型	N				

资料来源：作者整理。

（五）完善统一市场监管体制的政策选项

研究表明，食品安全监管机构设置没有唯一最优模式，只有最适合选择。统一市场监管并不必然提升食品安全保障水平，机构改革必须针对本行政区域食品安全主要风险特征推进。理想的监管体制需要权衡专业化与协调力的关系，使机构设置嵌入产业发展并与风险类型相兼容，扩大监管覆盖面并提升风险治理水平。具体提出如下政策建议。

一是分类推进市场监管体制改革。当前我国城乡间、地区间经济社会发展还很不均衡，同时面临不同类型食品安全风险。与风险形势相适应，我们在食品安全监管机构设置和政策手段选择上要有所区分，而不是搞“一刀切”。由于城乡基层分布着1 100多万家食品生产经营主体，产业格局“多、小、散、低”。在市场发育不成熟且社会力量不足的情况下，必须完善基层监管力量和基础设施。在广覆盖的基础上强调专业性，防止食品安全问题在第一线失守。因此可尝试整合机构并推进综合执法甚或跨部门执法，把监管基础设施建起来，解决监督执法覆盖面不广的问题。比较而言，大城市和发达地区物流、人流和资金流密集，充斥着工业化生产的系统性风险，新工艺、新业态和新产品带来的未知风险也开始出现。有必要强调食品安全监管的特殊性，用专业化监管防范关键风险点，深圳等地的兼顾型机构设置模式可以借鉴。同时借助地方财力采取委托执法、聘用制等方式，引入市场机制和社会共治，弥补公职人员编制不足的问题。

二是分层级对待食品安全监管机构设置。现阶段省级和地市级宜单设食品药品监管机构，从专业层面解决重点和难点问题，并加强对基层的业务指导。县区局和监管派出机构可探索综合监督执法，解决多头执法从而减轻市场主体负担，提升监管公平性。基层市场监管局应加挂食品药品监管机构的牌子，鼓励食品安全监管工作由行政级别高配的直属分局承担，突出其专业性和特殊性，从而实现宏观政策设计与微观监管有机结合。

三是市场监管体制改革与其他行政体制改革相协同。综合设置市场监管机构的县（市、区）要确保食品安全监管能力在监管资源整合中得到强化。要进一步转变职能，推进工商部门企业登记制度改革，释放基层市场监管资源，扩大食品安全监管覆盖面。同时将由质监部门承担的锅炉、电梯、吊塔等特种设备安全监察职责划转给安监部门，以免削弱食品安全监管专业性。同时建立科学的规则和方法，对食品安全实行风险管理，将有限的监管资源配置到风险高发的环节和领域。对一般市场主体按确定的比例和规则进行随机抽查，优化细化执法工作流程，不再进行全面巡查，解决监督力量不足和执法随机性不强等问题。

四是优化横向事权，整合相关监管部门职能。一方面，将食品安全标准制定和风险评估职责划归食品药品监管部门。联合国粮农组织和世界卫生组织都将风险分析框架作为处理潜在或现实食品安全问题的基本原则，具体包括风险评估、风险管理和风险沟通三部分，其中由科学家从事的风险评估是政府风险管理和各利益相关方风险沟通的基础，三者有机关联。在2013年国务院机构改革中，食品安全标准制定和风险评估职责被保留在卫生计生部门，据称是为了实现政策制定与政策执行的相互制衡。实际上，标准制定和风险评估已经成为现代化监管体系的重要手段，生硬地将各类监管手段割裂开来，不利于提升监管效能。例如，在2012年白酒塑化剂事件中，质监部门认为白酒检测中没有塑化剂的最高限值标准，而卫生部门制定的食品安全标准中已经有针对塑化剂的一系列要求，两者衔接不畅导致监管真空，监管真空就容易产生监管套利。国际经验也支持这一观点，如英国政府的食品安全监管机构食品标准署就直接以标准命名。基于此，建议尽快将国家食品安全风险评估中心划归国家食品药品监督管理总局。

与之相关的另一个命题是调整进出口食品安全监管体制。在开放经济体下，食品安全风险越来越呈现系统性特征。例如，一块饼干的原料可能来自全国各地，在本地加工，制成成品后销往全世界，其间任何环节的疏漏都会给不特定多数人带来安全风险。正因此，一些发达国家实行进出口食品与普通食品统一监管，防范输入型风险与内生型风险并存、关联和转化。例如，美国食品药品监督管理局的 20 个辖区办公室在各港口、机场和国内生产企业密集区设多个监督检查站，负责现场检查、产品抽样等，并执行稽查任务。又如，日本厚生劳动大臣任命 300 名食品卫生监督员，在该省内设的医药食品局工作，主要负责进口食品卫生和国内食品企业认证。过去，我国进出口食品由经贸系统的进出口商品检验部门管理，机构改革“三检合一”后由质检总局负责，实行全国垂直管理体制。这一架构与特定历史环境下促进进出口贸易增长的目标有关。如今进出口食品管理的重要目标是防范食品安全风险输入和输出，其定位从过去的服务经济发展转变为保障公共安全和维护负责任大国形象，管理体制也应调整。建议将检验检疫部门进出口食品安全监督管理职责、队伍和检验检测机构整建制划转食品药品监督管理部门，并保持全国垂直管理体制不变。

第四章

食品安全监管政策创新

导读：保障食品安全是现代各国政府的重要职责。党中央、国务院高度重视食品安全工作。2017 年春节前夕，习近平总书记对食品安全工作作出重要指示，“加强食品安全工作，关系我国 13 亿多人的身体健康和生命安全，必须抓得紧而又紧”。可见，食品安全已成为影响我国改革发展稳定大局的重要民生问题。然而我国食品安全监管的学术和政策研究起步较晚，相关理论体系正在形成过程中。现实的需求和理论的不足促使我们深入思考食品安全监管政策创新。引入社会监管理论并结合我国食品安全实际，提出食品安全监管的分析框架。研究发现，复杂的消费结构给低质量食品带来生存空间，食品生产经营者嵌入个体风险漠视的社会心态诱发其产生机会主义行为。加之监管制度演进过程缺陷和监管能力不足，食品安全领域出现市场、社会、监管叠加失灵的现象。在此基础上，围绕“食品生产经营者为什么违法”和“食品安全监管执法力度”两大焦点命题，实证分析当前食品安全监管面临的挑战，进而针对现实问题探讨突破线性监管困局的解决方案。

一、社会监管视野下的我国食品安全

上文多次提及，食品安全是一个涉及多学科的命题，因此不同领域的学者从本专业出发，对我国食品安全问题进行剖析。在已有分析基础上，通过对重要文献梳理，我们将现有的论述归纳为四大流派。一是科学技术派。以农业、食品科学和医学领域的专家为主，其关注技术标准和检验检测，认为科技手段落后是导致食品安全问题的瓶颈因素。二是产业基础派。主要由经济学家组成，其运用交易成本、制度变迁等分析工具，认为食品领域一方面具有因产业过度竞争导致的市场失灵，另一方面存在因监管协调成本过高带来的政府失范。三是法律制度派。法学理论和实务工作者通过对《食品安全法》《农产品质量安全法》等法律法规的立法和司法缺陷分析入手，主张只有提高食品安全监管的法制化水平，才能提升监管有效性。四是监督管理派。多为公共管理和政治学领域的学者，其从政策分析和组织理论的视角入手，提出监管职权分散、监管者独立性不足、监管手段落后和监管能力不强是制约中国食品安全监管绩效的结构因素。

（一）用社会监管理解当前食品安全问题

上述文献扩展了我们的视野，但我们需要更为全面的分析框架。根据社会学家帕森斯（Talcott Parsons）的观点，作为社会子系统的食品安全受各类主体影响。各类因素一经形成，便会渗透到食品安全领域，成为左右秩序构建的结构性力量。一个子系统能否有效行使功能，取决于各主体基础的稳定和结构的完善。在理想的状态下，市场决定食品供需，企业生产经营食品，社会反映消费者态度，政府则把守食品安全底线。然而，当前我国市场结构、社会心态和政府监管都制约着食品安全水平提高。

国外政治科学中的社会监管理论同样为我们提供了启示。社会监管是指对被监管者影响公众健康和公共安全行为的限定，具体包括安全、健康和环境（Safety，Health and Environment，合称 S. H. E.）三大领域。近年来，社会监管被纳入各国政府相关职能范畴，具体包括食品药品等产品质量安全、安全生产、社会治安、应急管理等。该理论从分析监管型国家崛起的路径入手，选取时代背景、历史路径、监管部门、政策工具、市场主体以及技术支撑等要素，系统分析监管绩效的影响因素。下面我们结合上述观点，利用社会监管理论框架对中国食品安全监管展开分析。

1. 食品安全的深层次经济社会基础。

时代背景指政策所嵌入的制度环境，这里所说的制度环境包括三个方面：一是产业素质问题。近年来我国食品产业发展迅速，对经济增长的贡献率逐年加大，但同时由于准入门槛低等原因，食品企业数量多、规模小、分布散、集约化程度低，自身质量安全管理能力不足。截至 2016 年底，全国共发放新版食品生产许可有效证书 58 012 张，有效期内旧版食品生产许可证书共计 98 936 张、有效期内旧版食品添加剂生产许可证 2 354 张。同样在 2016 年底，全国共发放食品经营许可证 1 233. 88 万张，其中食品销售 862. 63 万张，餐饮服务 371. 25 万张。[①] 农业生产更为分散，种植养殖环节还主要依靠 2 亿多农民散户生产。产业素质不高和产业结构不合理成为我国食品安全基础薄弱的最大制约因素。

产业素质在一定程度上决定了企业主体责任问题。市场经济越发达，市场主体的诚信问题就越重要。应当说，食品行业的诚信水平总体上还需要提高，部分食品生产经营者为获取非法利益，故意从事违法违规活动，带来了不容忽视的安全隐患。近年

① 国家食品药品监督管理总局：《2016 年政府信息公开工作年度报告》，国家食药总局网站，2017 年 3 月 21 日，http：//www. cfda. gov. cn/WS01/CL0633/170931. html。

发生的重大食品安全事件都与企业生产行为直接相关。

二是消费结构问题。经济学理论认为，需求决定供给，低水平的需求导致低质量的供给。发达国家现代化历程表明，消费结构与食品安全状况具有相关性。总体而言，消费结构与食品安全状况的关系呈“倒 U 型”曲线变化规律，食品安全现代化的阶段性特征如表 4－1 所示。

我国是食品生产和消费大国，消费结构异常复杂，各种质量水平的食品都有销路。当前，许多农村和中西部地区的恩格尔系数在 35% 左右，消费结构转型严重滞后于工业化进程，需求层次偏低，客观上给低质量食品提供了生存空间。从这个意义上说，不合理的消费结构带来需求层次的差异性，我国正处于食品安全问题高发期。据统计，我国城镇居民人均食品消费支出仅为美国居民支出水平的 1/13，农村居民人均食品消费支出更是只相当于美国的 1/34。由于消费者整体支付能力较低，而且为品牌支付溢价的意愿更低，企业很难通过质量和品牌获取高额利润，不得不采取低质低价的策略吸引消费者，进而使产业整体面临“长不大也死不掉”的困境。食品工业总产值与农产品总产量之比是衡量一国食品工业整体发展水平的重要指标，这一比值在美国高达 3.7∶1，日本是 2.2∶1，中国台湾地区也有 1.3∶1，而中国大陆仅有 0.5～0.8∶1。[①] 低端市场的广泛存在诱发了企业机会主义行为，于是我们在现实中看到问题食品流向农村的现象，尤其是在流动人口密集的城中村和城郊结合部，低质量食品对进城务工人员等低收入群体造成很大威胁。[②] 与此同时，为满足各类消费需求，一些为改善口感、品相和延长保质期、提高营

---

① 胡颖廉：《社会治理视野下的我国食品安全》，载于《社会治理》2016 年第 2 期，第 36～42 页。

② 潘林青、魏圣曜：《“问题食品”专供农村？——山东部分县市追踪调查》，新华网，2011 年 8 月 19 日，http://news.xinhuanet.com/2011－08/19/c_121882392.htm。

养成分检测指标的添加物质应运而生，其安全性成为食品安全监管的一个新难题。

即便如此，在以经济增长为主要目标的发展战略指导下，个别地方还是热衷于食品产业低水平重复建设。例如，1998～2006年，全国奶牛存栏数从439.7万头增加到1 387.9万头，增长了3倍多；而同一时段乳制品产量竟然从60万吨增加到1 622万吨，增长了整整28倍。[①] 排除进口原料增加、技术进步等因素，行业无序扩张和恶性竞争带来的质量安全隐患依然堪忧。2008年三鹿牌婴幼儿奶粉事件发生后，一些乳品企业负责人坦诚自身面临“卖牛奶不如卖矿泉水赚钱”的尴尬局面，这与食品供给侧品质偏低有极大关联，由此我们也就不难理解为何乳品质量安全问题不断发生。

表4－1　　　　食品安全现代化的阶段性特征

恩格尔系数	消费结构	产业结构	政府与企业关系	食品安全问题
大于50%	生存型	整体落后	政府用计划命令和直接干预，将农业和食品工业作为福利事业牢牢掌控	不易发生
50%～30%	生存发展兼顾型	“多、小、散、低”	行业管理职能弱化，政府监管体系改革通常滞后于产业的扩张	高发、频发、易发
小于30%	发展型	趋于成熟	政府逐步引入标准、认证等政策工具，监管体系趋于完善	趋于平缓

资料来源：作者整理。

2. “反向制度演进”带来监管空白。

历史路径是监管政策制度变迁的过程和特征。食品安全监管

① 黎霆：《食品安全问题中的深层次矛盾》，载于《学习时报》2010年9月20日。

的本质是纠正食品市场领域失灵，具体如假冒伪劣、不卫生不合格、虚假信息等。纵观人类历史，解决食品安全问题的手段除了政府监管之外还有很多，比如说高效的市场竞争可以形成优胜劣汰的良性机制，独立的法庭审判可以在事后解决“问题食品”侵权纠纷，行业协会能够让企业产生自律的压力，媒体和消费者监督可以曝光无良生产经营者等。市场机制、社会监督和政府监管原本就是相互补充的，当一种手段失灵时，其他手段可以弥补。值得注意的是，发达国家是在上百年市场经济发展后，才建立起以事先预防和全程管理为主的现代监管型国家制度，其间不断地调整和适应。例如，作为现代监管型国家典型的美国，其所有监管行为都建立在市场运作的科学模拟之上。

中国的情况则刚好相反，我们与发达国家监管体制形成的路径截然不同。在奉行全能主义的计划时代，国家与社会高度一元，政府用命令加控制的行政手段包揽了食品生产经营，人民公社和国营企业实际上成为“国家大工厂”的车间。长期的计划经济使得市场自我调节机制尚未发育成熟。改革开放后，原有的干预手段被废弃，各类市场主体积极性被充分调动，同时出现一些问题。一方面，市场逐步确立但发育并不成熟，伪劣食品等市场失灵现象日益凸现；另一方面，旧的行业管理被打破，新的食品安全监管体制机制尚未健全，政府纠正市场失灵的能力下降。换言之，我国是在市场尚未发育成熟、司法体系还不健全、行业自律有待加强的前提下，启动了现代政府监管的步伐，与发达国家的制度演进路径刚好相反。

这种“反向制度演进”使监管型国家的步伐超越了市场经济的建设，监管部门不仅要应对掺假、伪劣等市场经济初级阶段的失灵现象，还要填补旧体制瓦解带来的管理空白，更要防范转基因食品的安全未知性等现代化风险。在实际工作中，监管交叉和空白地带同时存在，这进一步削弱了政策有效性。由于中西方的监管政策是沿着制度可能性曲线的相反方向运动，食品监管部门从成立之初就肩负起“反向制度演进”带来的多重任务。[①] 现在看来，政府这种单打独斗不可持续，因为食品安全不是单纯监管或检测出来的，终究要靠生产经营出来，必须要让政府监管回到其应然的理想定位，它是市场机制的有益补充而非全盘替代。换言之，监管型国家的步伐超越了市场经济的建设，这一步跨得太大，有些基础性功课不得不回头补上。

与市场发育不成熟相关联的是社区承载公共安全功能缺失。在以计划经济为特征的总体社会中，人们主要关注因食物短缺带来的可及性问题，质量安全尚未被提上议程。由于单位、街道和公社包揽了大部分人的生老病死，全社会对食品的需求较为单一。加之食品种植养殖、生产和流通都处于严密管控之下，因而其质量安全问题并不突出，即便出现食品安全事件也可以在体制内解决。而在市场经济条件下，人们对食品种类的需求变得多元，需求层次也从“吃得饱”提升到“吃得好”。同时，许多原本由单位承担的控制功能回归社会和市场，越来越多的消费者从“单位人”转变为“社会人”乃至“社区人”，政府对人们选择食品行为的掌控能力减弱。但是由于社区尚无力组织原子化个体共同抵御风险，食品安全问题获得了滋生蔓延的空间。[②]

3. 监管部门面临体制机制障碍。

监管体制机制是制约我国食品安全监管有效性的重要因素。国外监管政治学理论将监管部门的目标、职权和能力作为解释监管绩效的重要变量，其分别回答了监管者想不想、能不能和会不会监管的问题。新中国成立以来，我国食品管理体制多次变迁，这在本书第二章和第三章已经详细论述。相对于食品产业的高速发展，我国的食品安全监管工作相对滞后，存在目标、能力等诸

① 胡颖廉：《国家、市场和社会关系视角下的食品药品监管》，载于《行政管理改革》2014 年第 3 期，第 45 ~48 页。

② 贾玉娇：《对于食品安全问题的透视及反思——风险社会视角下的社会学思考》，载于《兰州学刊》2008 年第 4 期，第 103 页。

多薄弱环节。

一是政策目标多元且分散。改革开放后，我国生产力高速发展，人民群众的物质文化需求日益提升。在全能主义国家的制度惯性和地方政府强烈的发展导向下，监管部门不仅要确保食品安全有效，还在转型期这一特定阶段承担起发展的目标，关注食品行业的经济绩效。政策协调理论认为，当不同部门的目标不一致且行为不协调时，监管者在决策时就不得不考虑其本职工作以外的因素，进而制约了自主性（autonomy）。若单纯强调“帮企业办事、促经济发展”，会在一定程度上模糊公众利益与商业利益间的关系，从而影响到政策制定和执行的有效性。

二是监管能力系统性薄弱。研究表明，当前基层食品安全监管队伍人员少、装备差、水平低，执法办案和监管基础能力建设经费投入不足，这一现象在经济欠发达地区表现得尤为严重，不利于监管政策的有效执行。事实上，执法专业化是现代监管机构的重要特征，如美国食品药品监督管理局雇用了数以千计的医学、化学和营养工程学博士作为技术支撑，还拥有数以万计的执法人员巡视于田间工厂。相比较而言，我国食品监管部门的执法能力明显不足。

三是政策工具的威慑力和激励性不足。政策工具的有效使用直接影响食品安全监管政策的实效。公共政策无外乎强制、激励和宣教三类手段，因而理想的食品安全监管政策工具组合应当包括直接干预、激励和自我监管，其分别在不同政策领域发挥积极作用，如表4－2所示。然而，当前我国食品安全监管政策存在诸多弊端。

首先是监管强制手段缺乏威慑力。个别监管部门的工作人员受“重审批、轻监管”思维的影响，把主要精力投入到事前行政许可上，对食品企业事后生产经营行为的规范程度重视不足、执法不严。现实中许多不安全食品都出自正规厂家，甚至连三鹿等大型企业和知名品牌都深陷食品安全事件。此外，法律的经济和刑事处罚力度不足，客观上助长了食品安全违法违规行为的发生。其次，政策对企业的激励作用不明显。激励可通过市场和信息机制实现，例如，划分食品企业信用等级能影响公众的消费行为，而公布违规食品企业“黑名单”会使其产生舆论压力，进而促使其提高质量管理水平。然而，由于激励手段的有效性依赖于食品市场的发育完善和信息对称，现实中的奖惩机制并未取得预期效果。此外政府对企业承担社会责任的引导有待提高。与其他行业相类似，受社会整体诚信水平的制约，食品行业中个别企业和少数从业人员法律意识和责任意识淡漠、道德和诚信缺失。由于行业协会作用缺失，食品行业诚信体系建设推进缓慢，企业诚信意识和自律能力亟待提高。①

表 4-2　　理想的食品安全监管政策工具组合

项目 \ 政策工具	直接干预	激励		自我监管
		基于市场	基于信息	
目标界定者	监管部门	监管部门制定规则，企业决定自身目标	监管部门与行业协会共同决定信息公布	单个企业或行业协会
政策领域（举例）	食品企业准入许可、日常监管	划分食品企业信用等级	公布违规食品企业“黑名单”	企业食品质量承诺
执行保障	命令加控制	成本和收益的权衡	对声誉的关注和舆论压力	诚信和自律
强制措施	行政/刑事处罚	经济奖惩	信息披露	道德谴责

资料来源：作者整理。

① 胡颖廉、李宇：《社会监管理论视野下的我国食品安全》，载于《新视野》2012 年第 1 期，第 71～73、105 页。

4. 消费者风险认知偏差。

作为重要的市场主体，消费者的风险认知偏差会在客观上夸大对食品安全的担忧。美国行政法学巨擘桑斯坦（Cass Sustein）认为，影响消费者风险认知的因素包括可得性启发、概率思维和情绪效应三个方面。可得性启发指人们通常根据一些容易想起来的实例去判断一种风险类别出现的频次，如果公众容易想起相关的代表性事件，在脑海中容易浮现出相应的直观画面，那么就更有可能对这一风险感到担忧。从这个意义上说，公众对于感同身受、有可能切实发生在自己身上的食品安全事件，会有更强的认知，食品安全风险存在被高估的可能。在概率思维作用下，人们会忽略对风险概率的计算，特别是当事件涉及强烈情感时，其所考虑到的往往是风险可能发生的“最差情形”，而非准确的概率。特别当公众看到媒体关于食品掺假等铺天盖地的报道时，通常不会去思考事件发生的先验概率，而是在报道的直接刺激下高估风险。于是我们也就不难理解为什么我国食品监测合格率客观上高于90%，而消费者主观上认为食品安全处处存隐患。情绪效应是指媒体在叙事中经常将侵权者的形象“妖魔化”，从而制造加害者与受害者之间的对立，点燃公众对不安全食品的怒火。愤怒对人们反应的影响，大致相当于风险程度在数量上增长2 000～4 000倍。回顾我国近期对食品安全事件的报道，媒体总是将企业塑造成“无良商人”形象，将监管部门丑化为“不作为的官僚”，而将消费者刻画为“可怜的受害者”，目的是引起各界对此问题的关注，同时也误导了消费者对食品安全风险的认知。①

更值得关注的是，从某种意义上说，全社会正陷入个体风险漠视的困境。在剧烈社会转型中，物质技术层面变化最快，制度

① 宋华琳：《风险认知与议程设定——评桑斯坦的〈最差的情形〉》，载于《绿叶》2011年第4期。

层面次之，最后观念层面才真正发生变化，因此不可避免地会产生各个部分之间的差距与错位，进而诱发各种社会控制问题。[①]当前社会普遍存在群体安全焦虑与个体风险漠视并存的现象，其特征是对于关系个人的风险意识较强，而对关系到群体或社会的风险重视不够；对于突发的、伤害性大的风险警惕性较高，而对缓释性的、无直接生命伤害的风险防范不足。[②] 作为一种信任商品和体验商品，食品安全风险在工业化和城镇化高速进程中越来越具有系统性和隐秘性特征。例如，快餐食品低廉的价格完全不反映真实成本，其对健康、环境和廉价劳工的成本都外部化给整个社会承担。由此带来的肥胖、营养不良和各种心血管疾病极大地危害了公共健康，并增加医疗的负担。尽管人们对不断曝光的食品安全事件深恶痛绝，却不愿意从自身做起，主动防范可能存在的风险。由于生活方式发生极大变化，越来越多的家庭希望从繁重的家务中解脱出来，其宁愿从超市选择预包装食品而不愿在家里做饭。[③] 为满足消费者对食品易储存、方便性等需求，厂商在生产中大量使用添加物质，其安全性成为食品安全监管的新难题。同样地，为打破四季交替规律，蔬菜大棚被广泛用于反季节生产，而这本身就是用农膜、农药和化肥组成的“有毒”微环境。[④] 在巨大的风险隐患面前，许多消费者选择容忍。也就是说，人们一方面乐于享受现代化和大工业生产的成果，另一方面却不愿承担相伴而生的风险。

基于数据的可获得性，我们选取三组具有代表性的时间序列数据，从多个视角来观察我国食品安全状况，如图 4 - 1 所示。

---

① 郑杭生、洪大用：《中国转型期的社会安全隐患与对策》，载于《中国人民大学学报》2004 年第 5 期，第 4 页。

② 王俊秀：《中国社会心态：问题与建议》，载于《中国党政干部论坛》2011 第 5 期，第 43 页。

③ ［日］安倍司：《关于食品添加剂的思考》，载于《光明日报》2011 年 7 月 5 日。

④ 娄辰等：《农民的无奈与诉说》，载于《半月谈》2012 年第 13 期，第 10 页。

其中，“加工食品和饮料批次合格率”表征食品质量安全实际水平，“中国饮食安全指数”代表社会整体对食品安全问题的主观感知，“消费者食品投诉量”代表个体对食品安全风险的关注程度。可以看到，尽管食品质量监督抽查合格率连年上升，但社会对食品安全形势的评价却变化不大且总体较低，公众对食品安全风险认知存在偏差。同时，消费者的食品投诉量并未随着主观安全感恶化而显著上升，反而呈现剧烈波动和总体下降的趋势。可见，社会对食品安全存在非理性焦虑心态，而消费者对自身风险和权益漠视，两者形成强烈反差。正是这种对食品安全的矛盾心态，为生产经营者滋生违法违规行为提供了土壤。当越来越多生产经营者嵌入到这种社会环境时，就会出现违法违规是可接受常态而严格守法是奢侈例外的困境。与此同时，阶层之间、城乡之间和区域之间的结构性断裂，导致各个部分隔阂，刺激着各种自

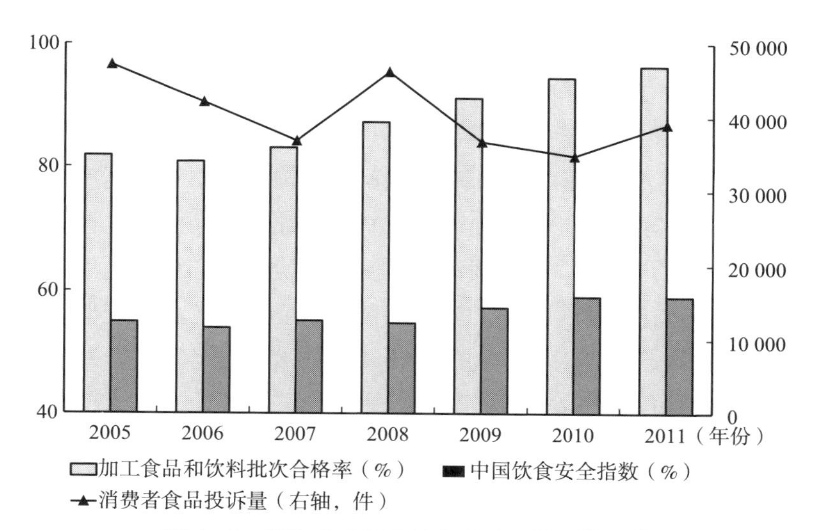

图4－1　近年来我国食品安全状况的三维观察

资料来源：历年《中国统计年鉴》、《小康》杂志“中国小康饮食指数”以及《全国消协组织受理投诉情况统计分析》，经作者整理。

利性短期行为，长此以往便会出现“互害式”的恶性循环。生产经营者认为只要“问题食品”不带来直接的致命危害，就会得到社会的宽容，因为他们坚信其他人同样在从事违法违规行为，被监管部门查处只是运气不佳。

社会心态一旦内化为社会环境，还会对新进入者的行为产生极大影响。这样就解释了一些全球知名食品生产经营商在我国的违法行为，如重庆沃尔玛假冒绿色猪肉事件、北京麦当劳加工出售过期产品事件等。尽管其背后成因复杂，但至少存在通过自降标准的方法来适应宽容违法社会环境的因素。

5. 食品安全科技支撑不足。

第一，食品风险监测和评估意识不强。现代政府监管制度的经济合理性是收益大于成本，要实现食品安全监管效率最大化，必须以风险分析为基础，明确管理重点，把管理资源配置在高风险环节。风险监测的目的就是掌握食品安全的全面状况，以便有针对性地进行监管，并将监管与风险评估的结果作为食品安全标准、确定检查对象和频次的科学依据。例如，欧美日等国对食品发酵用菌种的管理、审批非常严格，对菌种的使用历史、分类鉴定、耐药性、遗传稳定性、有效性都有明确的要求和数据库；此外，发达国家对新技术、新工艺、新资源加工食品的安全性评价也高度重视。然而，当前我国食品安全风险监测和评估制度刚刚建立，还远待完善，例如，沙门氏菌等重要致病菌的系统监测与评价资料缺乏，针对污染物的关键检测技术与设备落后，对化学性和生物性危害的危险性评估技术未广泛采用，农药、保健食品原料等新产品安全性评估缺乏。

第二，食品安全标准总体有待提高。食品安全标准是为了确保食品安全，对食品生产经营过程中影响食品安全的各种因素及各关键环节所规定的统一技术要求。长期以来，我国食品安全领域有食用农产品质量安全标准、食品卫生标准、产品质量标准和有关食品行业标准中强制执行的部分。尽管正在建立统一完整的食品安全国家标准体系，但有的食品安全标准间依然存在交叉、重复、缺失、标龄长等问题。这既让守法企业茫然无措，又使一些不法企业钻了空子。例如，在2010年前后，我国农药残留限量仅800多项，而国际食品法典委员会有3 300多项，欧盟有14.5万项，日本有5万多项。又如，在2007年“多宝鱼事件”中，上海市食品监管部门根据地方标准对多宝鱼样本进行了残留药物检测，结果共有7种超标药物，而海洋渔业部门参照农业部标准进行检测，结果却全部合格。根据《国务院关于研究处理食品安全法执法检查报告及审议意见情况的反馈报告》，截至2016年底，卫生计生委已牵头完成近5 000项食品标准的清理整合，并会同食品药品监管总局、农业部等部门发布926项食品安全国家标准，计划年底前再发布130余项标准，届时将形成近1 100项的食品安全国家标准体系，涵盖2万项指标，基本覆盖所有食品类别和主要危害因素。农业部与卫生计生委组建了农药残留和兽药残留两个标准审评委员会，目前已制定5 724项农兽药残留限量（农药残留4 140项，兽药残留1 584项）和932项检测方法国家标准，基本覆盖我国大宗农产品和常规农兽药品种。推动各地制定生产技术规范1.8万项。

第三，食品检验检测水平不高。食品检验检测是对食品实施安全监控的重要手段，也是对食品原料加工过程进行质量安全控制的重要措施。由于历史的原因，我国食品检验机构设置分散，具体有质监部门批准设立的产品质量检验机构、卫生部门考核合格的疾控系统卫生检验机构、食药部门考核合格的药品检验机构、农业部门考核合格的农产品检验机构以及商务部、科技部、国家粮食局、标准委等部门考核合格的检验机构。分散化的机构设置无法集中力量，监管技术支撑部门的检验检测水平不高。如圣元奶粉“激素门”风波中，全国只有北京市疾病预防控制中心一家机构有资质检测雌激素和孕激素含量。现实中，一线执法人员大多通过查看产品包装，核对质量保质期，查验进货发票等方法进行监管，这种“一看、二模、三闻”的土办法根本无法判断食品是添加剂滥用、重金属超标还是细菌含量过多。此外，我国40%的中小食品生产企业不具备相应的检测技术；60%的农业专业合作组织也不具备农产品农药残留的检测技术手段。

第四，食品监管执法队伍技术能力不足。监管执法专业化是现代监管机构的重要特征，我国食品监管部门的队伍能力相比发达国家尚显不足。长期以来，我国的农业和食品工业主要是围绕如何增产，也就是“吃得饱”进行的，因此我们在农业增产方面的技术世界一流。但是，在食品质量方面的技术却比较落后，当前基层食品安全监管队伍人员少、装备差、水平低，执法办案和监管基础能力建设经费投入不足，这一现象在中西部地区表现得尤为严重，不利于监管政策的有效执行。瘦肉精问题长期未能彻底根除就与检测成本过高有关，以盐酸克伦特罗检测为例，一次快速检测一头生猪尿样需15～20元，仪器确证检测一份样品需500～1 000元，基层要开展从养殖到收购、贩运和屠宰各环节检测，而检测费用不得向生产经营者收取，现有经费投入明显不足。①

（二）监管政策创新的路径选择

从上文分析可知，食品安全监管是一项复杂的系统工程，需要我们不断加大标本兼治的工作力度，也需要全社会包括企业等各方的长期和共同努力。同样基于社会监管理论，建议从理念、体制机制和政策手段等方面入手，全面提升食品安全监管的有效性，提高我国食品安全保障水平。

1. 树立食品安全风险治理理念。

对各级政府和监管部门来说，要明确“食品安全是生产出来

---

① 胡颖廉：《依靠科技手段保障食品安全》，载于《学习时报》2011年7月11日。

的，也是监管出来的”理念。现代监管的对象是企业的能力和资质，是对企业行为的监管，至于其加工经营的每一件食品是否安全，取决于企业内部的食品安全管理能力。从这个意义上说，政府要摒弃在食品安全领域“包打天下”的旧有观念，在强化监管的同时注重完善市场机制，提升企业主体责任意识。例如，过去我们一直将质监部门核发的 QS 标识解读为“质量安全”（Quality Safety），三鹿牌婴幼儿奶粉事件后，监管部门将其含义变更为食品安全“生产许可”（Qiyeshipin Shengchanxuke），缩写同样是 QS，后来进一步改为 SC。该做法准确界定了监管者的职责，即监管部门核准的是企业静态资质而非动态行为，这种改变不啻为理念上的巨大进步。

政府同样要向公众宣传“食品安全风险没有‘零风险’，但监管必须‘零容忍’”的理念。如上文所述，在大工业生产和现代风险社会背景下，政府的职责是通过各种监管手段尽量降低食品安全风险，但并不可能将风险消减为零。事实上，发达国家的食品安全也存在着这样那样的问题，任何国家都不存在“零风险”。根据风险治理理论，监管部门要积极开展食品安全风险监测与评估工作，使监管资源与风险等级相匹配，将有限的监管资源集中到风险高发的环节和领域，尤其重视食源性污染和添加剂滥用。

消费者则应树立“食品安全性在任何时刻都高于营养、外观和口味”的理念。政府应普及食品安全相关知识，引导公众安全消费、理性消费，提高自我保护能力。广泛宣传政府加强食品安全监管的措施、进展和成效，大力宣传优良品牌、示范工程和诚信守法典型，增强公众消费信心。近年全国食品安全宣传周活动在这些领域都有所创新。另外，监管部门可借鉴美国食品药品监督管理局的做法，加大产品警示、缺陷、召回等信息的宣传力度，让每个消费者养成自觉关注食品安全的习惯。

2. 健全科学高效的食品安全监管机制。

积极推动合理化改进，创新食品安全工作机制。一是综合协调机制。近年来，各级政府已经把食品安全纳入重要议事日程，列入年度目标责任考核体系。一些地方还积极落实食品安全党政同责，要求地方各级党委常委会议和政府常务会议定期听取食品安全工作汇报并研究相关问题。遗憾的是，许多地区的食品安全委员会办公室并没有发挥好协调作用，反倒异化为一个亲力亲为的兜底和包办部门而疲于“救火”。建议包括乡镇在内的各级地方政府应设立食品安全委员会，并明确食品安全委员会办公室（秘书处）作为日常办事机构。食品安全委员会的主要职责是分析食品安全形势，研究部署、统筹指导本行政区域食品安全工作，督促落实食品安全属地责任、监管责任、企业责任。同时还应完善例会工作协商、定期信息通报发布、案件举报与协查责任追究等制度，将传统科层式的工作流程转换为扁平化的政策协调，有效解决政出多门、职责不清和相互推诿的分段监管弊端。一些地方在食品安全监管综合协调中形成了“政府主导、食品安全委员会办公室牵头、部门各负其责、乡镇协管、村级报告、企业第一责任”的模式，积累了宝贵经验，值得总结和借鉴。

二是全程监管机制。理论和经验表明，食品产业链长，涉及环节多，产业链中任何环节的监管疏漏都可能影响上下游的食品安全，存在明显的“短板效应”，例如，地沟油事件就涉及质监、食药、工信、公安、环保等多个部门。尽管 2013 年机构改革有限整合了食品安全监管职能，但依然面临诸多挑战。因此，我们要借鉴发达国家“从农田到餐桌”的全流程监管，由分段管理向分品种全程式链条化管理转变，特别是加快食品安全综合执法队伍建设，提升监管效能，确保人民群众饮食安全。

三是区域联防机制。食品安全风险具有空间上的跨地域流动性，简而言之，就是甲地生产的食品，通过乙地的经营企业，到丙地销售并发生食品安全事件，我们熟知的众多食品安全突发事件都具有该特征。由于风险的“成本外溢”效应，个别地方在保护主义和机会主义心理下，忽视了区域间合作。对此，应通过区域联防机制解决监管边界不清的问题，消除管控“死角”。目前国家层面已有石龙食品药品安全与法治会议（石龙论坛）等制度化做法，秉承“合作交流，提高创新”的宗旨，以“打假防假，科学理性”为主题，分析国内国外食品药品打假形势，剖析食品药品制假售假经典案例，解读食品药品法律法规精神实质，交流食品药品打假防假实践经验，讲述食品药品事件应急检验背后的故事，纵论食品药品打假热点、难点，增强食品医药行业打假、防假、治假的理论自觉和方法自信。而在区域层面，京津冀食药安全区域联动协作联席会议、华东地区六省一市食品药品监管合作联席会议、泛珠三角九省区食品药品监管合作联席会议、中部六省省会城市食品药品稽查联席会议等机制在这方面也做了有益探索，其通过“区域合作项目工作小组”的形式，共同应对跨省区的食品药品风险，取得了一定成效。

四是应急处置机制。尽快修订并动态完善《国家重大食品安全事故应急预案》，优化应对食品安全事故的快速反应机制和程序。可探索建立“联席会议—联防联控—指挥部”相结合的“一体三模”转换机制：在日常状态下，各级政府可依托食品安全委员会办公室建立联席会议制度，及时沟通信息并从事食品安全风险评估和预警工作；当食品安全突发事件发生且事态不明时，可优先启动联防联控工作机制，研判形势并确定策略；当事件的社会危害程度提升时，应及时转换为应急指挥部模式，加强动员和协调力度，按照属地管理和分级响应原则，及时开展应急处置，最大限度减少危害和影响。

3. 完善综合施策的监管手段。

综合运用法律、行政、经济、道德等手段，将食品安全监管工作落到实处。一是治理关口前移。落实产业政策，制定我国食品产业规划，调整食品产业结构，转变生产经营方式，加快食品企业技术改造，实现规模化、产业化、标准化生产。严格行政许可，严把食品生产经营企业准入关，提升食品生产经营企业素质和管理能力，落实食品安全企业主体责任。提高技术标准，整合食品安全国家标准，完善食品添加剂、食品相关产品的使用、检测和标签标识标准，切实从传统监管模式向科学监管转变。关口前移是为了做到源头治理和预防为主，形成食品安全“防火墙”，防范系统性风险。

二是监管重心下移。一方面加强集中整治，针对食品生产经营链条上的重要环节和消费群体较大的重点品种，通过集中力量、采取联合执法等方式，严厉整治反复出现、易发多发、容易反弹的突出问题。另一方面要抓好日常监管，重点加强风险监测评估预警、执法抽检、法规标准建设等工作。加强食品安全检验检测和风险监测评估，扩大检验范围和频次，规范公布抽检结果，推进检验检测信息共享。加强对生产经营者的许可后续监管和执法检查，做到“重事前许可，更重事后监管”。按企业经营规模、安全和信用记录，实行安全评级和动态监管。用信息披露、行业禁入、驻厂监督员和“飞行检查”等手段增加执法威慑。总体而言，依靠集中整治有利于解决现实问题，通过日常监管和制度建设旨在建立长效机制，从而达到“既要下猛药，又要促长效”的目的。

三是监督主体外移。积极推进诚信体系建设，加强行业自律，发挥食品行业协会在引导行业标准，规范企业自律中的作用，逐项落实食品种植、养殖、生产、加工、包装、储藏、运输、销售、消费等过程中食品质量安全管理制度。例如，行业协会可以严把会员准入关，要求企业在取得会员资格前签署生产经营行为规范承诺，对于违反承诺者取消会员资格。同时，提升社会监督水平，政府应稳妥、准确地发布食品安全信息，接受社会各方监督，保障公众对食品安全的知情权。建立健全舆情监测机制，畅通投诉举报渠道，及时收集掌握和核查处理公众、媒体反映的食品安全问题。基层可选聘一批有一定影响力、公益心较强的热心人士作为食品安全特邀监督员，充分发挥人大代表和政协委员的监督作用。此外，加强与公众风险沟通并合理引导舆论监督。通过风险沟通策略的改进和风险教育的展开，促使人们更为理性地认知食品安全风险和看待食品安全事件，以促进社会和谐稳定。加大正面宣传的力度，及时公布案件查处情况，营造了有利于食品安全工作的舆论氛围。监督主体外移的最终目标是实现从政府专业监管向政府、市场与社会“共治”大格局的转变。

在系统梳理食品安全社会监管命题后，接下来我们基于该理论开展相关实证研究。

二、实证研究一：食品生产经营者为什么违法

食品领域违法犯罪高发，已成为导致食品安全问题的主要原因，也因此影响我国改革发展稳定大局。产生重大社会影响的三鹿牌婴幼儿奶粉事件、双汇瘦肉精事件都与生产经营主体违法行为直接相关。2010～2015 年，全国查处食品安全违法案件约 95.8 万件，侦破食品安全犯罪案件 8 万余起，总体形势不容乐观。针对严峻的现实，政治领导人强调，必须使不法分子付出高昂代价，对违法行为给予最大震慑，使其不敢以身试法。①

一般认为，市场经济发展程度越高，生产经营者的守法意识越强，食品违法违规行为也就越少。然而现实并非如此。研究选取 2008 年的分省数据，用食品生产加工环节查处企业违法行为涉案金额占食品工业总产值的比重，来衡量当地食品生

① 李克强：《加大食品安全整治力度 重典治乱重拳出击》，新华网，2011 年 5 月 15 日，http：//news. xinhuanet. com/politics/2011－05/15/c_121418378. htm。

产经营者违法严重程度。结果显示，不同地区食品违法程度差异极大，经济相对发达的东部地区情况并不明显好于中西部地区（见图 4－2）。因此，探讨我国食品生产经营者为什么从事违法行为，是一个兼具现实和理论意义的命题。本节的核心命题是：哪些因素影响我国食品生产经营者违法行为，如何影响？

需要说明的是，之所以选择 2008 年数据，一方面是权衡了统计数据的可及性，更为重要的是为试图避免宏观政治经济因素波动对模型的影响。众所周知，2007 年全国开展产品质量和食品安全专项整治行动，2009 年《食品安全法》颁布施行，之后连续进行了两轮机构改革，因此 2008 年数据成为最合适选择。

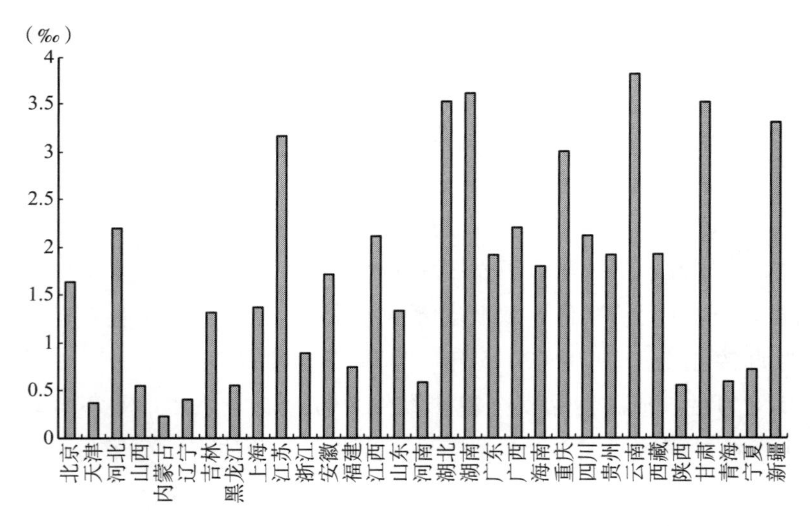

图 4－2　2008 年分省份查处食品企业违法行为涉案金额占食品工业总产值的比重

资料来源：《中国质量监督检验检疫年鉴》（2009 年）。

（一）生产经营者行为的文献和理论框架

国内外学者们从不同视角出发，研究生产经营者违法行为的影响因素，归纳而言有四类观点。

一是执法力度。监管者执法越严厉，被监管者越守法，这几乎成为社会监管领域学者的共识。玛丽·奥尔森（Mary Olson）通过对美国制药企业违规操作影响因素的分析，发现监管者释放的威慑信号越强，企业违规操作的情况越少。[①] 肖兴志等通过实证研究表明，煤矿安全规制水平以重、特大事故为拐点，对企业违法行为产生呈非对称影响。[②] 在监管者自身看来，不严厉执法就不足以遏制当前食品安全事件高发频发态势。[③]

二是经济激励。持这一观点的学者认为，除了严格执法，经济激励同样影响企业行为。约翰·安特尔（John Antle）揭示出奖励、惩罚等不同政策手段对食品生产经营者行为的影响。[④] 刘任重以博弈论为工具，得出奖励与政府监管的搭配使用可以有效引导食品企业选择生产安全食品的策略。[⑤] 陈雨生等依据计划行为理论，从态度、主观规范和知觉行为控制三个方面，分析海水养殖户渔药施用行为的影响因素。[⑥]

三是政策环境。有研究指出，生产经营者面临的政策环境是其行为的另一影响因素。有研究者以“阜阳奶粉事件”为例，得出监管部门用轻微的经济处罚维持“养鱼执法”的结论。[⑦] 杨合岭和王彩霞认为地方政府保护是造成大规模食品企业生产不安

---

① Olson, Mary. Substitution in Regulatory Agencies: FDA Enforcement Alternatives. *Journal of Law, Economics, and Organization*, 1996, 12, (2): 376 - 407.

② 肖兴志、陈长石、齐鹰飞：《安全规制波动对煤炭生产的非对称影响研究》，载于《经济研究》2011 第 9 期，第 96 ~ 107 页。

③ 袁曙宏：《没有严厉执法　就没有食品安全》，载于《人民日报》2011 年 6 月 7 日。

④ Antle, John. *Choice and Efficiency in Food Safety Policy*. Washington DC: AEI Press, 1995.

⑤ 刘任重：《食品安全规制的重复博弈分析》，载于《中国软科学》2011 年第 9 期，第 167 ~ 171 页。

⑥ 陈雨生、方瑞景：《海水养殖户渔药施用行为影响因素的实证分析》，载于《中国农村经济》2011 年第 8 期，第 72 ~ 80 页。

⑦ Tam, W. and Yang D. L. Food Safety and the Development of Regulatory Institutions in China. *Asian Perspective*, 2005, Vol. 29, No. 4: 5 - 36.

全食品的关键因素。[1] 刘亚平提出，在有限准入和无限责任的制度设计下，监管者将大量精力用于围堵无证生产经营活动，反而对获得许可进入市场的厂商缺乏有效监管。[2] 刘鹏认为我国食品安全监管体制面临四大结构性因素，制约了监管绩效提升。[3]

无疑，上述理论成果为我们认识食品生产经营者违法行为提供了观点和方法论启示。既有文献包含两个特点：一是均假定食品生产经营者是理性的经济人，其行为以追求利润最大化为目标；二是均认为食品生产经营者的违法行为受多种因素影响。据此，本研究提出前提假定一：食品生产经营者是理性的市场主体，其是否守法根本上取决于预期经济收益，[4] 是在监管执法与经济绩效约束下基于成本收益分析的策略选择，其中理想的策略是绩效激励下的守法（见表4－3）。

表4－3　　食品生产经营者行为策略选择框架

		行为的主要影响因素	
		经济绩效	监管执法
守法的净收益	高	绩效激励下的守法	监管威慑下的守法
	低	违法	有条件地违法

资料来源：Henson，S. and Caswell，J，1999.

那么，决定食品生产经营者预期经济收益的因素究竟有哪些呢？内斯特尔（Marion Nestle）认为食品安全问题是科技、政治

① 杨合岭、王彩霞：《食品安全事故频发的成因及对策》，载于《统计与决策》2010年第4期，第74～77页。

② 刘亚平：《中国式“监管国家”的问题与反思：以食品安全为例》，载于《政治学研究》2011年第2期，第69～79页。

③ 刘鹏：《中国食品安全监管——基于体制变迁与绩效评估的实证研究》，载于《公共管理学报》2010年第2期，第63～78页。

④ Henson，S. and Caswell，J. Food Safety Regulation：an Overview of Contemporary Issues. *Food Policy*，1999（24）：589－603.

和商业利益的杂糅，因此不同利益相关方都会影响产业行为。[①] 赫特（Bridget Hutter）持有类似观点，她认为法律因素、风险因素和政治风向都会影响被监管者的守法行为。[②] 所以本研究提出前提假定二：食品生产经营者行为受其所嵌入的政治、经济、社会等宏观背景约束，宏观背景转换为威慑、激励和制度三类内外因素，影响生产经营者的理性决策。三类因素分别回答了食品生产经营者"敢不敢违法""值不值得违法"以及"想不想违法"的问题，如图4－3所示。

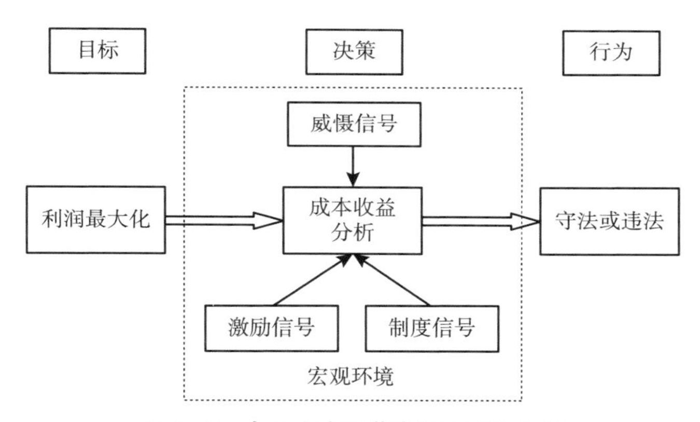

图4－3　食品生产经营者行为理论构架

资料来源：作者自制。

本章已经从社会监管视角分析了我国食品安全问题，在此进一步借用监管政治学中的外部信号理论，在影响因素与生产经营者行为之间建立联系。通常，影响因素最终表现为政府、监管部门、产业和消费者等利益相关方的行为。根据外部信号理论，实现利润最大化目标的主要途径是确保生产经营行为获得各利益相

① ［美］玛丽恩·内斯特尔著，程池等译：《食品安全：令人震惊的食品行业真相》，社会科学文献出版社2004年版。

② Hutter, Bridget. *Managing Food Safety and Hygiene: Governance and Regulation as Risk Management*. Edward Elgar Publishing.

关方的支持。利益相关方的行为转化为反馈信号，作用于生产经营者，后者在经过成本收益分析后，作出守法或违法的策略选择。[①] 事实上在卡朋特（Daniel Carpenter）看来，机构自主性理论也持类似观点。[②]

上述假定和理论基本符合我国实际。首先，具有震慑力的监管行为能有效遏制食品违法。例如，2011 年公安部门严厉打击食品非法添加等违法犯罪活动，将一批不法分子绳之以法，成效显著。其次，生产经营者行为受产业素质制约。如我国乳品行业过度竞争严重，乳品企业面临“卖牛奶不如卖纯净水赚钱”的困境，个别企业甚至为降低成本而从事违法行为。再次，市场整体环境也影响个体行为。当前我国各行业诚信水平总体不高，有些食品生产经营者为获取非法利益，故意从事违法违规活动，带来了不容忽视的食品安全隐患。

（二）食品生产经营者行为模型与假设

在上述分析框架的基础上，创建理论和计量模型，选取一套符合国情的操作变量，通过收集数据，运用多元回归来验证假设，进而得出结论。在此，我们预设食品生产经营者具有较强的信息收集能力和及时的诉求回应性，能及时获取各利益相关方的信号，对生产经营行为形成反馈。尽管收集和处理信息时会受到诸多外部因素影响，但模型在此统一作简化处理。

1. 变量含义解释。

食品生产经营者的行动用 A 表示，$A=[a_1, a_2, \cdots, a_m]^T$，$m$ 为行动数量。

---

① Noll, Roger. Government Regulatory Behavior: A Multidisciplinary Survey and Synthesis. In Roger Noll, eds. *Regulatory Policy and the Social Sciences*. Berkeley: University of California Press. 1985.

② Carpenter, Daniel. *The Forging of Bureaucratic Autonomy: Reputation, Networks, and Policy Innovation in Executive Agencies.* Princeton, NJ: Princeton University Press. 2001.

各影响因素的反馈用 S 表示，$S=[s_1, s_2, \cdots, s_n]^T$，$n$ 表示各影响因素反馈信号数量。

反馈与行动间的关系用 Λ 表示，$\Lambda=\begin{bmatrix}\beta_{11}, & \beta_{12}, & \cdots, & \beta_{1m}\\ \beta_{21}, & \beta_{22}, & \cdots, & \beta_{2m}\\ \vdots & \vdots & & \vdots\\ \beta_{n1}, & \beta_{n2}, & \cdots, & \beta_{nm}\end{bmatrix}$，

Λ 为行动—反馈系数矩阵。

故有：$S=\Lambda\times A=\begin{bmatrix}\beta_{11}, & \beta_{12}, & \cdots, & \beta_{1m}\\ \beta_{21}, & \beta_{22}, & \cdots, & \beta_{2m}\\ \vdots & \vdots & & \vdots\\ \beta_{n1}, & \beta_{n2}, & \cdots, & \beta_{nm}\end{bmatrix}\begin{bmatrix}a_1\\ a_2\\ \vdots\\ a_m\end{bmatrix}$

食品生产经营者对不同反馈信号具有差异化的偏好程度，即各信号有特定权重，用 W 表示，$W=[w_1, w_2, \cdots, w_n]$。

2. 理论模型和计量模型。

根据上文的理论解释，食品生产经营者行动 A 的最终目标是利润最大化。同时，其行动需要成本投入 C，$C=[c_1, c_2, \cdots, c_m]^T$，因此行动 A 又受到其自身资源约束。假设 R 表示食品生产经营者的资源，R 又与其行动相关，即 $R=R(A)$。

综上，构建如下理论模型：

$$\max WS = W\Lambda A$$

$$=[w_1, w_2, \cdots, w_n]\begin{bmatrix}\beta_{11}, & \beta_{12}, & \cdots, & \beta_{1m}\\ \beta_{21}, & \beta_{22}, & \cdots, & \beta_{2m}\\ \vdots & \vdots & & \vdots\\ \beta_{n1}, & \beta_{n2}, & \cdots, & \beta_{nm}\end{bmatrix}\begin{bmatrix}a_1\\ a_2\\ \vdots\\ a_m\end{bmatrix}$$

$s.t.\ R(A)\geqslant C^TA$

根据上述分析，构建如下计量模型：

$$\begin{cases}s_i(j)=f_i(a, \varepsilon),\\ a=g(s_i(j), a, e)\end{cases}$$

其中，i 表示威慑、激励和制度三类影响因素，j 表示地方政府、监管部门、产业和消费者等利益相关方；f 和 g 分别表示行动对外部反馈的影响函数和反馈信号对食品生产经营者行动的影响函数。为简化模型求解，一律用线性函数加以估计；ε，e 表示其他影响因素。

3. 指标体系构建。

接下来需要确定各影响因素反馈信号，进而建立变量指标体系。基于已有文献并结合中国实际，食品生产经营者行为可能与监管执法力度、市场诚信状况、食品工业发展水平、企业规模、居民生活水平等存在关系。运用德尔菲法调查专家对食品生产经营者违法行为的看法，将各影响因素细化。

此处所用德尔菲法主要包括如下工作：第一，采用问卷调查的方式请各地从事食品安全工作的省部级和厅局级官员对我国食品生产经营者违法行为的影响因素发表看法。具体是 2011 年 5 月 5～13 日，省部级领导干部加强食品安全监管专题研讨班在国家行政学院举办，来自全国各省市区、副省级城市、新疆生产建设兵团及部分中央国家机关食品安全工作分管领导和部门领导近 100 名学员参加了培训。笔者所在的课题组利用这次机会进行全样本匿名问卷调查，共发放问卷 92 份，有效回收 77 份，回收率为 83.7%；第二，进行半结构式深入访谈，笔者分别在北京、广东、安徽、甘肃等省市访谈专家学者、食品生产经营企业负责人和基层监管部门官员；第三，从已有的理论文献和媒体报道中挖掘食品生产经营者违法行为的影响因素。在此基础上，得到变量指标体系（见表 4－4）。

研究提出如下假设：（1）监管者的威慑是约束食品生产经营者行为的重要因素。（2）市场机制下的经济激励同样影响食品生产经营者行为。由于我国市场发育尚不成熟，其对中小规模生产经营者的影响并不显著。（3）制度因素代表了全社会对不安全食品的容忍度，其影响生产经营者的主观判断。接下来，根据假设预测不同自变量的影响方式和结果。

表 4－4　食品生产经营者违法行为影响因素变量指标体系

单位：%，亿元

项目变量	影响因素	反馈信号	类型
影响因素（自变量）	威慑	罚没款与查获货值的比值	$s_{威慑}$（监管部门）
		每万人口拥有卫生监督员数*	$s_{威慑}$（监管部门）
		是否发生重特大食品安全事件	$s_{威慑}$（地方政府）
	激励	城镇居民家庭恩格尔系数	$s_{激励}$（消费者）
		农村居民家庭恩格尔系数	$s_{激励}$（消费者）
		单个食品生产企业平均产值	$s_{激励}$（产业）
	制度	产品质量监督抽查不合格率	$s_{制度}$（产业）
		食品工业产值与农产品产量之比**	$s_{制度}$（地方政府）
		食物中毒发生率	$s_{制度}$（消费者）
违法行为（因变量）	监管者行为	查处企业违法行为涉案金额占食品工业总产值比重	

注：* 由于分省质量监督执法人员数据无法获取，在此用卫生监督员人数代替，这与当时生产环节同时具有食品质量监管和食品卫生监督的情况也相符。** 本研究界定的食品工业包括食品制造业、农副食品加工业和饮料制造业，而不包括与食品安全不直接相关的烟草制品业。

威慑因素包括三个指标。罚没款与查获货值的比值可测量食品安全监管执法力度，其代表了地方政府对食品生产经营者违法行为的容忍度，该比值越高，则震慑力越大，反之越小。每万人口拥有卫生监督人员数越多，说明地方政府对食品安全重视程度越高，其对被监管者的威慑也越大。由于地方政府对食品安全负总责，当某地发生重特大食品安全事件时，政府会表现出保障本地食品安全的决心，该信号用虚拟变量表示。

激励因素包括城乡恩格尔系数和单个食品生产企业平均产值。国际经验表明，当恩格尔系数在50%以上，消费者主要关注食品数量安全；恩格尔系数在30%～50%，人们逐步注重食品质量安全；而恩格尔系数降至30%以下，人们对食品营养、安全水平的要求更迫切。因此当恩格尔系数下降时，消费者愿意为安全食品支付更多溢价，生产经营者也就有激励提供高质量食品。此外，平均产值代表了食品产业整体规模，大型企业通常更加顾及其声誉，因而具有守法的动力。

制度因素是食品生产经营者面对的社会环境。产品质量监督抽查合格率代表了当地产品质量整体水平，当生产经营者所嵌入的市场具有较高质量水平时，其诚信自律意识也就越强。食品工业产值与农产品产量之比是衡量食品工业整体发展水平的重要指标。我国食品工业总产值与农业总产值之比只有0.5～0.8∶1，发达国家是2～3∶1。在食品工业发展初期，地方政府在发展主义导向下倾向于保护产业，一定程度上对企业违法行为持宽容态度。食物中毒发生率则反映了消费者对食品安全的认识水平，该数值越高，说明社会对饮食卫生和食品安全的重视程度越低。

因变量是查处企业违法行为涉案金额占食品工业总产值比重。在大数定律下，该数值应当具有连续性，而不受个别案件影响。基于此，我们认为其代表了食品生产经营者违法行为的严重程度，比值越高则违法情况越严重，反之越小。

（三）数据整理和运算结果

通过检索《中国统计年鉴》《中国质量监督检验检疫年鉴》《中国卫生年鉴》和《中国食品工业年鉴》，以及访问有关部门数据库，收集了2008年全国各省面板数据。经检验，数据间不存在多重共线性。部分主要数据描述如图4－4、图4－5所示。

1. 主要数据描述。

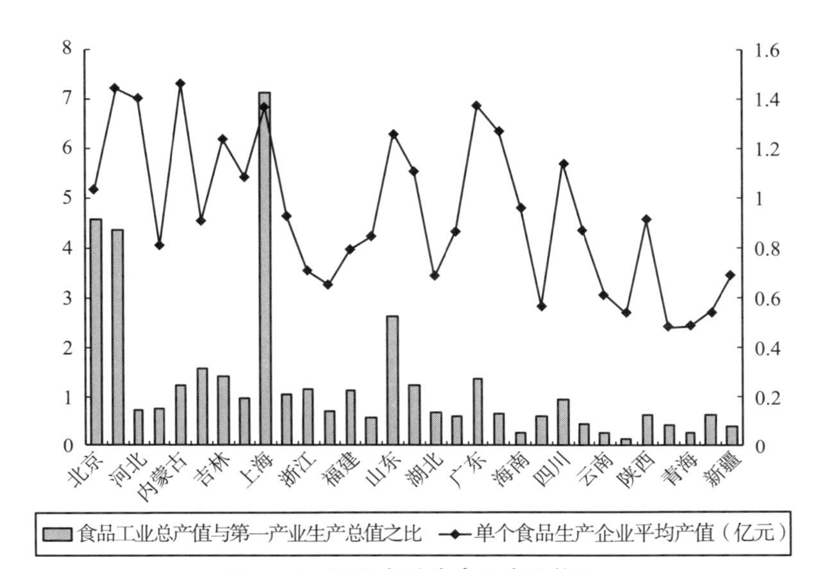

图 4－4　2008 年分省食品产业状况

资料来源：《中国统计年鉴》（2009 年）、《中国食品工业年鉴》（2009 年）。

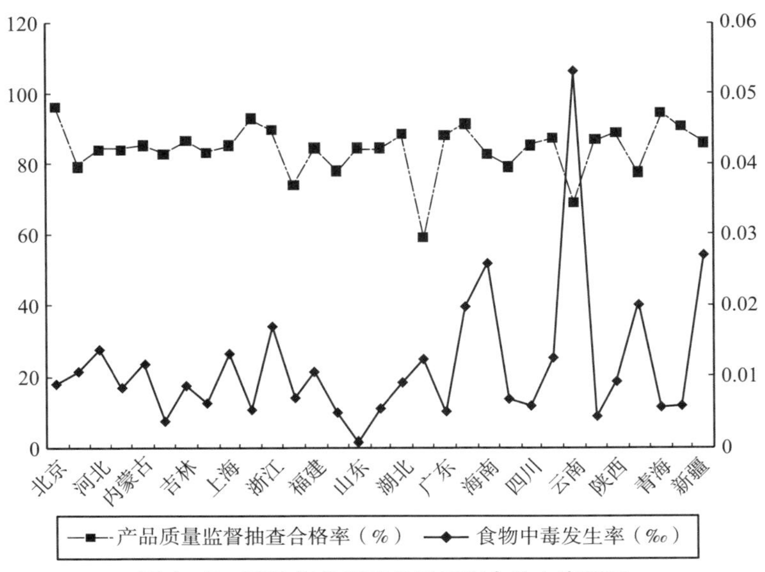

图 4－5　2008 年分省产品质量和食物中毒状况

资料来源：《中国质量监督检验检疫年鉴》（2009 年）、《中国卫生年鉴》（2009 年）。

2. 模型运算结果：外界反馈信号对生产经营者行动的影响函数。

根据理论建模和变量假设，我们得到下列函数式：

$$a_i = \alpha_0 + \alpha_1 s_{威慑}(监管部门) + \alpha_2 s_{威慑}(监管部门) + \alpha_3 s_{威慑}(地方政府) + \alpha_4 s_{激励}(消费者) + \alpha_5 s_{激励}(消费者) + \alpha_6 s_{激励}(产业) + \alpha_7 s_{制度}(产业) + \alpha_8 s_{制度}(地方政府) + \alpha_9 s_{制度}(消费者) + \alpha_{10} a + e$$

进行 OLS 线性回归，结果如表 4－5 所示：

表 4－5　各反馈信号对食品生产经营者违法行为影响的分析结果（Minitab 15.0）

变量＼模型	回归模型 1	回归模型 2	回归模型 3
罚没款与查获货值的比值	－4.8680 （－5.01）***	－4.8265 （－5.69）***	－4.3506 （－5.63）***
每万人口拥有卫生监督员数	－1.478 （－1.15）	－1.545 （－1.28）	—
是否发生重特大食品安全事件	－1.2446 （－1.69）*	－1.2011 （－2.11）**	－0.8511 （－1.82）*
城镇居民家庭恩格尔系数	－10.000 （－1.08）	－9.840 （－1.28）	—
农村居民家庭恩格尔系数	0.433 （0.07）	—	—
单个食品生产企业平均产值	0.195 （0.19）	—	—
产品质量监督抽查合格率	－14.390 （－4.65）***	－14.400 （－5.14）***	－14.907 （－5.50）***
食品工业产值与农产品产量之比	－0.3759 （－1.79）*	－0.3570 （－2.42）**	－0.2822 （－2.19）**
食物中毒发生率	11.701 （5.21）***	11.693 （5.45）***	10.816 （5.29）***

续表

变量＼模型	回归模型 1	回归模型 2	回归模型 3
常量	21.283 (4.24)***	21.573 (4.92)***	17.069 (6.85)***
R^2	0.863	0.863	0.851
R^2 - Adjusted	0.805	0.821	0.821
F	14.74	20.69	28.53

注：表中括号内标注的为 T 值。*、**、*** 分别表示在 10%、5%、1% 的显著性水平上显著（2 - tailed）。

我们对回归结果解释如下：

第一，三个方程均具有很高的拟合优度。R^2 - Adjusted 均大于0.8，且方程总体线性关系较为显著，F 值最高为 28.53。可见，研究所选取的反馈信号指标对食品生产经营者行为之间确实存在影响。

第二，食品生产经营者行为主要受制于市场、社会等制度因素。三个回归模型结果均表明，产品质量监督抽查合格率以及食品工业产值与农产品产量之比越低，食物中毒发生率越高，生产经营者违法情况越严重。当产业整体素质偏低、政府具有发展食品工业的动力、消费者对食品安全认识水平不高三个条件同时满足时，全社会对不安全食品持宽容态度，生产经营者就会产生强烈的违法意愿。换言之，作为理性的市场主体，生产经营者本身没有守法或违法的先验偏好。其之所以违法，主要是社会环境促使其相信可以违法也值得违法。现实中，有高达 60% 的民众表示遇到食品安全问题选择容忍。[①] 这就给食品生产经营者的机会主义行为提供了土壤，当其越来越深地嵌入这一制度环境时，就

① 杨文彦、陈景收：《食品安全刻不容缓　逾六成网民表示遇问题食品选择忍耐》，人民网，2012 年 2 月 26 日，http：//politics. people. com. cn/GB/17219823. html。

会出现违法是常态而守法是非常态的恶性循环，食品安全问题也就陷入“管不胜管、防不胜防”的困境。近年来我们看到，即便是那些以严格食品质量标准著称的国际知名企业，也在中国频发带有主观故意的食品安全事件，这一现象值得引起我们高度警觉。

第三，威慑因素对食品生产经营者行为也产生一定约束。回归结果显示，当罚没款与查获货值的比值上升时，监管执法力度趋于严格，查处食品违法行为显著减少。同时，重大食品安全事件会引起地方政府的高度关注，进而震慑辖区内生产经营者守法合规。总体而言，监管部门和地方政府的信号系数均偏小，这说明尽管威慑因素对生产经营者起到约束作用，但影响有限。另外，每万人口拥有卫生监督员数与生产经营者违法行为呈负相关，但并不显著。可见至少从食品卫生监督的角度看，监管执法人员多少与被监管者违法程度无必然联系，监管执法效率有待提高。

第四，激励因素对食品生产经营者行为的影响甚微。一方面，城乡居民家庭恩格尔系数在三个回归模型中均不显著。尽管我国恩格尔系数已降至35%～30%，但消费者对高质量食品的需求偏好并没有激励生产经营者采取相关行动，这与我们的假设不符。另一方面，单个食品生产企业平均产值在模型中也不显著，其系数为正且绝对值偏小，说明生产经营者的守法意识并没有随着企业规模的扩大而提高。作为例证，大型企业频频出现食品安全问题，甚至连三鹿、双汇等龙头企业也深陷食品安全事件，这一点上文已经提及。可能的解释是，企业数量多、规模小、分布散、秩序乱的食品产业结构导致市场机制失灵，遵纪守法的生产经营者并不比违法者获得更多的利润，因此不论是来自消费者还是产业的激励信号都不起作用。

（四）减少食品生产经营违法行为的政策建议

生产经营者违法是导致食品安全问题的主要原因。当前我国各地区食品生产经营者存在不同程度违法行为，不利于提高食品安全保障水平。基于外部信号理论，以食品生产加工环节为例，构建我国食品生产经营者违法行为影响因素的分析框架。建立理论和计量模式，引入符合国情的操作变量，用 OLS 回归来验证假设。

研究系统分析了食品生产经营者违法行为影响因素，得出了与传统观点不尽相同的结论。实证结果表明：食品生产经营者所嵌入的社会环境促使其产生违法的主观意愿。当外部监管执法的威慑力度不强，且遵纪守法的经济激励不足时，理性的生产经营者在权衡成本收益后，选择进行违法行为。可见，导致食品生产经营者违法行为的原因是多方面的，其机理也十分复杂。我们不能把问题仅仅归结为监管部门执法不严或生产经营者自身道德水平低下，而应当从制度环境、监管威慑和经济激励等因素入手，提高食品安全保障水平。需要说明的是，研究提出的如下结论和政策建议，有些已经在上文提及，在此与实证研究结论相互佐证。

1. 用社会监督形成食品安全共治共享氛围。

要遏制食品违法违规行为高发，首先要使生产经营者在主观上不想违法。研究表明，生产经营者所嵌入的社会环境对违法行为具有实质影响。因此要加强社会监督，发挥政府、消费者、媒体和行业协会等利益相关方积极性，形成食品安全共治共享的氛围。其目的是降低对食品违法违规行为的容忍度，使生产经营者认识到不可以违法。

一是地方各级政府依托现行体制，形成“勤协调、快补位、有兜底”的监管工作机制。尤其要将食品安全工作真正纳入领导干部政绩考核，推行食品安全区（县）长负责制，向全社会表明地方政府保障食品安全的坚定决心。二是通过宣传教育，改进风险沟通策略和开展风险教育，促使消费者更加关注食品安全风险，维护自身作为市场主体的合法权益。例如，美国政府建立了有效的食品安全信息系统，通过定时发布食品市场检测信息、及时通报不合格食品的召回信息、在互联网上发布管理机构的议案等，让消费者了解食品安全的真实情况，增强自我保护能力。[①]与之相关的是，强化媒体工作者真实报道的职业道德，尤其是提升食品领域专业记者的科学素养。三是推动行业协会“去行政化”，每个县（市、区）都可成立食品行业协会，发挥协会了解产业实际的优势，规范行业标准以及整合带动中小企业的作用。行业协会应致力于推进食品行业诚信体系建设，严格禁止有违法违规劣迹的生产经营者加入行业协会。让食品生产经营者意识到自己同时也是食品消费者，不安全食品最终将损害每个人的利益。

2. 严格监管执法以加大食品领域重典治加力度。

实证研究表明，威慑因素对食品生产经营者起到一定的约束作用。过去，一些地方政府出于发展本地经济的考虑，制约甚至阻挠监管部门执法。个别地方还规定每个月若干天“企业宁静日”，在此期间监管部门不得对企业进行监督检查，使监管执法力度下降。要改变这些现象，政府和监管部门必须传递出更加强烈且持久的威慑信号，让生产经营者不敢以身试法。

一是继续开展集中整治，针对食品生产经营链条上的重要环节和消费群体较大的重点品种，通过集中力量、采取联合执法等方式，严厉整治反复出现的突出问题。二是抓好日常监管，重点加强风险监测评估预警、执法抽检、法规标准建设等工作。加强对生产经营者的上市后续监管和执法检查，做到“重事前许可，

---

① 课题组：《国外食品安全保障体系及对我国的启示》，载于《中国党政干部论坛》2011 年第 7 期，第 26 ~ 29 页。

更重事后监管”。按企业经营规模、安全和信用记录，实行安全评级和动态监管。用信息披露、行业禁入、驻厂监督员和“飞行检查”等手段增加执法威慑。三是积极利用刑法修正案（八）提供的法律依据，用刑罚震慑食品领域违法犯罪行为。各地实践证明，行政处罚与刑事责任的打击效果差异极大，必须杜绝“以罚代刑”的现象，健全涉嫌犯罪案件的司法移送制度。

3. 完善市场机制激励食品生产经营者诚信为本。

食品安全是生产出来的，也是监管出来的。要实现食品安全形势根本好转，终究要靠食品生产经营者素质和管理能力的提升。[①] 所以，政府必须在强化监管的同时更要注重创建良好的市场环境和良性市场机制，提升食品产业整体素质和企业主体责任意识。目的是让遵纪守法者发展壮大，让违法违规者被市场淘汰，使生产经营者认识到不值得去违法。

一是产业政策与监管政策并重，调整食品产业结构，实现食品规模化、产业化和标准化生产。在提高食品生产经营者市场准入门槛的同时，支持区域性龙头食品生产加工企业整合带动中小企业，鼓励食品小作坊加入农副产品加工合作社。在 2017 年全国食品安全宣传周活动中，主办方专门举办“中国国际食品安全与创新技术展览会”，就是一种有益的尝试。二是关注特殊群体，优化食品需求结构。关注低收入群体和流动人口的食品安全，加大价格补贴和食品安全知识普及力度，继续推进完善社会救助保障标准与物价上涨的联动机制，让劣质食品没有消费群体。这其中尤其要与脱贫攻坚工作相衔接，保障贫困户对安全食品的可获得性。三是加强对食品从业者的教育培训。将质量法律法规和食品安全事故案例作为主要内容，对企业负责人进行培训，使其牢记法定质量责任和义务。对于质量检验人员，则重点培训检验知

---

① Kathleen Segerson. *Mandatory vs. Voluntary Approaches to Food Safety*. Storrs, Connecticut: Food Marketing Policy Center Research Report No. 36, May 1998.

识和操作技能，从而增强其食品质量安全意识。[①]

三、实证研究二：食品安全监管执法力度影响因素

监管执法是决定食品安全绩效的重要因素。事实上，如果不严厉执法，那么体制再顺、人员再多、经费再足、设备再新也是徒劳。然而现实不尽如人意。我们同样选取2008年的分省数据，用食品生产加工环节监管执法的罚没金额与查获货值比例来衡量执法严厉程度，发现不同地区的差异极大，如图4－6所示。于

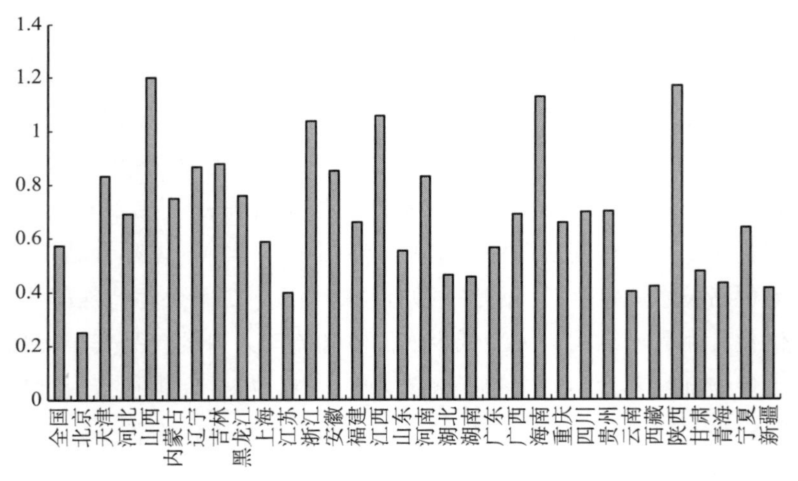

图4－6　2008年分省食品生产加工环节监管执法罚没金额与查获货值比例

资料来源：《中国质量监督检验检疫年鉴》（2009年）。

① 胡颖廉：《基于外部信号理论的食品生产经营者行为影响因素研究》，载于《农业经济问题》2012年第12期，第84～89页。

是一个值得深思的问题是，在同样的法律框架和体制机制下，为何有的地区食品安全监管执法相对严厉，如山西的罚没金额与查获货值比例高达 1.2；而有的地区则偏松，如北京的比例仅有0.2。在上一节分析生产经营者行为影响因素的基础上，本节要研究的核心命题是：哪些因素影响中国食品安全监管执法行为的力度？基于同样的理由，本节依然选取 2008 年的数据加以分析。

（一）监管机构行为的文献和理论框架

经典文献对监管机构行为目标的理论假说比较单一：如公共利益理论认为监管者的目标是消费者利益最大化；官员理论认为监管者在部门预算和职务晋升最大化的激励下行动①；管制俘虏理论认为监管者的目标是被监管产业的利润最大化②；街头官僚理论认为监管者在组织文化、工作情境等因素影响下行使自由裁量权③。也有研究提出监管者在提升机构自主性的激励下行为。而在社会监管研究中，监管执法力度影响因素的研究显得更加细致和多样。

一是质量安全状况。有学者指出，质量安全状况是决定执法力度的基本原则。奥尔森的实证研究表明，当来自患者和医师的不良反应报告和投诉增多时，美国食品药品监督管理局倾向于使用严厉的监管手段。④ 具体到中国，当 2011 年初食品安全事件频发时，政治领导人提出“要以《食品安全法》为准绳，重典治乱，加大惩处力度，切实改变违法成本低的问题，让不法分子付

---

① Niskanen, William. *Bureaucracy and Representative Government*. Chicago: Aldine – Atherton, 1971.

② Stigler, George. “The Theory of Economic Regulation.” *Bell Journal of Economics and Management Science*, 1971, Vol. 2, No. 1: 3 – 21.

③ Lipsky M. *Street Level Bureucracy*. New York: Russell Sage Foundation, 1980.

④ Olson, Mary. Substitution in Regulatory Agencies: FDA Enforcement Alternatives. *Journal of Law, Economics, & Organization*, 1996, Vol. 12, No. 2: 376 – 407.

出高昂代价，真正起到震慑作用”[①]。随后，一些地方和部门纷纷加大执法和违法惩处力度。如国家食品药品监督管理局表示，对故意非法添加非食用物质的餐饮单位，将一律吊销相关许可证，一律没收非法所得和相关物品，一律移送司法机关。滥用食品添加剂将会一律纳入食品安全信用档案黑名单；上海市提出用最严厉的准入、最严厉的监管、最严厉的执法、最严厉的处罚、最严厉的问责措施确保食品安全；重庆警方集约刑警、经侦、治安、网监等警种上万名警力，集中开展打击药品、食品安全犯罪百日专项行动。

二是监管部门诉求。研究表明，监管者在执法中会考虑自身诉求。一方面，特定产业对地方政府的重要性影响监管者执法力度，如莱特（Tim Wright）认为乡镇煤矿关系着地方财政收入、就业岗位、官员的灰色收入和矿工生计，因此地方政府会强烈抵制上级的执法。[②] 李静进一步指出，不安全食品具有负外部性，理性的地方政府选择牺牲食品安全而成就经济发展。[③] 另一方面，当面临被问责风险时，监管者会倾向于选择性执法。[④] 事实上在以往，监管部门财政收支两条线尚不完善的前提下，个别地方还存在罚没收入与监管部门工作经费挂钩，因而在实践中不可避免地出现“选择性执法”和“养鱼执法”现象。

三是成本收益分析。在监管者看来，监管执法必须符合成本收益分析。自里根和撒切尔改革以来，许多经济合作与发展组织（OECD）国家衡量监管正当性的主要指标是监管效果评价

---

① 李克强：《加大惩处力度　坚决打击食品非法添加行为》，中国政府网，2011年4月21日，http：//www. gov. cn/ldhd/2011－04/21/content_1850123. htm。

② Wright，Tim. The Political Economy of Coal Mine Disasters in China：“Your Rice Bowl or Your Life”. *China Quarterly*，2004，Vol. 179：629－646.

③ 李静：《政策协调模式探讨：以中国传染病防治和食品安全政策为例》，载于《公共行政评论》2009年第5期，第196～200页。

④ 刘亚平：《中国食品安全的监管痼疾及其纠治——对毒奶粉卷土重来的剖析》，载于《经济社会体制比较》2011年第3期，第84～93页。

（RIA），即监管政策的社会总收益必须大于监管者、消费者和企业所承担的成本。[①] 有学者进而认为，有效的监管执法应当在实现食品安全目标的同时最小化对产业的不利影响。[②]

四是宏观环境因素。还有观点认为，食品安全问题是科技、政治和商业利益的杂糅，因此不同利益相关方共同影响监管执法。在分析英国食品监管部门执法影响因素时指出，法律因素、风险因素、监管者与被监管者的亲疏关系、政治风向、监管机构能力都会影响监管者的执法行为。

上述文献告诉我们，食品监管执法力度并不完全取决于监管者的特定偏好或街头官僚的自由裁量，而是受到公众健康、产业利益、消费者群体诉求、监管机构声誉和政治家意愿的多方影响。这与本章社会监管理论的基本观点相符。

那么，上述因素如何影响监管者行为呢？国外官僚制研究中的机构自主性理论为我们提供了一个全新的框架。该理论认为，监管机构在提升声誉的激励下从事行为，进而在公众心目中树立起健康与安全卫士的良好形象。好的机构声誉可以吸引大批优秀人才加入，争取到更多预算拨款，容易获得项目和赞助，并在变动的政治环境中确保自主性。上一节提出的外部信号理论与之类似，认为来自利益相关方的负面反馈会使监管机构在各种事务中受到限制，而监管者希望自主性最大化。[③] 提升声誉的主要途径是确保监管执法行为获得来自各利益相关方的支持，因为一旦发生行政不作为或矫枉过正等公众可见的执法失误，机构声誉就会

---

① 经济合作与发展组织编，陈伟译，高世楫校：《OECD 国家的监管政策》，法律出版社 2006 年版。

② Antle, John. Efficient Food Safety Regulation in the Food Manufacturing Sector. *American Journal of Agricultural Economics*, 1996, Vol. 78, No. 5, Proceedings Issue: 1242 - 1247.

③ Joskow, Paul. Inflation and Environmental Concern: Structural Change in the Process of Public Utility Price Regulation. *Journal of Law and Economics*, 1974, Vol. 17, No. 2: 291 - 327.

降低。由于机构声誉包括科学性、政治性和公众可接受性三方面，监管者必须通盘考虑学界、国会和消费者等多方面的看法，以获得最大化的外部正反馈和政治支持。

具体到中国的实际，政府在食品工作中关注多元政策目标：一是监管食品和食用农产品质量安全，2009年施行的《食品安全法》明确规定地方政府统一负责本行政区域的食品安全监督管理工作，2015年《食品安全法》重申了这一规定。二是提升农业和食品工业的经济绩效，一方面确保粮食增产增收和食品极大丰富，另一方面促进食品消费市场繁荣，也就是通常所说的“一手托两市”。三是满足消费者对食品的可及，国家通过“米袋子”省长负责制和“菜篮子”市长负责制，保障群众基本生活。上文也提到，从监管者自身的角度看，当前我国既有加强安全监管的问题，又有规范市场秩序的问题，也有振兴产业、发展生产、促进经济增长的问题，这些问题又是密切联系在一起的。食品药品监管部门曾经提出的“以监督为中心，监、帮、促”相结合的工作方针，这便是监管者多元政策目标的例证。

基于此，研究假设食品安全监管部门在外部正反馈最大化的激励下进行监管执法，进而建立起良好的机构声誉和自主性。这一动机决定了监管者多元的政策目标，即安全、发展与可及相结合。政策目标与监管行为直接相关，监管执法行为当然要符合多元目标，以最大化中央政府、地方政府、消费者和食品产业等利益相关方的正反馈。监管者根据外部信号判断各利益相关方的反馈，外部信号就成为影响监管执法力度的因素，从而构成一个“动机—目标—行为—反馈—信号—行为”的循环，如图4－7所示。

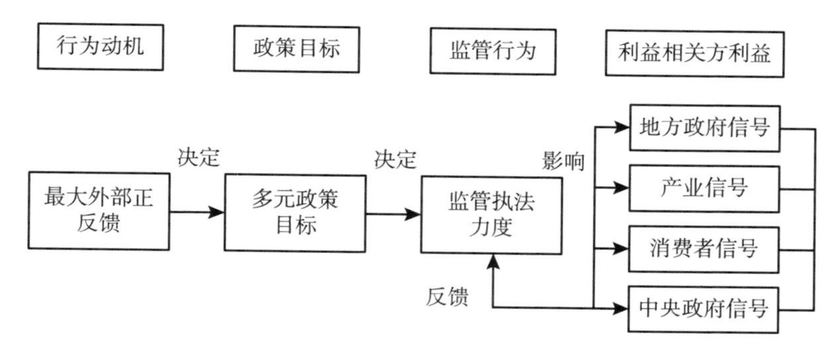

图 4-7　食品安全监管执法力度理论构架

资料来源：作者自制。

（二）监管执法力度模型与假设

在理论分析的基础上，我们创建一套符合中国国情的操作变量，通过收集数据，运用多元回归来验证假设，进而得出结论。

研究假定监管部门具有较强的信息收集能力和及时的政策回应性，能及时获取各利益相关方的外部信号，对监管执法行为形成反馈。尽管监管部门在收集和处理信息时会受到诸多外部因素影响，但模型在此统一作简化处理。

1. 变量含义解释。

监管部门的行动用 A 表示，$A=[a_1, a_2, \cdots, a_m]^T$，$m$ 为机构行动数量。

各利益相关方的反馈用 S 表示，$S=[s_1, s_2, \cdots, s_n]^T$，$n$ 表示利益相关方反馈信号数量。

反馈与行动间的关系用 Λ 表示，$\Lambda=\begin{bmatrix}\beta_{11}, & \beta_{12}, & \cdots, & \beta_{1m}\\ \beta_{21}, & \beta_{22}, & \cdots, & \beta_{2m}\\ \vdots & \vdots & & \vdots\\ \beta_{n1}, & \beta_{n2}, & \cdots, & \beta_{nm}\end{bmatrix}$，$\Lambda$ 为行动—反馈系数矩阵。

$$故有：S = \Lambda \times A = \begin{bmatrix} \beta_{11}, & \beta_{12}, & \cdots, & \beta_{1m} \\ \beta_{21}, & \beta_{22}, & \cdots, & \beta_{2m} \\ \vdots & \vdots & \vdots & \\ \beta_{n1}, & \beta_{n2}, & \cdots, & \beta_{nm} \end{bmatrix} \begin{bmatrix} a_1 \\ a_2 \\ \vdots \\ a_m \end{bmatrix}$$

机构对不同反馈信号具有差异化的偏好程度，即各信号有特定权重，我们用 W 表示，$W = [w_1, w_2, \cdots, w_n]$。

2. 理论模型和计量模型。

根据上文的理论解释，机构行动 A 的最终目标是获得最大化外部正反馈。同时，机构的行动需要成本投入 C，$C = [c_1, c_2, \cdots, c_m]^T$，因此行动 A 又受到机构的资源约束，我们假设 R 表示机构的资源，包括财政预算及机构自身收入。R 又与机构的行动相关，即 $R = R(A)$。

综上所述，构建如下理论模型：

$$\max WS = W\Lambda A$$

$$= [w_1, w_2, \cdots, w_n] \begin{bmatrix} \beta_{11}, & \beta_{12}, & \cdots, & \beta_{1m} \\ \beta_{21}, & \beta_{22}, & \cdots, & \beta_{2m} \\ \vdots & \vdots & & \vdots \\ \beta_{n1}, & \beta_{n2}, & \cdots, & \beta_{nm} \end{bmatrix} \begin{bmatrix} a_1 \\ a_2 \\ \vdots \\ a_m \end{bmatrix}$$

$$s.t.\ R(A) \geqslant C^T A$$

根据上述分析，构建如下计量模型：

$$\begin{cases} s_i(j) = f_i(a, \varepsilon), \\ a = g(s_i(j), a, e) \end{cases}$$

其中 i 表示地方政府、产业、消费者和中央政府四个利益相关方，j 表示安全监管、产业发展、可及等政策目标；f 和 g 分别表示行动对外部反馈的影响函数和反馈信号对机构行动的影响函数。为简化模型求解，我们都用线性函数进行估计；ε，e 表示其他影响因素。

3. 指标体系构建。

那么，哪些外部信号可以表征利益相关方的反馈，进而确定变量和构建模型？基于已有文献并结合中国实际，食品安全监管执法行为可能与食品质量监督检查合格率、食品工业利润率、物价水平、恩格尔系数等存在关系。同样运用专家德尔菲法调查内部人对监管执法行为的看法，将利益相关方和可能的影响因素细化。

专家调查法主要包括如下工作：第一，采用上一节同种问卷调查数据，了解各地从事食品安全工作的省部级和厅局级官员对中国食品安全监管执法力度的影响因素发表看法。第二，进行半结构式深入访谈，访谈多位专家学者、食品生产经营企业负责人和基层监管部门官员；第三，从已有的理论文献和媒体报道中发掘食品安全监管执法力度的影响因素。在上述工作基础上，得到变量指标体系，如表4-6所示。

表4-6　　食品安全监管执法力度影响因素变量指标体系

项目 变量	二级指标	操作变量	类型
反馈信号（自变量）	地方政府信号	食品质量监督检查合格率	$s_{地方}$（安全监管）
		每万人口拥有卫生监督员数	$s_{地方}$（安全监管）
		食品工业产值与农产品产量之比	$s_{地方}$（产业发展）
		食品物价指数	$s_{地方}$（可及）
	产业信号	查处违法违规案件涉案金额占食品工业产值比重	$s_{产业}$（安全监管）
		食品工业利润率	$s_{产业}$（产业发展）
	消费者信号	城镇居民家庭恩格尔系数	$s_{消费者}$（可及）
		农村居民家庭恩格尔系数	$s_{消费者}$（可及）
		食物中毒发生率	$s_{消费者}$（安全监管）

续表

项目 变量	二级指标	操作变量	类型
反馈信号（自变量）	中央政府信号	是否发生重特大食品安全事件	$s_{中央}$（安全监管）
		科技活动经费占主营业务收入比重*	$s_{中央}$（产业促进）
执法力度（因变量）	监管者行为	罚没款与查获货值的比值	

注：*由于分省食品工业的科技活动经费数据无法获取，我们用地区数据代替。

研究提出如下假设：（1）地方政府致力于确保食品数量安全与质量安全，同时又关注本区域食品产业经济绩效。（2）产业界追求利润最大化，较少自发地关注食品安全。（3）消费者希望获得价廉物美的食品，其对价格的敏感度高于对安全的敏感度。（4）中央政府的目标则是防范并化解食品安全的系统性风险，同时希望提升食品工业的自主创新能力。接下来，我们根据假设预测不同自变量对食品安全监管执法力度的影响，其中部分变量内涵与上一节类似。

地方政府信号包括四个具体指标。食品质量监督检查合格率反映了区域食品安全的整体情况，当食品安全形势严峻时，地方政府会更关注监管部门的执法行为，要求其加大对违法违规行为的威慑力。每万人口拥有卫生监督人员数越多，说明地方政府对食品安全重视程度越高，其执法力度也越大。一般认为，食品工业产值与农产品产量之比是衡量食品工业整体发展水平的重要指标。我国食品工业总产值与农业总产值之比只有0.5～0.8∶1，发达国家是2～3∶1。[①] 在食品工业发展初期，地方政府倾向于保护幼稚产业，执法标准相对宽松。食品物价指数代表消费者对食品的可及性，当该指数上升时，政府会通过降低执法力度以减轻

① 罗小刚：《食品生产安全监督管理与实务》，中国劳动社会保障出版社2010年版。

企业成本，进而平抑物价。如2011年初双汇瘦肉精事件曝光后，有关部门严厉打击生猪饲养中非法添加和滥用食品添加剂行为，养殖者的检测成本和防疫费用上涨较高，一定程度上推动生猪价格上涨。

产业信号包括查处违法违规案件涉案金额占食品工业产值比例和食品工业利润率。与一个地区整体质量水平相关，违法违规案件涉案金额占食品工业产值比例代表了产业整体守法意识和自律水平，该比例越高，说明诚信水平越低，理性的生产经营者当然希望监管者"网开一面"。利润率代表了食品产业在监管者执法过程中开展公关的能力，越高的利润率意味着其公关能力越强。

消费者信号包括城乡恩格尔系数和食品中毒发生率。上文反复提及，恩格尔系数与人们对食品安全状况的关注度呈负相关。实证研究表明，当前我国消费者整体支付能力较低，不能为食品支付较高的价格，消费者对食品价格较为敏感，为品牌支付溢价的意愿并不强烈。此外，食品属于体验商品，只有在消费之后才能体现其质量，当食物中毒发生率越高时，消费者希望监管者加大执法力度。

中央政府信号有两个方面。在地方政府对食品安全负总责的责任承担机制下，当某地发生重特大食品安全事件时，中央政府会特别关注当地的食品安全。该信号用虚拟变量（dummy variable）表示。此外，在转变经济发展方式的大背景下，国家尤其鼓励食品工业的自主创新能力，科技活动经费占主营业务收入比重越高，说明了中央对淘汰落后产能的决心越大。在近年供给侧结构性改革的背景下，国家的这一政策倾向更加明显。

因变量是罚没款与查获货值的比值。《行政处罚法》规定行政处罚的种类有警告、罚款、没收违法所得或非法财物、责令停产停业、暂扣或吊销许可证（执照）、行政拘留。上文已经提到，警告属申诫罚，是对轻微违法行为处罚；罚款和没收属于财产罚，在执法实践中被广泛使用，也是监管部门有效的方法；责令停产和吊销许可证属严厉的行为罚，行政拘留属人身罚，两者对行政相对人的利益损害都很大，因而较少被使用。我们假设在大数定律下，罚没款与查获货值的比值应当具有地区和年度的连续性，而不受个别案件影响。基于此，我们用罚没款与查获货值比值来测量食品安全监管执法力度，认为其代表了地方政府对食品安全的态度，该比值越高，则执法力度越大，反之越小。

（三）数据整理和运算结果

通过检索历年《中国统计年鉴》《中国卫生统计年鉴》《中国质量监督检验检疫年鉴》和《中国食品工业年鉴》，以及访问有关部门数据库，我们收集了2008年全国各省面板数据，选择2008年数据的理由同上节。经检验，数据间不存在多重共线性。部分数据描述如图4－8、图4－9、图4－10所示。

1. 主要数据描述。

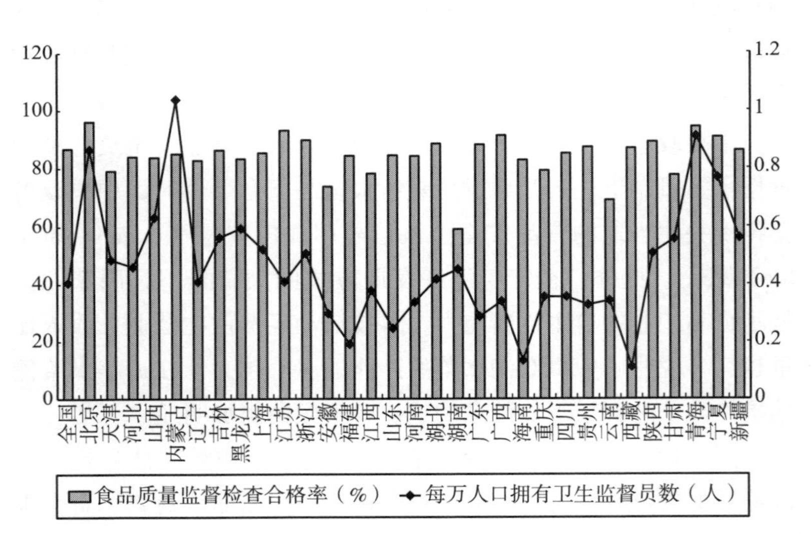

图4－8　2008年分省食品质量监督检查情况

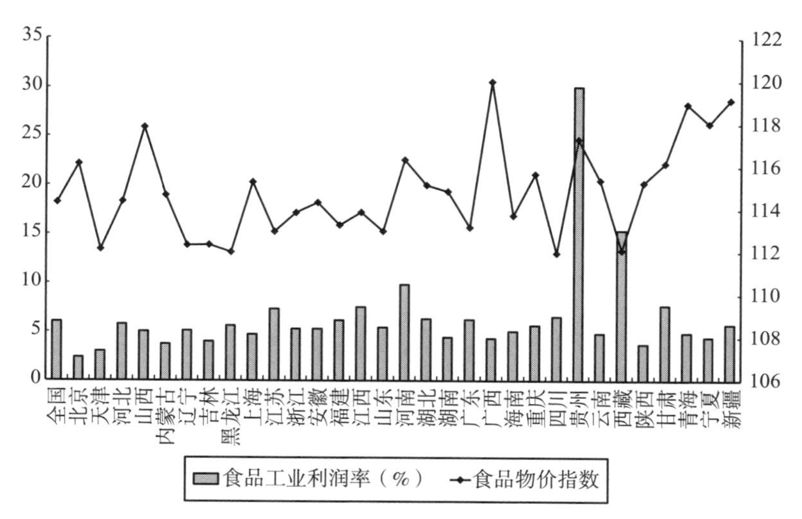

图 4－9　2008 年分省食品工业利润率和食品物价指数

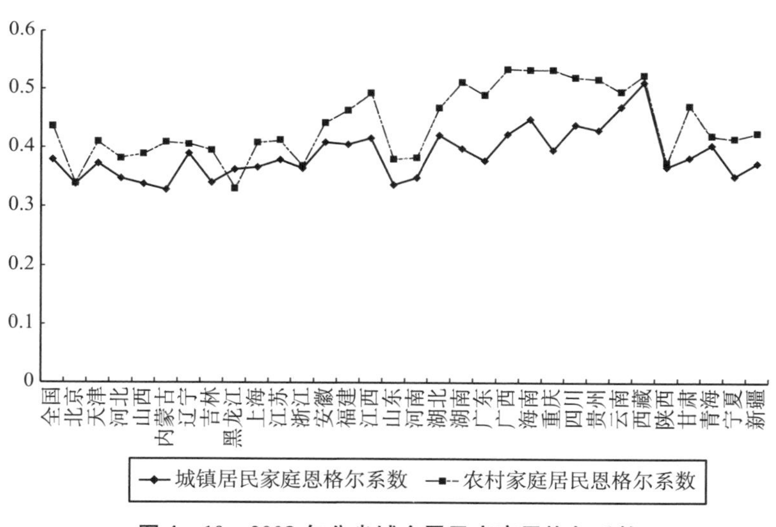

图 4－10　2008 年分省城乡居民家庭恩格尔系数

2. 模型运算结果：外界反馈信号对机构行动的影响函数。

根据上述理论建模和变量假设，我们得到如下函数式：

$$a_i = \alpha_0 + \alpha_1 s_{地方}(监管) + \alpha_2 s_{地方}(监管) + \alpha_3 s_{地方}(发展) + \alpha_4 s_{地方}(可及) + \alpha_5 s_{产业}(监管) + \alpha_6 s_{产业}(发展) + \alpha_7 s_{消费者}(可及) + \alpha_8 s_{消费者}(可及) + \alpha_9 s_{消费者}(监管) + \alpha_{10} s_{中央}(监管) + \alpha_{11} s_{中央}(促进) + \alpha_{12} a + e$$

进行 OLS 线性回归，结果如表 4－7 所示。

表 4－7　各利益相关方反馈信号对监管执法力度影响的分析结果（Minitab 15.0）

变量 \ 模型	回归模型 1	回归模型 2	回归模型 3
食品质量监督检查合格率	－1.7489 （－2.80）**	－1.8177 （－3.44）***	－1.7248 （－3.43）**
每万人口拥有卫生监督员数	－0.3620 （－1.64）	－0.3667 （－2.02）*	—
食品工业产值与农产品产量之比	－0.07024 （－2.69）**	－0.06468 （－2.89）***	－0.05858 （－2.78）**
食品物价指数	－0.553 （－0.28）	—	—
查处违法违规案件涉案金额占食品工业产值比重	－0.12109 （－5.02）***	－0.12116 （－5.69）***	－0.11710 （－6.01）***
食品工业利润率	－0.2427 （－0.31）	—	—
城镇居民家庭恩格尔系数	－2.620 （－1.59）	－2.725 （－2.42）**	0.1561 （0.16）
农村居民家庭恩格尔系数	－0.153 （－0.14）	—	—
食物中毒发生率	1.4682 （2.54）**	1.3870 （3.26）***	1.1552 （2.75）**
是否发生重特大食品安全事件	－0.2088 （－1.87）*	－0.21897 （－2.50）**	—
科技活动经费占主营业务收入比重	0.0344 （0.30）	—	—

续表

变量＼模型	回归模型 1	回归模型 2	回归模型 3
常量	3.7059 (4.90)***	3.6873 (5.84)***	2.3203 (3.99)***
R^2	0.681	0.673	0.691
R^2 – Adjusted	0.496	0.574	0.61
F	3.68	6.78	8.50

注：表中括号内标注的为 T 值。*、**、*** 分别表示在 10%、5%、1% 的显著性水平上显著（2 – tailed）。

我们对回归结果解释如下：

一是三个回归方程均具有较高的拟合优度。R^2 – Adjusted 大于或接近 0.5，同时方程总体线性关系较为显著，F 值最高为 8.50，说明研究所选取的反馈信号指标与监管者的执法行为之间确实存在影响。

二是监管执法行为主要受地方政府和消费者的安全监管信号影响。三个回归模型结果均表明：食品质量监督检查合格率越低，监管执法力度越大；食物中毒发生率越高，监管者更倾向于严格执法。可见监管者在执法过程中最重视安全监管信号。另外，每万人口拥有卫生监督员数与监管执法力度呈负相关，且具有一定显著性，尽管这一结果与我们的假设不符，但验证了本节开篇引用的观点：执法人员多少与执法严厉程度无必然联系。

三是消费者的可及信号也对监管执法行为产生影响。回归结果显示：当城镇居民家庭恩格尔系数上升时，监管执法力度趋于宽松。该变量在各模型中系数偏大且较为显著，说明满足消费者对食品的可及性是监管者在执法行为中考虑的重要因素。此外，尽管食品物价指数和农村居民家庭恩格尔系数并不显著，但两者均与监管执法力度呈负相关，这与我们的假设相符。一个可能的解释是，城镇居民对食品可及性的诉求更容易被监管者获知，而监管者在广大农村地区部署的执法力量薄弱，其难以获取农村居民的反馈信号。

四是产业发展信号对监管执法行为的影响甚微。在三个回归模型中，食品工业产值与农产品产量之比尽管都很显著，但其系数为负且绝对值偏小，说明监管者并不有意保护食品产业发展，反倒在食品工业发展初期偏向于较严格的执法，这与我们的假设不符。来自食品工业的发展信号则有所不同，查处违法违规案件涉案金额占食品工业产值比重在三个回归模型中均与执法力度呈负相关，虽然系数绝对值偏小却非常显著，即产业整体守法意识和自律水平越低，监管者的执法力度越小，说明监管者在一定程度上回应了产业诉求。另外，食品工业的另一个信号利润率在模型中并不显著，可见企业利润并没有转化为监管者的“灰色收入”。总体而言，不论是地方政府抑或食品工业的产业发展信号，对监管执法行为的影响都不大。

五是中央政府信号对监管执法行为的影响有待进一步发现。模型结果显示，当某地发生重特大食品安全事件时，其监管执法力度反而变小，这与常识和假设都不相符，因此需进一步解释。另外，科技活动经费占主营业务收入比重在模型中并不显著，这或许是因为研究选取的是替代数据，所以运算结果不佳。[①]

（四）严格监管执法的政策建议

严格执法是提高食品安全监管绩效的必要条件。在统一的法律框架和体制机制下，监管执法标准理应基本一致。然而，我国各地区食品安全监管执法力度存在巨大差异，不利于提高食品安全保障水平。本节同样基于社会监管理论，以机构自主性为理论视角，以食品生产加工环节为例，构建中国食品安全监管执法力

① 胡颖廉：《食品安全监管的框架分析与细节观察》，载于《改革》2011 年第 10 期，第 147 ~ 154 页。

度影响因素的分析框架。引入符合国情的操作变量，运用OLS回归来验证假设。在此基础上，得出如下主要结论：监管者应全面且持久地关注食品安全；农村消费者诉求需得到更多回应；正确处理安全监管与产业发展的关系；监管执法效率亟待提高。

在此基础上，通过理论假设和实证检验，研究系统分析了食品安全监管执法力度的影响因素。实证检验结果表明：中国食品安全监管部门在执法行为中具有一定自主性，并兼顾相关利益群体诉求。可见，从执法的角度而言，监管者致力于提升食品安全保障水平，同时也存在一些问题。本节据此提出如下政策建议。

1. 监管者应全面且持久地关注食品安全。

监管者的首要职责是确保食品安全，唯有自主地制定和执行政策，才能有效提升食品安全监管绩效。研究表明，地方政府和消费者的安全监管信号对执法行为产生实质影响。比较各变量的系数和P值可知，确保食品安全是监管者在执法行为中确实成为首要政策目标。值得注意的是，当企业违法违规行为增多时，执法力度反而略有减小，说明监管者在个别情况下会偏向企业利益，例如现实中存在食品安全监管的地方保护，2017年初天津静海县“假冒调料”事件便是典型例证。作为对策，可通过机制设计使利益相关方传递更强烈的安全监管信号，从而激励监管者全面且持久地重视安全目标。

一是强化“地方政府负总责”的理念，2013年机构改革后尤其是食品安全示范城市创建活动开展以来，许多地方以高于3%的比重将食品安全工作纳入领导干部政绩考核，一些地方还将食品安全工作纳入幸福指标考核体系和健康建设考核的重要内容。这一点与本章第二节的结论保持一致。可喜的是，2016年8月，国务院办公厅印发《食品安全工作评议考核办法》，由国务院食品安全委员会统一领导，每年对各省（市、区）人民政府进行考核。对考核结果为A级的省（市、区）人民政府，由国务院食品安全委员会予以通报表扬。对考核结果为C级的省

（市、区）人民政府，对该省（市、区）人民政府有关负责人进行约谈。二是畅通消费者诉求表达渠道，真正落实食品安全举报奖励制度，完善投诉反馈机制，监管部门及时解答消费者疑惑并加大科普力度，回应社会关切。三是积极引导企业守法诚信，监管部门每年向食品生产经营单位负责人和主要从业人员提供食品安全法律法规、科学知识和行业道德伦理等方面的集中培训，推进“放管服”改革，做到寓管理于服务之中。

2. 农村消费者诉求需得到更多回应。

农村是我国食品安全工作的重点地区和薄弱领域，大部分食品生产经营消费行为在农村地区完成。现实中，由于农村居民食品安全意识普遍较弱，农村监管执法力量严重不足，“三无”、过期和不合格食品大量流向农村市场。研究证实，农村消费者的食品可及信号很难被监管者获取，我们据此推断农村消费者的各类诉求都不易得到及时回应。

因此，一要加大农村食品安全管理和服务力度，将政府在农业、卫生、食药等方面的职能真正下沉到农村社区，探索建立基层食品安全管理和服务综合平台。① 应当承认，2013 年地方食品药品监管体制改革在乡镇和区域设置监管所，夯实了基层基础，一定程度上解决了这一问题。一些地方开始探讨逐步将农产品质量安全监管职能与食品安全监管职能合一。二要关注农村低收入群体，加大其价格补贴和食品安全知识普及力度。上一节研究已经表明，用底线思维关注农村贫困户等特殊群体对安全食品的可及性。三要整治城中村、城乡结合部等食品违法犯罪易发多发地带，完善乡镇食品安全协管员和村级食品安全信息员制度。2013 年机构改革前，一些地方已经出台创新做法，如河北、江西等地要求各县（市、区）设立乡镇食品药品监管工作站，浙江等地

① 胡颖廉：《用社会治理理念统筹食品安全工作》，载于《学习时报》2011 年 7 月 25 日。

设立安全生产监管、食品药品监管、环境保护等职能“三位一体”的乡镇公共安全监督管理所，甘肃等地设立村级食品药品安全监管室。2013 年机构改革后，食品药品监管机构向乡镇基层延伸，从而有利于夯实基层基础监管力量。

3. 正确处理安全监管与产业发展的关系。

政府在食品工作中扮演多种角色，包括保障安全、发展产业和满足可及。从某种意义上说，监管与发展是相互依存的，良好的食品安全状况必定以发达的农业和食品工业为基础。研究表明，监管者对产业经济绩效和创新能力的提升缺乏必要回应。本书多次提及的观点是，产业素质不高和产业结构不合理成为我国食品安全基础薄弱的最大制约因素。因此，必须正确处理监管与发展的关系和公众利益与商业利益的关系。可以考虑将安全监管与产业发展目标有机结合，使食品安全监管工作围绕经济建设展开，将食品安全与食品产业发展有机兼容。

一方面是严格行政许可，在不增加企业负担的前提下严把食品生产经营企业准入关和退出机制，从根本上提升食品生产经营者素质和管理能力，落实食品安全的企业主体责任。另一方面是执行产业政策，支持区域性龙头食品生产加工企业整合带动中小企业，鼓励食品小作坊加入农副产品加工合作社，从而优化产业结构。

4. 监管执法效率亟待提高。

研究发现，充足的人员经费并不一定带来高效执法，我们应当从体制机制入手，切实提高食品安全监管能力。一是省级人大常委会或省级人民政府通过立法明确对食品生产加工小作坊和食品摊贩的监管办法[①]，为监管提供制度支撑。二是通过专项规划明确市、县食品安全技术装备配备标准，各级政府据此安排投资和预算，切实加强各级政府尤其是县乡基层食品安全监管基础设

---

① 李援：《解读食品安全法》，中国社会出版社 2011 年版。

施建设。这一点在 2013 年机构改革后显得尤为重要。三是地方政府已经通过机构改革建立了食品安全综合执法队伍[①]，应当真正实现各环节全程监管和“无缝”执法。同时，加快成立专门的食品药品犯罪侦查机构。

令人欣喜的是，近年来监管部门显著加大了监管执法力度。例如根据《国务院关于研究处理食品安全法执法检查报告及审议意见情况的反馈报告》提供的权威数据，食品药品监管部门在 2016 年前三季度共检查食品生产经营企业 1 537 万家次，发现违法违规生产经营主体 43.6 万家次，发现违法违规问题 50.1 万个，完成整改生产经营主体 51 万家次，查处案件 10.6 万件，货值金额约 2.5 亿元，罚款约 9.6 亿元。工商行政管理部门共查处虚假违法食品广告案件 1 303 件，罚没款 2 639 万元。当然，要持续提升监管执法效率，还需要构建长效机制。

四、突破线性路径：食品安全监管执法创新

在上述理论分析和实证研究的基础上，我们构建了食品安全监管执法工作的总体框架。党的十八大以来，食品安全工作理念不断创新并逐步被纳入经济社会发展大局，与“四个全面”战略布局深度融合。确保食品安全是全面建成小康社会的关键环节，创新食品安全治理是全面深化改革的重要内容，实现最严格食品安全监管是全面推进依法治国的有力抓手。尤其是如何改革以发证、检查、处罚为特征的传统线性监管模式，成为重要的理论和实践命题。本节将结合若干政策新热点，阐述食品安全监管执法创新的可能路径。

---

① 罗云波等：《从国际食品安全管理趋势看我国《食品安全法（草案）》的修改》，载于《中国食品学报》2008 年第 3 期，第 1～4 页。

（一）“食药警察”理论基础和制度设想

2014 年 3 月 28 日，国家食品药品监督管理总局与公安部联合召开新闻发布会，确认有关部门将专门设置食品药品违法犯罪侦查机构，以加强打击食品药品犯罪的力量，保障国民“舌尖上的安全”。① 消息传出，人们在充满期待的同时也对设置“食药警察”的必要性、模式和功能提出诸多疑问。早在 2013 年国务院机构改革时，笔者就从学术层面提出了“食药警察”的设想，在此有必要系统地厘清几个基本命题。

政府监管理论研究表明，现代食品安全监管的人力资源体系有三大支柱：行政管理、风险分析和犯罪打击，其分别从政策、技术和执法层面为监管绩效提供支撑，其机理如图 4 – 11 所示。在新公共管理运动中，发达国家一方面大幅削减行政部门管理人员，但另一方面积极扩充技术和执法队伍，试图实现扁平化和精

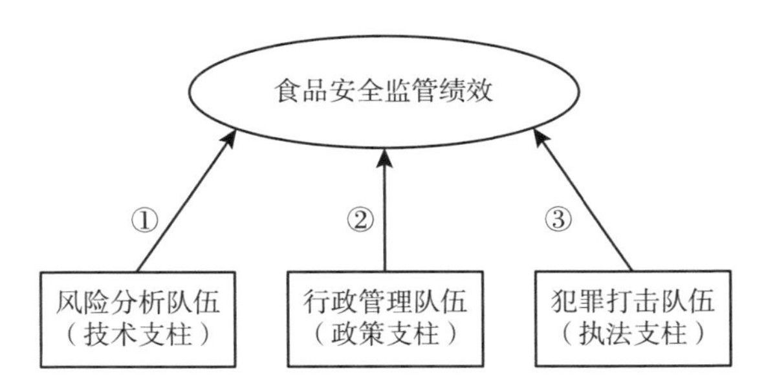

图 4 – 11　食品安全监管人力资源体系

注：①通过设计激励相容的规则，使监管对象不愿违法；②通过提升标准和检测水平，使监管对象不能违法；③通过加大监督检查和犯罪打击力度，使监管对象不敢违法。

资料来源：作者自制。

① 魏铭言：《中国将设“食药警察”——定名食品药品违法侦查局，负责食药案件刑事侦查》，载于《新京报》2014 年 3 月 29 日。

细化管理。上文已经提到，美国食品药品监督管理局根据产品品种设置药品审评和研究（CDER）、食品安全与应用营养等中心（CFSAN）聘用了约5 000名医学、化学、生物学和食品工程学博士，从事技术审评、风险评估等工作。而其监管事务办公室（ORA）拥有大量执法人员巡视于田间地头和企业生产车间，他们身着统一制服，有些还配有武器。

1. 我国食药监管执法队伍现状。

与发达国家相比，我国食药监管部门的技术水平和执法能力还都处于落后状态，其队伍规模与综合管理类行政人员出现“倒挂”现象。例如，2011年全国食药监系统拥有行政管理人员5.3万人，但技术队伍仅有3万余人，上述人员中拥有GMP、GSP等专业检查员资质更不足1.5万人。[①] 2013年机构改革后，有关部门不再公布细分的监管人员数据，但专业技术人员短缺的情况不可能在短期内彻底改变。尽管各地食药监部门都组建了稽查分局或监督所专司违法案件查处，但执法过程中普遍存在“以罚代刑、有案不移、有案不立”等现象，即用行政处罚替代刑事责任，很难将案件移交司法机关处理，事实上降低了监管对象的违法成本。公安机关对人身和财产具有强制权，其直接介入案件办理有助于“行刑衔接”，对违法生产经营者产生更大震慑力。也正因为如此，全国公安机关集中打击食品“黑作坊”“黑市场”的专项行动取得了巨大成效，也取得了地沟油等大案要案的重大胜利。

尽管2013年机构改革有限解决了食品安全分段监管的体制弊端，但在制度惯性的作用下，食药、农业和卫生“三足鼎立”的局面将在较长时间内存在。[②] 由于公安机关对食品安全

---

① 国家食品药品监督管理局：《2011年度统计年报》，国家食品药品监督管理局网站，2012年10月10日，http://www.sfda.gov.cn/WS01/CL0108/75333.html。

② 胡颖廉：《食品安全“大部制”的制度逻辑》，载于《中国改革》2013年第3期，第32页。

违法犯罪的打击不受分段限制，全程执法就能弥补体制缺憾。与此同时，个别地区监管机构受地方产业发展压力和监管经费的硬性约束而容易陷入地方保护主义，公安机关跨区域联合办案的特征正好有利于应对食品安全流动性风险。因此在机构改革方案讨论中，有观点提出建立专门的“食品警察”队伍。即仿照“森林警察”的模式，在国家食品药品监督管理总局内设食品安全犯罪侦查局，纳入公安编制序列并接受公安部业务指导。[①] 最高人民法院和最高人民检察院发布的《关于办理危害食品安全刑事案件适用法律若干问题的解释》，也明确界定了生产、销售不符合安全标准的食品罪和生产销售有毒、有害食品罪的定罪量刑标准。[②]

2. 我们为何需要“食药警察”。

那么，如何从理论上论证“食药警察”的必要性呢？在食品药品监管实践中，不法分子的违法行为一旦符合某些特定要件就可能构成犯罪，两者没有绝对的边界区分，因此行政权与司法权之间必须要有灵活的转换机制。在发达国家，独立监管机构通常拥有行政执法和刑事执法双重权力，即所谓的“准司法权”，这是其区别于传统行政部门的重要特征。如美国食品药品监督管理局监管事务办公室内设犯罪侦查办公室（Office of Criminal Investigation），其有权对相对人处以刑事罚金甚至采取人身强制措施。

我国则不同，《刑事诉讼法》第三条规定，对刑事案件的侦查、拘留、执行逮捕、预审，由公安机关负责。这就排除了其他政府部门直接介入司法程序的可能性，监管部门查处的行政违法

---

① 蒋昕捷、朱红军：《独家解析新轮食药改革的动机、方案、争议——国家“减法”与地方“加法”》，载于《南方周末》2013 年 3 月 14 日；张有义、马晓华、秦夕雅：《食药监或引入警察制度：出现食品违法可直接出警》，载于《第一财经日报》2013 年 5 月 30 日。

② 新华社：《两高发布司法解释加大力度打击危害食品安全犯罪》，中国政府网，2013 年 5 月 3 日，http：//www. gov. cn/jrzg/2013 -05/03/content_2395567. htm。

案件必须移送到公安机关才能启动刑事司法程序。上文多次提到，由于种种原因，各地在执法过程中普遍存在“有案不移、有案不立、以罚代刑”的现象，即用警告、罚款、吊销许可证等行政处罚措施替代刑事责任。加之行政监管部门缺乏对人身和财产的强制权，降低了监管威慑力。尽管一些地方采取联合执法的方式加以弥补，但由于食品药品违法犯罪呈现长链条跨区域案件明显增多的新趋势，出现了犯罪手法升级、活动愈加隐蔽等新问题，行政执法与刑事执法之间的边界越来越模糊。

针对上述问题，理想的政策设计是用线索共享和案件移送两种方式来实现“行刑衔接”。然而现实却不尽如人意：一是监管部门移送激励不强。在现行体制下，办案量和罚没金额是各级监管部门考核干部工作绩效的重要指标。受此激励，监管部门一般不会将辛苦获取的案件线索主动提供给其他部门。同时，个别监管者在案件如何处罚、是否移送等问题上拥有较大的自由裁量权，存在一定寻租空间，不排除个别人利用裁量权与不法分子进行权钱交易的可能。二是公安机关立案动力不足。由于监管部门与公安机关在证据收集、办案流程等方面存在诸多差异，“行刑衔接”客观上存在难度。加之行政资源和专业水平的约束，如公安机关自身不具备食品检验检测能力，打击食品药品犯罪在一些情况下成为回应社会关切和落实领导批示的举措。事实上这些问题并非食药领域独有，税务、环保、安监等领域都有显现。可见，工作机制上的小修小补已经无法满足严峻的形势，体制亟待创新。

3. “食药警察”怎么设置。

早在民国时期，中国就有卫生警察这一警种。“食药警察”的设置具体包括两方面：一是新机构究竟设在食药监管部门还是公安机关；二是新机构与食药监管部门的稽查机构是何种关系。从理论上说，这涉及部门间横向权力配置和机构内部流程再造两个命题。

2009 年 6 月，长沙市公安局治安管理支队成立全国首支食品安全执法大队，之后“食药警察”作为一项政策创新在各地扩散。据笔者统计，截至 2014 年 3 月底，全国已有北京、辽宁、河北、重庆、山东、上海六地在省级公安机关成立食品药品犯罪侦查总队；另外广州、武汉、苏州、沈阳等城市公安机关也成立了食品药品犯罪侦查支队或大队。2013 年，各地侦破食品药品安全犯罪案件 4.3 万余起，抓获犯罪嫌疑人 6 万余名，“食药警察”功不可没。而到了 2017 年 6 月，全国已有 10 个省级公安机关成立了专门的食药侦查总队。

国家层面的改革则有所不同，从理论上讲存在三种备选模式。第一种是内设，直接在公安部设置食品药品违法侦查专业机构，其优势是有利于各警种之间相互配合，而且改革相对容易推行。第二种是合署办公，把食药总局稽查局与公安部治安局的部分机构物理整合到一起，加强综合协调。第三种是派驻，即在食药总局内设置侦查局，实行双重管理，类似国家林业局的森林公安局。从地方试点的情况看，第一种模式更为常见。那么，“食药警察”的理想模式究竟是什么？我们有必要借鉴考察其他部门的经验。

在我国行政体制中，接受公安部和其他部门双重领导的警种并不鲜见，例如水路航运警察、林业警察和海关缉私警察等。对“食药警察”而言，最具有可借鉴性的是海关缉私警察。历史上我国政府打击走私的职能一度散落在海关、公安、工商、外贸等多个部门，由于打私工作牵涉巨大经济利益，部门查获的走私案件极少移送给公安。为改变“多龙治水”的乱局，1998 年国家专门在海关总署组建缉私警察队伍，受海关和公安双重领导、以海关领导为主，实行“联合缉私、统一处理、综合治理”的体制。最初，缉私警察与海关内设的稽查机构职责不清，依然存在“有案不移”的问题。后来稽查将行政执法权交给缉私警察，其不再以办案量来考核绩效，而是集中精力通过审计、风险管理等手段规范企业进出口行为。换言之，稽查的重点是引导企业守法自律，及时发现走私违法线索，即所谓“关口前移”；缉私则致力于打击不法分子违法犯罪，也就是“问题兜底”。两者疏堵结合。

依据海关经验，我们可以在现行地方机构改革之外设想另一种可能的“食药警察”模式，即在国家食药总局内设置食品药品违法犯罪侦查局并改组现有稽查局，彻底消除行政执法与刑事执法之间的缝隙。将来稽查机构不再以办案量来考核绩效，而是做好风险管理，引导企业行为合法。当然，这只是一种理论探讨。

4. “食药警察”的未来走向和政策要点。

有关部门已确认将建立一支覆盖全国，打击食品药品违法犯罪行为的专业执法队伍，负责案件的刑事侦查和执法工作。在这样的大背景下，未来政策实践要注意处理好三对关系。首先是明确中央与地方分工。由于食品药品生命周期链条长，其违法犯罪行为具有很强的空间流动性，若各地工作缺乏协调性，很容易出现风险聚集的犯罪洼地。因此食药总局应组织做好全国性的食品药品犯罪案件查处，尤其是要指导和监督地方工作。地方“食药警察”则应做好与农业、卫生等部门协作。其次是要根据工作本身的特征，强调“食药警察”队伍的专业性。尤其是把好人员的入口关，一方面从公安机构现有的食药侦查队伍和相关警种中挑选，另一方面从食药部门稽查队员中遴选。最后是要处理好“食药警察”与其他警种的关系。由于食品药品领域的违法犯罪涉及破坏市场经济秩序、非法经营、侵犯知识产权等多个罪名，“食药警察”需要与治安、经侦等其他警种紧密配合工作。

在简政放权的大背景下，行政管理体制改革的趋势是减少事前行政许可和加强事中、事后监管并举。监管部门的角色，需要从过去当企业的“保姆”变成管市场秩序的“警察”。换言之，食药部门不能再事无巨细地从微观层面提升生产经营者质量水平，而应致力于提供一个公平、有序的宏观竞争环境。从这个意义上说，“食药警察”这一新事物的出现顺应了时代发展需求，其将进一步给合法企业“松绑”，给不法分子“加压”，对于消费者和产业来说，都是利好消息。

（二）食药安全立体惩戒体系的国际镜鉴

违法惩戒体系是食品安全监管执法的重要内容。发达国家的长期实践表明，食品安全没有“零风险”，但监管对问题必须“零容忍”。如何有效提升监管执法的震慑力？我们从行政处罚、社会惩戒和刑事责任三个方面，着重介绍美国食药安全立体式惩罚体系。

1. 多样化的行政处罚。

“重典治乱”的关键不在于处罚额度高低，而是通过科学全面的制度设计让每个违法者都受到追究。假如法律难以落到实处，就会带来犯之者众、罚之者寡的结局。发达国家充分认识到违法必究比执法必严更重要，设计了严密的行政处罚网络，这其中以食品召回制度和药品行业禁入制度最为经典。

一是多层级食品召回制度（Recall）。2011 年美国国会通过《食品安全现代化法案》，规定食品生产商、进口商或经销商在获悉其生产经营的食品存在可能危害消费者健康和安全的缺陷时，应当依法向监管部门报告并及时通知消费者。同时从市场和消费者手中召回问题食品，采取更换、赔偿等补救措施，以消除缺陷产品风险。美国的食品召回制度是一项预防性行政处罚，共分为三级：第一级是最严重的，消费者一旦食用此类产品将肯定危害身体健康甚至导致死亡；第二级是危害较轻的，消费者食用后可能不利于身体健康；第三级是消费者食用后一般不会引起危害健康的后果，比如贴错营养标签、标识未能充分反映产品内容等。食品召回级别不同，召回的规模和范围也不一样，可以在批发层、分销层（学校、酒店和餐馆）、零售层，当然也可能在消费者层。由于召回层次越高则经济损失越大，企业通常会及早主动召回产品，这一制度设计实现了对各类潜在风险的全覆盖。

二是持久的药品行业禁入制度（Debarment）。1989 年，美国司法部门发现某药厂在药品注册申请过程中贿赂食品药品监督管理局官员，导致大量不合格药品进入市场。于是国会在 1992 年通过法案授予食品药品监督管理局从业禁止权，将任何利用不正当手段批准或取得药品注册的政府官员、企业及个人纳入“黑名单”，禁止其从事任何与医药有关的商业活动。上述名单被公布在监管部门官方网站上，供公众随时查询。对于专业人士而言，禁业令意味着其无法再受雇于任何药品企业，甚至不能在药企的餐厅打工。如果犯罪情节严重，这样的禁止可以是永久性的，其带来的威慑甚至比有期徒刑还要大。法案通过后，所有药厂在药品注册申请中都要首先声明没有雇佣任何背负禁业令的企业或个人参与研发过程，否则将被处以高达 100 万美元的行政处罚。可见禁业令的最终目的不在于罚款，而是确保那些有犯罪前科的人在药品注册审批中永远消失。

2. 代价高昂的社会惩戒。

在成熟的市场经济条件下，社会惩戒往往比行政处罚更具威慑力。因此发达国家在食品药品安全治理中改变了单一行政处罚责任机制，鼓励消费者积极维护自身权益，让不法生产经营者承担更多声誉代价和经济代价。其中典型的社会惩戒机制是集团诉讼和惩罚性赔偿。

一是集团诉讼（Class Action）。即一个或数个代表人为了不特定多数人的共同利益提起诉讼。法院所作判决不仅对直接参与诉讼的原被告具有约束力，而且对没有参与诉讼的主体甚至那些没有预料到损害发生的主体同样具有适用效力。对单个消费者而言，集团诉讼可以帮助其获得与强势企业对等博弈的机会。动辄数十亿美元的赔偿金让企业承担巨大违法代价，从而倒逼其强化自律。集团诉讼的经典案例是“万络事件”。万络是美国默克制药公司研发的关节炎镇痛新药，自1999年投放市场后，全球服用过此药的患者数以亿计，但严重不良反应事件频发。2005年一名患者服用万络后突发心脏病猝死，其遗孀以此提起集团诉讼，将默克公司告上法庭，法庭判决默克公司支付高达2.534亿美元的赔偿金。后来参与诉讼者不断增多，经过多年拉锯战，默克公司于2007年11月19日最终宣布支付48.5亿美元赔偿金，结束全美近5万宗与万络有关的集团诉讼。

二是惩罚性赔偿（Punitive Damage）。这是发达国家利用利益制衡机制保障食品药品安全的另一成熟经验。传统民法理论认为人不能从他人的损害行为中获益，惩罚性赔偿制度改变了这一原则，主张除了要对受害人的损失给予补偿外，更要对欺诈等严重侵权行为进行惩罚与制裁。其目的在于通过高额赔偿剥夺侵权人获得的所有不法利益，使其得不偿失甚至倾家荡产，这样才能从根本上断绝其实施侵权行为的意愿，还可以警示他人。这方面的例子举不胜举。如根据美国农业部调查，全美每年大约会扔掉价值910亿美元的食物，其中很大一部分是由于过了保质期。也许有人好奇会不会有商家销售过期食品，事实上美国历史上也曾广泛出现过这类情况，结果商家被举报并受到惩罚性重罚，而且顾客越来越少，最后只得关门。现在已经极少有商家为了蝇头小利敢于铤而走险。[①]

3. 严厉的刑事责任。

现代社会食品药品安全问题极为复杂，既有产品内生风险，也有外部人为因素。由于不法分子作案手段日益隐蔽和多样化，监管部门凭借日常监督检查无法发现潜在风险。警察拥有先进侦查手段，可行使银行账户查询、财产冻结、现场保护等强制执法

① 胡颖廉：《美国食药安全立体式惩罚体系》，载于《学习时报》2016年4月7日。

权，并拥有人身控制权，对于打击食品药品犯罪行为具有天然优势。正因为如此，发达国家纷纷设置专门的食品药品警察队伍。例如美国食品药品监督管理局内设犯罪侦查办公室，其200多名监管人员均为现役警察身份，拥有警徽、警衔并配备枪支，在联邦政府职责范围内行使侦查权。又如法国内政部（相当于我国公安部）专设公共健康和环境犯罪预防办公室，350名专业调查人员与该国农业部、卫生部的监管人员紧密协作，共同打击全国食品药品安全犯罪。这也就是上文介绍的“食药警察”队伍。

在与违法犯罪长期斗争过程中，美国还建立了较为完善的食品药品安全法律规制体系。该体系以联邦和各州法律及行业规范为基础，除了《联邦食品、药物和化妆品法》等几部核心法案之外，美国规制食品药品安全的法律法规还有很多，如《公共健康服务法》《联邦肉类检查法》。这些法律法规既有对食品药品安全的原则性规定，也有详细刑事罚则。如早在1938年就通过的《联邦食品、药物和化妆品法》规定，任何人生产任何一种法律规定的掺假或错误标识的食品或药品，都属违法行为。构成犯罪的，法院将对其监禁一年，或处以500美元以下的罚款或者监禁和罚款并罚。多次犯本法规定之罪的，法院将处以1 000美元以下的罚款，或监禁一年，或者并罚。如今，刑事罚金和监禁期限都已大幅提升。

（三）食品药品吹哨人制度介绍

投诉举报是连接食品安全监管执法与社会共治的主要途径，因此也成为监管政策创新的重要领域。国外食品安全监管中的吹哨人（Whistleblower）制度是一种巧妙的制度安排，故以美国为例介绍吹哨人制度如下。

1. 美国吹哨人法案体系及其主要内容。

吹哨人一词起源自英国警察发现有罪案发生时会吹哨子的动作，以引起同僚以及民众的注意。从此延伸出来，现在人们所指的吹哨人是为使公众注意到政府或企业的弊端，以采取某种纠正行动。一般来说，弊端或不当行为指有人违反了法律、规则或规例，进而直接威胁到公众的利益，例如欺诈以及贪污腐败。内部告发和公益性是其最重要的特征，也俗称内部举报人制度。

美国吹哨人法案起源于 1863 年，适值南北战争时期，法案建立鼓励知情人揭发检举的机制，用于打击武器承包商在生产中偷工减料，以防战争中造成人员、财产的重大损失。后经数次修改，尤其是在“水门事件”后，法案中有关举报人奖励机制和保护机制逐渐成熟。

美国吹哨人法案系指美国法律《防不实请求法案》（*False Claim Act*）和《吹哨人保护法案》（*Whistleblower Protection Act*）规定的一整套机制，并应用于所有相关领域，主要内容包括：

一是关于吹哨人的界定。任何人若有合理理由相信任何他人涉及不当行为时，都可以向执法机构举报，就算吹哨人还不清楚涉案人士是谁，就算吹哨人自身身份也是非法的。因此从政府工作人员揭发政府部门的违法行为，到雇员揭发企业的违法行为，吹哨人无处不在。

联邦和各州纷纷制定各领域的吹哨法案，包括清洁空气法案（CAA）、商业机动车安全法（CMVSA）、1987 年的国防授权法系、多德—弗兰克华尔街改革和消费者保护法案（Dodd – Frank Act）、1974 年能源重组法（ERA）、1938 年公平劳动标准法（FLSA）、食品安全现代化法案（FSMA）、联邦矿山安全与健康法（FMSHA）、1972 年联邦水污染（FWPCA）控制法等。

二是吹哨人诉讼及其奖励。如果发现企业或自然人存在蓄意违法犯罪行为，造成公共财产损失，法案允许公民以政府的名义向违法企业或责任人发起诉讼，即便其没有在违法犯罪活动中受到实际损失。

一旦吹哨人诉讼被法院立案，则在进入审理阶段，美国司法部有权介入案件，全面接管吹哨人的原告地位，并保留吹哨人的知情权。如果胜诉，吹哨人可以与政府分享获得民事罚款的15% ~25%，作为保障公众权益、保护公序良俗的奖励。对于美国司法部拒绝介入的案件，胜诉后吹哨人的奖励则高达25% ~30%。

数据表明，在公共卫生与人力资源领域，吹哨人法案规定的吹哨人诉讼起到越来越重要的作用，表现为吹哨人诉讼罚款金额占全部诉讼罚款金额的比值总体上越来越高，从1992年的18.2%上升到2013年的97.7%。[①]

三是吹哨人受到的法律保护。各州警长办公室、司法部执行局、联邦监狱局以及联邦总检察长办公室负责保护吹哨人，即便其举报没有带来任何成果。保护内容包括：第一是人身保护，吹哨人出庭作证之前可以由官方提供24小时贴身保护直至开庭结束。庭审后同样可以由政府提供条件，改换身份到其他城市定居。法律规定任何人揭发吹哨人的身份、职业、住址和工作地点，最高可判10年监禁。第二是就业保护，用人单位不能因员工举报而将其解雇，且不能加以歧视，更不能无故使其受到不公正对待。任何人对吹哨人或其亲友采取不利行动的，最高监禁15年。第三是免责保护，揭露不当行为的吹哨人可免于刑事和民事责任，包括被采取纪律行动。此外在吹哨人败诉的情况下，法律规定其不必支付诉讼费用。吹哨人诉讼中，代理律师经常采取按胜诉奖励金额的一定比例作为律师代理费用的形式，败诉亦不必支付律师费。在美国还有许多如“全国吹哨人中心”这样的民间机构，拥有法律专家，为吹哨人提供全方位咨询维权服务。

食品药品领域有关于吹哨人制度的具体规定。例如《食品安全现代化法案》402条雇员保护对吹哨人制度做了全面安排，对

---

① Taxpayers Against Fraud Education Fund. *Official Department of Justice False Claims Statistics for Fiscal Years* 1987 – 2014. http：//www. taf. org/DOJ – FCAStatistics – 2014.

违法这一禁令的行为，吹哨人可以在180天提出索赔或诉求。这种索赔一旦胜诉，赔偿额巨大。

2. 食品药品安全领域吹哨人制度安排——辉瑞公司案例。

接下来我们看一个吹哨人制度应用于食品药品安全领域的具体案例。2009年9月2日，美国辉瑞制药公司在法庭宣布就其销售4种药物过程中的违法行为认罪，并缴纳23亿美元罚款，创下了药企因违法行为受到处罚的金额纪录。

案件的原告约翰·科普钦斯基（John Kopchinsky），发起诉讼前在辉瑞公司任职医药代表。他在工作过程中，发现公司在消炎药伐地考昔、镇静药卓乐定、抗生素斯沃和镇痛药乐瑞卡的销售过程中存在两种违法行为。第一，公司涉嫌虚假宣传（off-label promotion）。根据企业在对药品进行市场推广的过程中，如果宣传未经验证且未通过审批的功效，将被认定为虚假宣传行为。辉瑞公司在推广4种药物的过程中故意夸大疗效，违反了相关法规。第二，公司涉嫌商业贿赂。公司通过提供回扣等方式向医生行贿，希望医生多开处方，增加药品销量。由于上述4种药物被收录为美国政府医疗保险（Medicare & Medicaid）的基本药物，公司的违法行为使公共财产蒙受损失，并且此行为显然是蓄意的违法行为，因此符合发起吹哨人诉讼的条件。随后，约翰·科普钦斯基说服了4名同事与1名医生，共同收集证据，发起吹哨人诉讼。经过美国司法部的接管和长达6年的审理，最终获得胜诉。作为吹哨人，6人依法分享高达1.02亿美元奖金，表彰其在保障公共卫生、保护政府税金方面做出的巨大贡献。[①]

其他领域的大样本统计结果也支撑了上述结论。美国《金融杂志》2010年发表了一篇题为“Who Blows the Whistle on Corporate Fraud?”的论文，作者发现1996～2004年的216例公司财务

---

① 钱琛、陈佳：《从胶囊壳铬含量超标事件看“吹哨人法案”对药品监管的启示》，载于《中国药事》2015年第6期，第563～567页。

欺诈案中，142 例（65.7%）是由外部监控发现的，绝大多数均为非政府背景，其中公司雇员占 18.3%，金融分析师占 16.9%，媒体占 15.5%，而政府机构仅占行业监管者、政府机构或自监管组织合计的 14.1% 中的一部分（作者未单独罗列政府监管者所占比例)，显然吹哨人在市场监管中起着重要的作用。

3. 美国经验对我国的启示。

第一，较大幅度提高举报人的奖励金额。我国现行的有奖举报制度在各地的奖励标准并不一致，但通常规定不超过货值的 5%，或不超过罚金的 5%，且规定了不超过 30 万元的上限值，这一奖励额度无法与美国吹哨人制度的规定相比。举报人的贡献大小与执法者的执法成本息息相关，但是监管部门不应该过分强调执法成本而忽视举报人的贡献。美国法律吹哨人可分得 15% ~ 25% 的罚金，从既往的判罚案例来看，平均的罚金分成约为 17%，远远高于我国 5% 罚金的分成。

第二，采取严格保密措施。我国现行的有奖举报制度大多只是宣示性的一两句话，指明政府部门对举报人富有保密责任。相比之下，美国法案中有数十页内容详细规定了如何对吹哨人进行保密，以及泄密后的惩罚措施等，这些都值得我们借鉴。

第三，改善奖金领取制度。有奖举报制度设计过多地考虑了财政资金的安全，防止奖金被私吞或冒领，因此大多设计为实名实地领取，有些地方甚至没有委托代领制度，举报人通常担心身份遭泄密而不去领取奖金。监管者应该多方权衡，考虑举报者的需求以及多种制度的整体效果，而不是单纯从执法机构自身的角度出发进行制度设计，引入诸如转账而无须本人到场的奖金领取方式。

第四，给予媒体一定限度的报道权。食品药品违法经营行为一经判决，监管部门有权在政府网站上将违法企业的违法行为进行曝光，有权力也有义务主动联系媒体，通告民众相关的食品药品安全注意事项。同时应规定监管部门对举报人的应答时间，规定超过一周或两周无应答，举报人有权将举报内容透露给媒体，或者要求更高的罚金分成（如20% ~30%）。[①]

五、食品安全突发事件风险沟通和治理

食品安全的本质是一种可接受风险。含有风险的食品并不必然产生危害，但危害通常由某种程度风险所致。解决食品安全问题不能寄希望于末端消除风险，而要在源头防范风险，风险沟通便是重要手段之一。应对食品安全突发事件是监管工作的重要一环。本节基于风险分析理论，以危害大小和公众关联疏密为指标，建立食品安全风险沟通机制框架，划分出危机型、警惕型、引导型、预防型四种食品安全风险沟通类型。围绕具体的食品安全突发事件个案，深入分析不同类型食品安全风险沟通的特征和策略。在此基础上，提出打基础、强基层、建机制三方面政策建议。

（一）食品安全风险沟通：概念和分类

在现代社会，安全问题的本质是风险。理想的食品安全监管体系，应当是建立在风险分析基础上的预防性体系。实践中，许多发达国家已建立起较为成熟的食品安全风险分析框架。[②] 本书第三章已经初步介绍了食品安全风险分析框架的原则，接下来主要聚焦其中的风险沟通。

现实中的食品安全风险只能无限接近于零，而无法彻底削减。人们对同等程度风险的感知不尽相同，有时反应过度，有时

---

① 谭洁：《美国〈吹哨人保护法案〉对我国食品安全监管的启示》，载于《广西社会科学》2015年第1期，第114~118页。

② 陈君石：《风险评估在食品安全监管中的作用》，载于《农业质量标准》2009年第3期，第4~8页。

冷漠忽视。因此风险沟通有助于全社会掌握食品安全知识，揭示食品安全事件的真相，从而有效协调各利益相关方诉求。这其中，科学家、政府与公众的有效沟通可以产生尤为积极的作用，包括促进公众准确理解食品安全风险的特征、做出知情选择以及支持政府管理措施。同时通过科学、民主和透明的沟通，各利益相关方提出的观点和依据能够提高风险管理决策水平。

我国从2000年前后才开展食品安全风险监测工作，与发达国家相比起步较晚。目前政府在食品安全突发事件应急处置中被动投入大量人力、物力，风险源头治理还有待加强。公众则在经历了数次食品安全事件后成为“惊弓之鸟”，加之一些媒体的夸大报道，已经很难理性看待食品安全风险。上述情况都不利于提高食品安全保障水平，亟待改变。本节提出的核心命题是：如何准确划分食品安全风险沟通类型，进而提升食品安全突发事件风险沟通有效性。

理论界对风险沟通已有诸多讨论，归纳起来有三大学科视角。一是认知心理学视角。桑斯坦认为，较之于矿难等风险，公众对于感同身受、很可能切实发生在自己身上的食品安全事件，会有更强烈的认知。因此，当公众看到问题食品报道时，通常不会思考事件发生的先验概率，而是在信息刺激下冲动地高估风险，进而认为大部分食品都不安全。[①] 菲舍霍夫（B. Fischhoff）总结了影响利益相关方风险态度的三类因素：一是风险事件的特征，即普通民众是否容易遭遇到；二是受众特征，即个体的人格特征或认知偏差；三是以上两类因素相交互产生的作用。[②]

二是管理学视角。萨德曼（P. Sandman）提出了著名“危险性 = 危害 + 情绪愤怒”理论。他认为公众对某种风险的接受程度

---

① ［美］凯斯·桑斯坦著，刘坤轮译：《最差的情形》，中国人民大学出版社2010年版。

② Fischhoff, B. Risk Perception and Communication Unplugged: Twenty Years of Process. *Risk Analysis*, Vol. 15, No. 2: 137－145.

在相当程度上取决于气愤程度。[①] 风险包括两种：一种是物理性和有形的，另一种是精神性和被建构的。萨德曼据此划分出风险沟通的四种类型，他建议政府和专家可以根据风险性质和公众气愤程度采用不同沟通策略，该思路的特点是区分技术因素与认知因素。雷斯（W. Leiss）回顾了全球食品安全风险沟通发展历程，归纳出从“单向告知”到“共同参与”的特征，食品安全风险沟通应当由单纯的专家主导和宣传说教逐步向各利益相关方共同参与转变。[②]

三是传播学视角。米顿（Midden）认为，风险沟通的信任度取决于人们对信息质量的判断、信息来源渠道以及机构组织结构。信息可信度很大程度上是由公众对风险沟通者的信任程度和信心决定的。也有学者围绕欧洲疯牛病、美国沙门氏菌感染等食品安全事件个案，具体分析了风险沟通的原则和技巧。

上述研究为我们提供了观点和方法论启示。食品安全风险沟通的目标是让公众准确认知食品风险状况，采取有针对性的防控措施。既有理论告诉我们，影响风险沟通有效性的因素包括两方面：一是风险的严重程度，二是公众对风险的关注程度。前者由危害（hazard）决定，也就是食品本身具有的对健康可能产生不良作用的生物性、化学性或物理性因素。这种危害可以是有意加入的、无意被污染的或者自然存在的。后者则同公众关联（relationship）的紧密度相关，即特定种类食品安全风险对不特定个体带来损失的可能性。可见，公众对食品安全风险的认知并非一成不变，而是在危害大小和关系疏密的共同作用下形成。

我们据此提出食品安全风险沟通机制框架：以风险分析理论

---

① Sandman, P. M. Risk Communication: Facing Public Outrage. *EPA Journal*, 1987: 21 - 22.

② Leiss, W. Three Phases in the Evolution of Risk Communication Practice. *The Annals of American Academy of Political and Social Science*, 1986, Vol. 545: 85 - 94.

为基础，根据危害大小和公众关联疏密两个指标，对食品安全风险沟通进行分类，梳理出危机型、警惕型、引导型、预防型四种食品安全风险沟通类型（见表4－8），进而探讨不同类型风险沟通的策略。这一思路能够有针对性地了解公众需求、明确沟通目标以及发布沟通重点信息。

表4－8　　食品安全风险沟通机制分类

因素1 / 因素2		危害程度	
		严重	轻微
公众关联	紧密	危机型沟通（crisis）	引导型沟通（guidance）
	松散	警惕型沟通（alert）	预防型沟通（precaution）

资料来源：作者整理。

（二）食品安全突发事件特征和风险沟通策略比较

接下来我们以比较分析和焦点案例为主要研究方法，探讨不同食品安全突发事件风险沟通的特征和策略。由于预防型沟通的危害轻微且与公众关联松散，因此我们主要关注前三种类型。

1. 危机型沟通：以瘦肉精事件为例。

2011年双汇瘦肉精事件是一起特别重大食品安全事件，其系统性风险使不特定多数消费者都可能遭受严重危害，是容易引发社会不稳的危机事件。与之相似的还有2008年三鹿牌婴幼儿奶粉事件。确定此类事件的危害程度并不复杂，但由于涉及众多消费者，因此风险沟通工作的首要任务是帮助人们克服恐惧和缓解痛苦情绪。政府应采取主动、透明、一致的信息公开，从而成功度过危机。

危机型风险沟通通常包括三个方面。首先是客观公布事件危害程度。事件发生后，监管部门应公布前期食品安全风险评估相关结果，配合食品安全监督执法措施开展，以稳定公众情绪。其次是针对公众风险认知情况开展交流。注重传递三类信息：一是客观性信息，一般食品安全突发事件处置程序包括从“怀疑”到“初步认定”再到“确认并查处”三阶段，应及时公布调查处置客观事实；二是纠偏性信息，政府可召开新闻发布会澄清猜测和谣传，回击不实传言以稳定社会情绪；三是解释性信息，食品安全技术具有一定专业性，考虑到公众在风险沟通中可能出现的误解，政府要及时邀请专家用通俗易懂的话语回应媒体关切。最后是注重风险沟通的一致性。食品安全突发事件多涉及“从农田到餐桌”的整个食物链条，在现行体制下必须加强食品药品监管、农业、卫生计生等部门协作配合，避免风险沟通“碎片化”，尤其要杜绝因专家众多且观点不一致导致信息混乱的局面。上述做法的目的是让风险沟通最大程度消除人们心理恐慌，减少不必要损失。

2. 警惕型沟通：以蘑菇食物中毒为例。

误食野外采摘的蘑菇可能导致食物中毒，属于典型的食源性疾病，在世界各国都存在。野外采摘蘑菇的群体较小，一旦发生危害极大，通常表现为个体性和离散型严重危害，难以产生系统性风险。与之相类似的还有河豚食物中毒，生吃水产品引发寄生虫病等。统计表明，此类问题呈现季节性特征，通常与消费者个体行为相关。普通消费者往往认为此类风险与日常消费行为存在差距，采取“事不关己，高高挂起”的态度，对预警信息不敏感。由于政府风险沟通采用自上而下的方式，消费者处于被动地位，很难被调动起兴趣。因此必须激发消费者对特定食品安全风险的自我保护意识和水平，通过行业、媒体、科学界等多种渠道引发公众关注。

由于此类风险危害程度高，单纯依靠政府监管防范风险效果不佳。因此风险沟通工作重点是提高消费者对特定种类食品的警惕，通过各种方式告知其可能造成的严重后果。具体措施包括：

一方面要充分争取媒体配合。采用多种方式报道此类新闻事件，吸引社会关注并扭转消费者的冷漠态度，让人们从内心认识到风险就在身边。另一方面是建立预警信息发布机制。预警工作常态化之后，可以增加消费者沟通渠道和信息查找渠道，增加消费者获知信息的概率。

3. 引导型沟通：以地沟油事件为例。

基于独特的饮食习惯和历史文化传统，地沟油问题在东亚如日本、韩国、中国大陆以及中国台湾地区普遍存在。食用油脂与日常餐饮关联紧密，普通消费者很难避免。由于地沟油容易成为行业“潜规则”，根除此类问题监管成本极高，媒体渲染进一步引发消费者关注甚至愤怒。然而地沟油的实际危害目前还难以明确，监管实践中已多次出现地沟油符合国家食用油脂标准的案例。由于取证和定性困难，刑事司法政策也不得不将过去的结果犯改为行为犯。

危害程度难以确定的食品安全风险却引发消费者全社会高度关注，做好这类风险沟通的关键在于引导各利益相关方参与到风险防范过程中。重点包括如下环节：一是前期引导。建立畅通的常态化沟通渠道，提升政府与消费者互信。尤其是定期公布基础调查研究结果，通过提前介入让人们准确认识此类风险危害程度，减低公众反感情绪。二是中期处置。监管部门及时、客观、准确地公布调查处理进展，涉事企业则要主动承担社会责任，重点是做好相关食品安全风险危害程度解释工作。同时收集整理媒体、公众和热线对事件的看法、投诉和疑问，通过网络等新媒体发布公众咨询指南，有针对性地进行交流。三是后期恢复。由行业协会和科研机构协助做好后续沟通工作，平息事件对产业的冲击，尽可能减少经济损失和社会负面影响。[①]

---

① 胡颖廉：《认知引导和危害防范：食品安全突发事件风险沟通研究》，载于《中国应急管理》2014 年第 12 期，第 15 ~ 18 页。

（三）完善食品安全风险沟通启示和建议

可以预见，未来我国还将出现各类食品安全突发事件，必须完善食品安全风险沟通机制。在上述分析基础上，我们从基础工作、基层监管和长效机制三个方面，提出政策建议。

一是开展食品安全风险分类研究和知识科普工作。消费者是食品安全的最后“守门员”，必须加大食品安全风险知识科普力度。首先各监管部门根据职责分工开展食品安全风险（包括食品、食用农产品、食品包材、饮用水）评估、监测和分析等基础研究，注意整合各部门人才、技术和设备，科学划分食品安全风险类型。其次在科学研究基础上提高消费者食品安全风险科学认知水平。既包括广泛普及食品安全基本知识，也包括宣传食品安全相关法律政策，还包括食品安全标准制定修订、食品抽检结果发布的答疑解惑。除发挥科研院所专家的主体作用外，还要注重引入第三方社会组织力量。最后注重食品安全知识科普的实效。实现食品安全知识科普进学校、进社区、进农村、进工矿，强化食品生产经营者的尚德守法意识，真正在全社会形成对食品安全违法犯罪行为的“零容忍”氛围。

二是科学界定食品安全风险的重点区域、环节和人群。夯实基层食品安全风险沟通工作，防止食品安全问题在第一线失守。首先界定重点风险品种，例如号召中小学生自觉抵制学校周边的“五毛钱”食品，又如引导家庭主妇选购正规农贸市场和大型超市的农副产品。其次界定脆弱风险群体，在低收入者、流动人口中加大食品安全知识普及力度，继续推进完善社会救助保障标准与物价上涨的联动机制，这一观点在上文已经提及。最后界定关键风险区域，“城中村”、城乡结合部、建筑工地、偏远山村是食品安全违法犯罪易发多发地带，必须充分调动监管执法资源，严格规范上述地区食品小作坊、小摊贩、小餐饮的生产经营行为。

三是根据食品安全突发事件特点分类做好风险沟通工作。建立食品安全突发事件风险沟通长效机制。首先建立规范体系，制定食品安全风险沟通操作手册。区分食品安全风险沟通的类型和影响因素，明确工作参与方权责、关键点、任务和程序。其次协调部门联动，保持食品安全风险沟通内容一致性和完整性。应发挥各级政府食品安全委员会办公室的综合协调作用，常态下各监管部门根据职责分工做好风险沟通准备工作，食品安全突发事件中用统一口径开展信息交流。最后拓展信息渠道，实现食品安全风险精准沟通。当前公众信息来源和诉求表达渠道多样多元，通过对互联网、社交媒体、手机终端等新媒体开展信息收集和分析，可以准确掌握公众对食品安全事件的认知情况，进而在舆论形成早期给予及时引导和提供政策建议。同时，尽早发现食品安全风险因素，及时介入和迅速应对，减小食品安全突发事件造成的负面影响。

第五章

食品安全焦点案例研究

导读：长期以来，学术界对食品安全的关注较为泛化，微观机理探讨不足，焦点案例更是鲜见。为弥补这一缺憾，本章将围绕近年来我国发生的典型食品安全事件进行个案深入剖析。具体包括三鹿牌婴幼儿奶粉事件、恒天然乌龙事件、猪肉质量安全事件、走私冻肉事件、明胶事件2.0版等，且均以观点评论的形式展现。在三鹿牌婴幼儿奶粉事件中，我们分析了中国式监管的特征和政府剩余监管权的意义。恒天然乌龙事件彰显了中国参与全球食品安全治理的价值和路径。猪肉质量安全监管案例反映出监管部门之间的职能缝隙和冲突。走私冻肉事件见证了市场机制和行政力量在食品安全中的作用。明胶事件2.0版则是我国食品安全行业"潜规则"的极佳例证，破解这一问题要求监管与共治共同发力。希冀通过个案深描并回答若干焦点话题，发现食品安全事件的成因和内在逻辑，据此理解我国食品安全的全貌。

一、三鹿牌婴幼儿奶粉事件的思考

三鹿牌婴幼儿奶粉事件由单纯的企业违法行为，升级为中国奶制品行业的危机，并且波及政府监管部门的信誉。我们需要深入思考的问题是：政府监管部门需要为奶粉承担什么责任？如何看待此类带有系统性风险的食品安全事件?

(一) 标准问题并非监管可以解决

2008年以前，在产品中添加三聚氰胺是乳品行业中较为普遍的做法，后来的检验结果证实了这一点。有不少观点质疑为什么质监机构没有及早发现“潜规则”。一个技术层面的事实是，产品化学成分的检验必须基于标准，是一种定向检验，并不如人们想象的那样，任何成分都能检验出来。尽管三聚氰胺不允许被添加到食品中，但国际食品法典和当时的国家标准，并没有对乳粉中三聚氰胺的含量等进行规定，因此监管部门无法进行有针对性的检验，除非有证据可以证明检验机构明知此种情况而不作为，否则就不存在过错。

于是奶粉标准成为被诟病的另一个焦点，民众纷纷指责国家标准落后于实际需要。客观而言，标准的制定是一个动态过程，和一国技术水平、经济发展程度、文化传统相关，标准的更新也需要大量资金投入，这就涉及监管成本、产业基础、消费需求等诸多因素。可以说，食品安全标准制定是一个牵涉多方利益的政策过程，而不是监管部门自己就可以解决的问题。发达国家做了诸多致力于提高食品安全监管效率的努力，以尽量减少各类风险，但绝对不可能消除所有风险因素，否则将付出极为巨大的社会和经济成本。

(二) 中国式监管的路径和特征

习惯了全能国家模式的人可能会发出这样的疑问：如果政府监管部门都不能保障奶粉安全，是不是就意味着消费者要自己去承担所有后果了？这个问题恐怕需要更为广阔的观察视角。

正如上文多次提及，政府监管的本质是政府对市场的干预，是解决信息不对称、外部性、自然垄断等市场失灵的一种手段。解决市场失灵的手段有很多，比如说独立的法庭审判可以在事后解决私人纠纷，行业协会能够让成员产生自律的压力，高效的产权制度可以清晰界定责任边界等。由于制度惯性和思维定式，我们似乎只热衷于政府监管手段，希冀由政府来包揽一切，对其他手段既不熟悉也不关心。一个非常重要但常常被忽视的事实是，发达国家是在上百年市场经济发展之后，才建立起现代监管型国家制度的。当一种手段失灵时，另外的手段可以弥补其缺陷。而中国是在法制尚不完善、法治还未健全、市场没有发育成熟的前提下，启动了现代政府监管的步伐，和欧美国家的制度演变路径恰好相反。换句话说，监管型国家的步伐超越了中国市场经济的建设和社会本身的完善，这一步跨得太大，有些基础功课不得不回头补上。

一个发育成熟的市场显然是解决市场自身问题的良方。我国的药品、乳品行业出现过度竞争的局面，本质上都是市场发育不成熟的表现。这种格局传递到产业链上游，食品和药品的原料生产者也面临同样的问题。在三鹿牌婴幼儿奶粉事件中，大量分散的小规模奶农根本无法与强势的生产企业在收购价格上进行抗衡，随着原材料价格的上涨，前者就采取不法手段提供鲜奶，如兑水后加入三聚氰胺，以降低成本并维持生存。

东亚发展型国家的经验是，当市场发育尚不成熟时，政府产业政策可以发挥重大作用。然而本书前述章节已经分析，近年来我国在食品药品领域的行业政策是有所缺失的，行业协会也没有能力承担起这一重任。加之地方主义的影响，各地低水平重复建设严重，价格恶性杀跌频繁，行业整体利润率低。除了乳品企业面临“卖牛奶不如卖矿泉水赚钱”的困境外，一些制药企业也面临“卖针剂不如卖矿泉水赚钱”的尴尬局面。从这个意义上说，市场机制还有待引导和完善。

行业自律也是一种政策备选项。三鹿奶粉事件后，国家质检总局向全国所有奶制品生产企业派驻厂监督员，作为一项政策补丁，体现了监管部门的担当，但更多是无奈之举。试问，如果将来桶装水也不幸出现问题了，是不是要向每一个桶装水企业都派监督员？若是其他预包装食品也出问题了，质检系统还需要多少监督员？这会带来极大的行政成本！反观发达国家的做法，如美国就要求制药企业自己聘请审查员，企业出于自身商誉的考虑，会邀请业内公认的药品生产质量控制专家来担此重任。否则，一旦出现质量问题很可能会被行业协会驱逐，最终影响到自身利润。

司法救济和责任追究，是纠正市场失灵的另一个可行方式。事件在本质上是企业生产劣质产品的行为，从法理上说，消费者完全可以通过正常的司法救济途径获得民事赔偿。令人遗憾的是，由于种种原因，我国的司法体系尚不足以支持类似的事后救济。也正是从这个意义上说，政府监管成为人们不得已的唯一可选项。

可见，我们不能把政府治理模式的转型简单理解为建立监管机构和提升监管能力。完善的市场经济、有效的行业自律、精细的司法制度，在现代市场经济下的政府治理模式中都是不可或缺的，有些更是前提性的。

（三）政府的剩余监管权

食品安全和药品安全有诸多相似性。一个值得注意的巧合是，2006 年的“齐二药”事件，2008 年初的“肝素纳事件”，以及本节所分析的三鹿奶粉事件，在技术细节上均起因于化工原料的不当使用。2013 年以前，我国的食品安全监管模式是“分段监管为主、品种监管为辅”，农业、卫生、质监、工商、食药等部门各管一段。那么化工原料究竟归属哪个部门管呢？总体上看，这是一个监管模糊地带。

根据 2007 年《国务院关于加强食品等产品安全监督管理的特别规定》，食品等产品安全监管的责任分担形式是“地方政府负总责，监管部门各负其责，企业是第一责任人”。地方政府负总责实际上是一种剩余监管权（residual regulation），即当某一环节出现监管真空或权力争夺时，地方政府要统一担负起责任来。

虽然世界各国监管模式不尽相同，但大都承认政府在食品安全中的主导角色，即在市场和社会之外行使剩余监管权。具体而言，一是事前培育市场和引导社会，二是事后“兜底”，也就是当市场无法自我调节以及社会监督失效时，政府要承担起保障公众健康的最终责任。例如美国司法体系中的惩罚性赔偿制度让任何怀有侥幸心理的商家面临倾家荡产的风险，德国政府打造了“从农田到餐桌”的全链条食品质量追溯机制，日本对严重违法的食品药品生产经营者实行终身行业禁入。当前，食品药品监管体制改革在全国各级全面铺开，改革过渡期使监管连续性、稳定性面临巨大考验，就更需要在深入开展食品安全整顿治理的同时，把着力点放在构建严密权威的法治秩序上，严格常态化监管。

但也正是这种剩余监管权的存在，有可能将政府推向无限责任的危险境地。在我国独特的语境下，中央政府对民众诉求的回应高于一般民主政体，是一个负责任、有担当的政府。出现矿难，人们首先想到的不是黑心矿主，而是希望煤矿安监部门更好地履职；药害事故发生后，人们想当然地认为药监机构需要承担监管不力的责任，制药企业和医院的责任却很少有人提及；在三鹿奶粉事件中，人们也众口一词地向政府问责，最后质检总局局长辞职。尽管这类现象有一定合理性，却也令人担心其背后隐藏的危机。计划体制下政府包揽一切的旧思维，很可能让我们回到全能国家的老路上。

中国社会正面临着市场失范和现代化带来的双重挑战。一方面，我国面临的食品药品安全和生产安全状况与发达国家所经历的问题极其相似。另一方面，现代化所带来的不确定性正在影响着我们的生活。这些在危机管理、政府监管领域向我们提出了重大挑战，更关乎政府治理模式的转型。[①] 后来的事实也证明，奶

---

① 胡颖廉：《奶粉事件，政府需要承担什么责任》，载于《中国青年报》2008年9月23日。

粉质量安全问题无法毕其功于一役。

二、恒天然乌龙事件的回顾和展望

恒天然合作社集团有限公司（Fonterra Co-operative Group Ltd）是全球最大的乳制品加工企业，也是众多奶粉企业首选的原料供应商。2013 年 8 月初，恒天然发布消息称，旗下工厂一年多以前生产的 38 吨浓缩乳清蛋白中检出疑似肉毒杆菌。此后，恒天然的客户达能、雅培等奶粉厂商开始召回产品。同年 8 月底，多次检测证实这是虚惊一场，恒天然产品未受肉毒杆菌污染，但此时多家奶粉企业已经在亚洲召回并销毁了数十万罐婴幼儿奶粉。

此后，新西兰初级产业部针对恒天然在召回前的行为展开了合规调查。2014 年 12 月 9 日，新西兰政府内务部网站发布的报告指出，恒天然的追溯工作存在严重缺陷，也没有为应对这种规模的危机做好准备；初级产业部也缺乏可立即实施、单一连贯的应对计划。而最初导致这场乌龙发生的缘故，是手电筒镜片破碎掉进加工机器里。新西兰初级产业部公布的四项裁定包括：恒天然未能按照其风险管理方案生产产品；未完全按照相关动物产品标准出口乳制品；未将其产品生产不符合风险管理方案的重大关切及时通报监管机构；未及时向初级产业部最高业务官员报告其出口乳制品不适合其预期用途。

这场号称三鹿牌婴幼儿奶粉事件以来最大的食品安全恐慌，最终演变成了一起乌龙事件，这是谁也没能预料到的，尤其是戏剧性转折值得我们深思。

（一）食品安全风险治理的层层失守

如上文所述，人类近现代历史上的食品安全问题呈现鲜明的阶段性。在市场经济发展初期，生产力不发达和政府监管滞后，导致低水平制假售假和欺诈行为泛滥。到了工业化时代，农药和食品添加剂的广泛使用，极大地改变了农业和食品工业，也影响了人类食物链。大工业生产容易引发系统性和全球性风险，威胁到不特定多数消费者，任何人都无法独善其身，恒天然事件便是食品安全全球治理时代的典型案例。

那么，如何应对工业化隐含的风险呢？目前国际通用的食品安全风险分析框架包括风险评估、风险管理和风险沟通。就恒天然事件而言，恰恰是在这三个层面，一错再错且层层失守。

风险评估通常由专家完成，是一项纯科学工作，要求放之四海而皆准。从恒天然公布的情况看，问题首先出在风险评估上。目前确认的生孢梭菌，实际上是不产生毒素的肉毒杆菌分离菌，它和肉毒杆菌在外形十分相似且极为罕见，通过显微镜检测难以分辨。恒天然最初委任一家研究机构来进行独立第三方检验，该机构是新西兰仅有的两家有肉毒杆菌检验能力的机构之一。而正是这家机构的检测结果出现误判，认为存在肉毒杆菌。

一个细微的差错，恐怕就成为乌龙的源头，给消费者信心和企业声誉带来不小影响。这提示我们，科学结论的信度和效度在食品安全风险评估中是第一位的。除第三方检验机构外，具备信息优势的企业自身应主动扮演第一检测员的角色。对于事关重大的结论，还有必要加入复核和确认程序，由多家机构反复验证。在此基础上，监管部门需要从多方面掌握动态信息，就如同做流行病学调查一样，防范系统性风险。

带着有瑕疵的风险评估结果，事件走到了风险管理环节。风险管理是政府行为，监管部门基于专家的科学结论做出决策，可以是修订法律、完善标准、召回食品甚或关停企业。

2013 年 8 月 2 日，恒天然将信息通报新西兰初级产业部。从政府最初的反应看，态度坚决、措辞强硬，表现出负责任政府的形象。但从“事后诸葛亮”的角度看，多少有些反应过度。理想的政府监管措施是分层级的，首先是发布消费警示，其次是产品下架、封存，再次才是责令召回，最后是行政处罚、吊销执照直至刑事责任等。

回头来看，从新西兰政府最初措辞强硬的表态和对恒天然采取的严厉举措，有未审先判之嫌。尽管从保护消费者安全的角度来说这些做法无可厚非，但一个有趣的问题是，监管者为什么会这么做呢?

理论和实践均表明，决定监管绩效的主要因素有两方面，一是监管能力，二是机构自主性。能力容易理解，所谓自主性，美国食品药品监督管理局的一名官员曾告诉笔者，“并不是因为我们总是正确所以才有权威，而是因为我们有权威所以总是正确。”这便是对自主性的通俗阐释。当自主性不足时，监管部门很难将自身使命贯彻到政策的制定与执行中，或被企业“俘获”，或被政治家掌控，或成为民粹主义的牺牲品。而机构要提升自主性须具备若干条件，首先要有单一且坚定的政策目标，其次是与目标相匹配的职权，最后就是机构要嵌入被监管领域以形成对行政相对人的威慑。有迹象表明，新西兰政府此番决策受到之前多起乳制品质量事件影响，也受到来自国内选情的压力，试图挽回声誉，以至于做出过度反应。

在略显武断的风险管理之后，风险沟通同样没有做到位。风险沟通是把风险评估的结果和风险管理的决策告知媒体、公众、社会组织等对象，并实现沟通对话。在早期风险分析框架中，风险评估、管理和交流三部分呈“品”字形构架，各部分相对独立地运行，风险沟通主要起辅助作用。渐渐地，学界认识到风险沟通活动应当贯穿风险分析全过程。

新西兰政府在收到恒天然的信息后，就向各国监管部门通报并昭告天下，这导致恒天然及其下游多家企业瞬间陷入被动局面。因为在全球风险治理的大背景下，信息共享与交流甚至比风险本身来得重要。就食品安全而言，目前政府之间的信息通报和监管协调机制做得较好，但跨国食品企业之间尚缺乏相互交流和沟通，这从达能、雅培等企业事后的仓促反馈便可见一斑。

风险沟通中另一个值得关注的主体是消费者。经济社会发展到一定阶段会有个现象，即群体性安全焦虑与个体性风险漠视并存。人们一方面乐于坐享大工业生产的成果，另一方面却不愿花时间承担相伴而生的风险。所以，不妨以恒天然事件为契机，系统地反思和改革我国食品安全风险沟通体系，培养一种理性的消费心态。① 接下来的问题是，恒天然乌龙事件对中国乳业发展的启示意义何在呢?

（二）中国乳业如何在危机中复兴

食品安全包括宏观战略和微观质量两个层面，前者关注数量，后者侧重质量安全和营养，两者在一定条件下相互影响。事实上，除食品外，药品、医疗器械、饮用水等健康类产品莫不如此。可见，食品产业不仅具有经济属性，更有着深刻的政治意义。从理论上说，食品安全问题缘于市场失灵，政府监管就是要纠正这种失灵，监管是市场机制有效运行的补充而非替代。除了政府监管外，产业政策同样可起到调解市场的作用。

正是在这样的理念指导下，发达国家从来就没有把食品产业作为普通竞争性行业对待，而是同时注重产业发展和产品质量。例如，英国在关系国计民生的行业中大量引入公私合营模式，国家通过与社会组织和企业的良性互动保持对经济社会发展的控制力。作为东亚发展型国家的典型，日本产业政策部门的高官与大型食品药品企业高管之间实行交互任职，这样可以充分引导产业而不是放任市场无序发展。而恒天然集团的前身之一，就是新西兰政府乳品出口生产控制局。恒天然以合作社的形式存在，股份由占全国90%的奶农共同拥有，在国民经济中扮演举足轻重的

① 胡颖廉：《谁酿成了恒天然乌龙事件?》，载于《南方周末》2013年9月5日。

角色，以至于在事件发生之初，新西兰总理表示不排除亲自赴华解释肉毒杆菌事件的可能性。

乳业是中国食品产业的缩影，承载过国人对美好生活的向往，也用三鹿牌婴幼儿奶粉事件等食品安全丑闻消耗着民众宝贵的信心。过去我国乳业呈现困境，主要原因正在于产业结构失调和监督执法不严两方面。特别是，薄弱的监管体系在“多、小、散、低”的产业基础面前显得力不从心。过去，有观点认为市场机制能自动解决产业发展和产品质量问题，事实证明低水平重复建设会让整个行业陷入恶性循环。

当乳制品安全受到越来越严重的威胁时，决策者终于下决心用产业政策与监管政策同步发力也就是“又建又打”的思路，来重振消费者对国产乳制品的信心。

所谓“建”，就是通过提高软硬技术水平，严格行业准入，用行政手段强力淘汰一批不符合现代企业制度的落后企业。例如几年前质检部门借鉴21世纪初我国药品监管的成功经验，用乳制品企业生产许可条件重新审核关停上千家企业，有力地促进了行业洗牌。2013年，新组建不久的国家食品药品监督管理总局强力推出婴幼儿配方乳粉许可条件审查细则，目的也在于凝聚全社会共识，促进企业优化重组，进一步优化产业结构。

至于“打”，则是对过去重行政许可轻事后监管理念的纠正，用日常监管落实最严格的食品药品安全监管法律制度，而不是将希望寄托在“一次性监管”的资格审查上。换言之，有了准入证还不够，一个缺乏正常退出机制的监管体系是不完整的，因此必须还要有准出机制，一视同仁地对待国内外企业。

一建一打的目的是扶正祛邪，让中国乳业走上健康发展的轨道。有了这样的历史纵深感和宏大视野，我们认为中国乳业正迎来复兴的良好时机。事实也证明，全国乳制品抽检合格率在2014年、2015年、2016年连创新高。衷心期待这条复兴之路离我们渐行渐近，这是供给侧结构性改革的题中之意，更是舌尖上的“中国梦”。[①]

三、猪肉质量安全监管的困局

猪肉是食品安全监管的重点品种。然而，我国猪肉质量安全形势却不容乐观。2013 年 4 月以来，媒体接连曝光了一系列猪肉质量安全事件。针对严峻形势，国务院连续召开会议，强调要建立最严格的食品安全监管制度，严厉打击肉类产品掺假售假等违法违规行为。

猪肉监管主要涉及畜牧、商务、质监、工商、食药和公安等部门，是典型的“多龙治水”。在养殖环节，畜牧部门负责生猪饲料管理和疫病防治。猪肉批发商向养殖户收购生猪，工商部门负责核发猪肉批发商的营业执照，并管理交易过程中的合同纠纷。生猪出栏时须接受产地检疫，畜牧部门在大型养殖场派驻工作人员，同时在各乡镇定点接受散户报检。检疫合格后，畜牧部门签发《产地检疫合格证》，猪肉批发商将收购的生猪统一委托定点屠宰场待宰。大型养殖场通常不经批发商，直接将生猪运往屠宰场待宰。

2013 年机构改革前，商务部门是生猪屠宰的行业管理和监督管理部门。屠宰场负责检查核对每头进场生猪的合格证，并抽检生猪尿样，检测瘦肉精等是否超标，之后对生猪进行 8 小时健康状况观察。此时下游猪肉销售商与批发商进行交易。生猪宰杀完毕后，驻场的动物卫生监督工作人员进行产品检疫，合格后在胴体上盖验讫印章。所有猪肉须获得动物卫生监督所签发的《动物检疫合格证》和屠宰场出具的《肉品品质检验合格证》，方可

① 胡颖廉：《中国乳业复兴　眼下是最佳时机》，载于《东方早报》2013 年 8 月 8 日。

上市销售。

到了消费环节，质监、工商和食药部门通过索证索票和查验台账，分别监管肉类生产加工企业、农贸市场的猪肉摊贩以及餐饮服务单位，以确保肉品质量安全。在上述链条中，公安部门负责依法打击相关犯罪行为，如非法添加瘦肉精、私屠滥宰以及生产、销售有毒有害猪肉等。

然而，现实不如制度设计那样完美。根据职能定位，畜牧部门对猪肉质量安全和产业发展有着极大关切，担当“一手托两边”的双重角色。在基层，县级设动物卫生监督所和畜牧技术推广中心，从事动物检验检疫和增产增收；乡镇畜牧兽医站则是县级畜牧部门的派出机构，负责行政区域内畜牧业生产和畜禽疫病防控。出于关注产业发展的惯性，畜牧部门将主要精力投入到规模以上养殖场的发展。

至于产品质量问题，笔者访谈的多位畜牧局局长表达出“发展中出现的问题要靠发展来解决”的观念，实际上是放任态度，既忽视了规模养殖场的后续质量管理，又没有精力顾及违法行为高发的小农散养户。财政拨款只能保障基层畜牧站的人员工资，更多工作经费需自筹。由于产地检疫收费有10%的返还，收费和发证就成为畜牧站的主要监管手段，甚至委托没有专业资质的协检员。原本合格才发证的制度设计，异化为交费即发证的政策实际，产地检疫很大程度上形同虚设。

到了屠宰环节，商务部门维持着一种“低水平均衡”。商务部门从2008年开始组建综合行政执法队伍，目前全系统仅有执法人员万余人，算下来，平均4个基层单位才有1名执法队员。而私屠点大多隐蔽在城乡接合部等区域。不法分子租赁企业厂房和农民自建房充当私宰点，并配以灶、锅、刀、水和电等简单生产要素，投资成本极低。由于个别基层群众自治组织与其存在租金等利益关联，商务部门的执法行动不易获得基层支持，只能依靠举报等方式获取有限信息，执法难度较大。由此，商务部门倾向维持一种低水平的均衡：只要不出现严重食品安全问题，便可默认私宰现象局部存在。在长期博弈中，不法商贩似乎也摸清了商务部门的行为规律，选择病害情况较轻的生猪收购和私宰，以不致引发重大食品安全事件。

质监、工商和食药部门负责猪肉消费环节的监管，它们面临技术手段的限制。如果说养殖环节主要依靠发证进行管理，则消费环节的主要监管手段是验证。由于技术手段欠缺，基层执法人员的主要手段局限于索证索票、核对台账及查看包装等土办法。靠薄弱的监管基础设施，根本无法判断猪肉是否添加了瘦肉精或掺杂了其他肉品，监管人员在执法过程中主要凭肉品的色泽和触摸手感，判断其是否为注水肉或病害肉。尽管各地逐步配备了快检箱等设备，但快速检测结果只能用于定性，不具法律效力，也无法进行监督抽检和风险监测等高技术含量工作。而检疫合格证本身存在诸多瑕疵，索证索票基本失去作用，给监督检查带来很大难度。

可见，尽管决策者强调要实行最严格的监管，但每个环节的监管者都因分殊化的原因而无法落实工作。整个监管链条中，该管的不想管，想管的无力管，能管的管不好。发证部门寄望于下游验证部门的严格执法，验证部门则默认发证部门已从源头上把好质量安全关。静态且单一的发证、验证手段，与动态且多元的猪肉质量安全风险形成鲜明冲突。理应层层把关的监管链条，在实践中异化为层层推诿和失守的困局。

由于猪肉质量具有“从农田到餐桌”的全生命周期性，任一环节的漏洞都会影响上下游产品质量安全。而监管意愿、能力和行动的系统性缺失，最终导致监管绩效不佳。因消费环节的食品安全问题往往引起决策者和舆论关注，故监管者倾向于采取更能见成效的猪肉质量专项整治行动，力图迅速拿出成绩向上交差，而缺乏动力投入无害化处理等见效慢的长效机制建设，于是出现“整治—反弹—再整治—再反弹”的循环。

2013年国务院机构改革，将商务部的生猪定点屠宰监督管理职责划入农业部，行业管理职能依然留在商务部。由此可预见，猪肉质量监管体制将来还会维持分段格局，监管能力和技术支撑等“瓶颈”也很难在短时间内突破。于是，在既定框架下进行政策创新就显得十分重要。

对此，笔者提出变分段式监管链条为立体监管体系的设想，实现源头治理、动态监管和应急处置有机结合。在源头上要落实养殖户管理畜产品质量的主体责任，同时让基层畜牧站真正恢复公益地位，杜绝交费即发证的情况。各部门要及时互通信息，加大打击收购病害猪和私屠滥宰的力度。在应急时，监管部门要与公安部门完善行政执法和刑事司法的衔接机制，通过重判一批危害猪肉质量安全犯罪分子，震慑犯罪行为。①

四、走私冻肉事件的反思和治理

2015年，有关走私冻肉的话题引起社会广泛关注，媒体上充斥着关于“僵尸肉”的讨论。如何完善走私冻肉治理对策和走私冻肉治理体系，进一步提升食品安全保障水平，成为亟待解决的问题。

（一）我国走私冻肉现状

第一，规模较大但底数不清。走私冻肉是指原产地在境外，未经过我国监管部门正常检验检疫进入国内市场的冷冻肉品，包括冻牛肉、冻鸡翅、冻牛猪副产品等，其中以冻牛肉为主。我国当时只允许从澳大利亚、新西兰、加拿大、乌拉圭、阿根廷、哥斯达黎加、巴西7个国家进口肉品，除此之外的进口肉品都可归

① 胡颖廉：《“问题猪肉”的监管困局》，载于《东方早报》2013年5月22日。

为走私肉。由于缺乏权威统计数据，各方对于走私冻肉的规模莫衷一是。来自中国食品土畜进出口商会的数据显示，2013 年巴西、印度和美国分别向中国出口了 43 万吨、47 万吨和 9 万吨牛肉。海关总署于 2015 年 6 月在全国 14 个省份统一组织开展打击冻品走私专项查缉抓捕行动，成功打掉专业走私冻品犯罪团伙 21 个，初步估计全案涉及走私冻品货值超过 30 亿元人民币共计 10 万余吨。2017 年浙江宁波侦破某特大走私冻肉案，涉嫌走私的冻品达 1 400 吨。[①] 综合上述资料，我国每年走私冻肉规模较大。

第二，走私方式隐蔽且多样。国际走私冻肉产业链分为陆路和水路两大类。不法分子综合考虑地理位置、货物周转、关税等因素，主要通过中国香港和越南入境走私冻肉。近年来，中国香港已成为巴西牛肉主要出口地之一，其自由港身份进一步降低货物成本，大量肉品通过香港进入广东。不法分子惯用的手段是从某国正常进口 10 吨肉品同时走私 90 吨，而在整个 100 吨肉品的报关和检验检疫过程中使用正常进口的 10 吨产品的手续，从而做到表面合法。而从越南至广西、云南走私冻肉的不法分子则采取蚂蚁搬家式的“游击战术”：用成百辆小车分散装载冻肉，通过边境运输到监管能力较低的城市，积少成多后再用卡车发往全国。

第三，食品安全和产业安全双重危害。大规模走私冻肉带来的危害是双重的。一方面，未经检验检疫的冷冻肉品通过走私渠道进入国内市场，严重危害公众健康；另一方面，低价肉品倾销和疫病传入危害我国畜牧产业安全。当前我国冻肉检测技术和标准主要针对肉类的感官、微生物等指标。由于走私冻肉进入国内时没有经过检验检疫，其质量安全缺乏保障，可能携带禽流感、口蹄疫、疯牛病等病毒，也存在过期、变质等情况。加之食品追溯体系尚不健全，消费者根本无从分辨冻肉来源和安全状况，增

---

① 方列：《宁波侦破特大走私冻肉案　涉嫌走私的冻品达 1400 吨》，新华网，2017 年 7 月 14 日，http：//news. xinhuanet. com/legal/2017 -07/14/c_1121319430. htm。

加了感染疫病和食源性疾病的风险。与此同时，大量低价走私肉通过价格传导机制已对国内牛羊肉产业造成冲击，导致牛羊存栏量逐年下降。

（二）走私冻肉产生的制度成因分析

市场失衡是根本原因。统计显示，近年来我国居民人均肉类年消费量约从 30 公斤增长到 60 公斤，人们对牛肉等高品质肉类需求增长尤其快。然而国内畜牧业存在“多、小、散、低”的结构性缺陷，肉品产量较低，供应远远不能满足市场需求。与此同时，印度等占据世界肉品出口总量前列的国家均因被列入动物疫区，无法正常向我国出口。内外双重原因导致国内肉品市场一直处于供需严重失衡状态。

监管体系是重要因素。在现行体制下，我国国内食用农产品质量安全、食品安全分别由农业部门和食品药品监管部门负责，进出口食品质量安全由进出口检验检疫部门监管。这种“内外有别”的体制导致非法走私冻肉处于监管中间地带：既不属于国内食品，也不属于合法进口食品。加之海关、商务、工商等部门在打击走私综合治理中都扮演一定角色，监管体系极为复杂。实践中，走私冻肉的定性并不清晰，导致部门间职责边界模糊，推诿扯皮现象较多，最终往往由地方政府承担起组织协调职责。然而由于法律和政策的障碍，政府无法通过正常渠道拍卖查获的走私冻肉，同时储存、销毁赃物都需要花费巨额资金。这是一个需要研究的问题。

利益驱动是直接诱因。在严重失衡的市场结构下，国内外肉品价格差距巨大。2013 年国内猪肉价格是美国同期的 1.79 倍、欧洲的 1.48 倍。近年来国内牛肉批发价维持在每公斤 50 元上下，而来自巴西、印度、美国等地的走私牛肉到岸成本不超过每公斤 30 元。与此同时，合法进口肉品的税率是 12% 的关税加 17% 的增值税，进口需要经过安检和检疫程序，冻肉保鲜等各项费用比较高，走私冻肉不需要这些程序。价格悬殊诱发了机会主义行为：走私1吨冻牛肉可获利2万~3万元。每个标准集装箱（俗称柜）可装载25吨，走私1柜冻牛肉可以获利50万~70万元。因为巨大的利差诱惑，一些餐饮单位也参与到走私行为中。作为冻肉使用的终端，餐饮业对低价走私肉的巨大需求进一步固化了非法利益链条。①

（三）利用市场机制和行政力量治理走私冻肉

一方面是发展壮大国内肉品产业。治理走私冻肉绝不能一味采取末端打击和封堵方式，而要从战略高度来看待，关键是平衡市场供需。要提升肉品市场供给，无外乎增加自产和扩大进口两种方式。当前国内畜牧业生产方式粗放，养殖成本高且产量低，短期内市场结构无法自发调整和优化。发达国家经验表明，产业政策对于培育和引导农业畜牧业具有重要意义。然而我国肉品产业政策主要偏向于生猪养殖，肉牛、肉羊产业的政策倾斜较少，补贴也主要集中在兴建牧场和冻精补贴方面。要最大程度发挥产业政策的正面作用，可以扩大母牛补贴政策试点，从源头上保护养殖户积极性。在此基础上，可研究拓展肉类进口渠道，扩大肉类进口数量的可行性。

另一方面要提升监管有效性。从性质上说，走私冻肉行为可分为两大类：一类是肉品存在疫病或在走私过程中因冷链不稳定而导致污染变质，这类事件应定性为食品安全问题；另一类是肉品本身不存在质量安全隐患，但破坏了市场经济秩序。对不同质量安全状况的走私冻肉区分定性，能够让后续监管更有针对性。2015年10月1日开始施行的新《食品安全法》规定，进口食品进入国内流通后由食品药品监管部门负责监管。尽管如此，有关进口食品是否包括非法入境的走私食品，食药监管、海关、公安

---

① 胡颖廉：《完善走私冻肉治理体系》，载于《学习时报》2015年8月20日。

职责边界等问题依然存有争议，因此建议在新法实施条例和相关司法解释中加以明确。同时探讨查获走私冻肉后进行拍卖、利用等“疏通”渠道，从而调动地方政府打击走私冻肉的积极性。

五、明胶事件2.0版：强化监管更要引导共治

2014年3月，“问题明胶”再次成为央视“3·15晚会”的主角，这多少让人感到意外，并最终演变成明胶事件2.0版。根据浙江、福建、青岛等地食药监管部门发布的权威信息，所涉企业均未被发现明显违法违规行为。从皮料中提取明胶是一个复杂的理化反应过程，由于是提取有用成分而非直接制作，所以不适用《食品安全法》禁止生产经营用非食品原料生产的食品的条款。然而，事件还是引起了社会广泛关注，人们对“问题明胶”的危害、食用和药用明胶标准、监管有效性提出了诸多疑问，值得我们深入思考。

（一）监管链条源头失守和监管空白

首先需要明确，2012年“铬超标胶囊”事件是用工业明胶加工药用胶囊，产品重金属铬含量超标。2014年事件中产品本身经检验合格，只不过食药明胶原料因经过化学产品处理具有潜在卫生和安全隐患。因此，两个事件存在根本差异。事实上，理想的食药明胶原料是健康动物的新鲜皮和骨，经过一系列生产加工过程变成明胶。然而理应层层把关的监管链条，在源头就失守了。我国年产食用明胶约3万吨，但国内新鲜皮产量远远不能满足需求，加之鲜皮价格较高，企业客观上无法全部使用鲜皮。由于基层畜牧部门无害化处理能力滞后，加之走私冻肉的存在，大量未经检疫的甚或病死猪牛皮进入制革厂。现行法律并未明确制革厂的监管主体，其通常只需符合环保排污标准即可生产，属于

监管空白地带。因为随意丢弃废弃经过工业盐、石灰、硫化碱等脱毛脱脂处理的边角皮料会遭到严厉处罚，而将其出售能获得经济收益，制革厂就有内生动力向下游明胶生产企业供货。

明胶分为工业、照相、食用和药用四类。2013 年机构改革前，工业、照相和食用明胶都归质监部门监管，其向明胶生产企业颁发《工业产品生产许可证》，并将食用明胶作为食品添加剂。按照现行国家有关规定，食用明胶必须符合《食品安全国家标准　食品添加剂使用标准》（GB2760 - 2011），该标准对食用明胶适用食品种类和使用量有明确规定。然而工业产品生产许可目录极为庞杂，质监部门几乎没有精力开展日常监管，只是采取静态的资质许可并配以数量有限的抽检。加之明胶企业往往同时获得工业明胶和食用明胶生产许可，监管中要严格区分两者的原料、流水线、工艺和销售渠道存在难度。

2013 年机构改革后，食用明胶和药用明胶统一划归食药部门监管。药用胶囊是药品辅料，《中国药典》规定生产药用胶囊所用的原料明胶至少应达到食用明胶标准，具体标准由各省自行确定。而作为原料的药用明胶属于轻工产品，2005 年颁布的《药用明胶国家轻工行业标准》规定，用于生产明胶的原料不应来自于经有害物处理过的加工厂。国家食品药品监管局在 2006 年颁布了《药用辅料生产质量管理规范》，对胶囊生产企业提出了许多具体要求，遗憾并未强制推行。针对 2012 年“铬超标胶囊”事件，国家食品药品监管局也专门发布了《加强药用辅料监督管理的有关规定》，试图以此加强监管。

（二）监管的边界在哪里

根据现代监管理论，监管可以使风险无限降低，但并不意味着零风险。标准主要针对规范化生产的产品，几乎所有精确理化检测都是靶向性的，首先需要知道可能有什么才能去检什么，譬如说铬。现实中，技术手段显然无法涵盖所有基于利益驱动的违法添加或不法商贩的恶意隐瞒。相类似的，政府监管的边界是产品安全有效和生产经营行为质量可控。换言之监管部门在穷尽了突击抽检、原料进货查验、索证索票等传统管理方法，以及标准、风险评估和检验检测等现代化监管手段后，客观上对潜在风险已无能为力。①

由于企业在与监管者的博弈中占据明显信息优势，当其行为性质从正常生产经营活动变成违法犯罪时，若不通过侦查手段是很难被发现的，所以要纳入刑事司法范畴，即通常所说的行刑衔接。这也可以解释为什么拥有专业调查素养的央视记者花了整整两年时间，才基本摸清“问题明胶”的非法利益链条。此番事件中，上游制革厂已涉嫌违反两高《关于办理危害食品安全刑事案件适用法律若问题的解释》。但实践中更多是用行政监管替代刑事司法职能，有关部门无奈地担负起不可承受之重。

（三）行业自律和企业责任的不足

若监管漏洞不是主因，此番事件的焦点何在？我们注意到，食用明胶企业之所以堂而皇之地使用脱毛后鞣制前的边角皮料且不被查处，正是依据了2005年通过的《食品添加剂明胶生产企业卫生规范》。尽管其明确了相关卫生要求，但由于实际监管空白，脱毛过程中混入了许多有毒有害物质。一个本该引领行业自律的规范，居然成为行业“潜规则”的始作俑者。与之相关的是，明胶企业在生产经营中并没有履行民法上的注意义务——明知边角皮料不符合基本的卫生规范还用于生产食药明胶，其行为甚至涉嫌违反《食品安全法》。

欧美发达国家经验表明，监管部门一方面要做好动态的过程监管，另一方面用严刑峻法倒逼企业主动把好上下游产品质量关，将监管外压转换为企业提升效益的内生动力。面对复杂的食

① 胡颖廉：《食品安全当“社会共治”》，载于《人民日报》2014年3月19日。

品药品安全问题，我们在期望政府提高监管有效性的同时，或许还需要有新思路。有道是解铃还须系铃人，“问题明胶”的本质是市场失灵而非监管失灵。因此要让企业主动担负起首负责任，让行业协会引导自律，让良性市场机制发挥决定作用，这才是社会共治的题中之义。

第六章

食品安全战略和规划

导读： 党和政府的一切工作都是为了人民的利益，柴米油盐的安全就是人民的突出愿望。“十三五”时期是全面建成小康社会的决胜阶段，要求食品安全保障水平有本质提升。党的十八届五中全会首次提出，推进健康中国建设，实施食品安全战略，形成严密高效、社会共治的食品安全治理体系，让人民群众吃得放心。可见除了政府监管外，还应积极发挥市场机制和社会监督的作用。只有以改革为动力，以法治为保障，才能从根本上提升食品安全治理水平，为全面建设小康社会夯实基础。战略是一定历史时期指导全局的方略。本章首先探讨国家食品安全战略的基本框架，作为“十三五”时期和中长期我国食品安全工作的纲领性文件，食品安全战略必将产生深远影响。接着从产业、监管和制度相互关系的角度，提出划分食品安全监管功能区的设想，从而优化监管布局。然后围绕《“十三五”国家食品安全规划》，分析从传统监管向现代治理转变的原则和理念。在此基础上，研究系统归纳习近平总书记系列重要讲话中关于食品安全的重要论述，作为本书的主旨和纲领。

一、构建国家食品安全战略基本框架：使命、结构和行动

食品安全关系群众身体健康，关系中华民族未来。[1] 根据世界卫生组织的定义，食品安全战略是国家针对特定时期主要食品安全问题采取行动的一致性框架。[2] 我国学界对这一新事物的认知依然处于探索阶段，因此研究食品安全战略具有现实和理论双重意义。本节将结合国内外文献、实践和跨学科理论，构建"使命—结构—行动"分析框架。根据势、道、术的逻辑架构，首先分析我国食品安全面临的形势和挑战，接着从理念定位、治理主体两个层面阐述食品安全战略的基本内涵，进而提出食品安全战略的具体行动方案。

（一）食品安全战略的理论和经验

本书开篇便指出，食品安全大概念体系包括粮食数量安全、食品质量安全、食物营养安全三个层次，三者分别是基础、枢纽和目标的关系。现代国家既有责任保障粮食供应满足消费者需求，又要防止食品中有毒有害物质影响人体健康，还要引导科学消费和营养饮食。经验表明，粮食安全与食品安全在特定发展阶段存在冲突，营养安全则从需求终端影响食品安全。可见，食品安全融合了公众健康、产业利益、科技创新、社会稳定等多重价值，内涵极为复杂。正因为如此，食品安全战略的模式也多种多样。

---

① 《习近平总书记系列重要讲话读本》，人民出版社 2014 年版。

② WHO. *Advancing Food Safety Initiatives Strategic*: *Plan for Food Safety Including Foodborne Zoonoses* 2013 – 2022. Geneva: World Health Organization, 2014.

1. 食品安全战略国际比较。

正因为如此，国际上对于如何从战略层面和国家行为高度保障食品安全尚未达成共识，归纳而言有三类模式。

一是风险分析模式。此类模式将食品安全尤其是食源性疾病作为核心，根据国际通行的风险分析框架[①]，提倡从风险评估、风险管理、风险沟通三方面降低食品全生命周期风险。美国是这一模式的代表。早在克林顿政府时期，美国卫生部、农业部、环境保护署就成立了总统食品安全委员会（President's Council on Food Safety）。根据该委员会决议，美国食品药品监督管理局在2007年制订了“食品保护计划”（Food Protection Plan），提出国家食品供应保护体系的三类要素：源头预防食品安全问题，有效干预食品供应链高风险环节，提高应急反应能力。保护计划还有四项交叉原则：一是利用科学和现代技术体系；二是锁定目标，将风险降低到最小；三是区分应对无意污染和蓄意污染；四是重点关注产品从生产到消费的全生命周期风险。[②]

二是整体安全模式。这类模式假设数量、质量、营养三大安全是层层递进且相互关联的，因此以整体治理理论（Holistic Governance Theory）为依据，主张综合提升食品供应能力、食品安全保障水平和食物营养程度。例如著名杂志《经济学人》（*The Economist*）从2013年起推出“全球粮食安全指数”（Global Food Security Index），包括可承受性、可及性、质量和安全性三大维度，通过动态基准模型综合评估各国情况。其中质量和安全维度进一步细分为饮食多样性、营养标准、微量营养素可及性、蛋白质质量、食品安全五方面共11个定性和定量指标。[③] 该模式

---

① FAO/WHO. *Risk Management and Food Safety*. Rome：Joint FAO/WHO Consultation，1997.

② Acheson David. *Ongoing Efforts to Enhance Food Safety*. http：//www. fda. gov/newsevents/testimony/ucm096475. htm，2008－06－12.

③ The Economist. *Global Food Security Index* 2015，http：//www. eiu. com/public/topical_report. aspx？ campaignid＝FoodSecurity2015.

获得一些国际组织认同，与之类似的还有联合国世界粮食计划署和英国梅波克洛夫风险评估公司每年联合发布的“粮食安全风险指数”（Food Security Risk Index），从粮食供应的充足性和稳定性、国民营养和健康状况、监管基础设施等方面测量一国粮食安全风险程度。又如日本“食育推进基本计划”强调统筹厚生劳动省、农林水产省等部门监管职能，提升国民营养水平。

三是合作治理模式。一些欧盟国家具有法团主义传统，提倡将社会中的组织化利益联合到国家的决策结构中，强调公共事务治理中的多元参与。针对内部市场发展和对外贸易客观需要，欧盟食品安全局（EFSA）在2002年成立时就明确其战略思想：消费者有权获得食品安全信息，生产经营者对食品安全负责，各国政府建立全链条追溯体系并开展风险分析，欧盟则通过法规、标准统一食品安全体系[①]，从而构建起“个人—企业—政府—超国家”的多层级治理模式。

尽管三类模式对食品安全战略的表述不一且特征各异，如表6－1所示，但我们依然可以提炼出其共性：一是把食品安全作为国家甚至超国家行动，高位推进改革；二是以风险为核心并以科学为基础，强调多元主体和多样手段在食品安全治理体系中的一致性，而不仅仅关注政府监管职能；三是将顶层宏观战略和即时行动方案有机结合。

表6－1　　　　食品安全战略模式的国际比较

模式	风险分析型	整体安全型	合作治理型
例证	食品保护计划（FPP）	全球粮食安全指数（GFSI）	食品安全战略思想
提出者	美国食品药品监督管理局	《经济学人》杂志	欧盟食品安全局

① 杨志花：《欧盟食品安全战略分析》，载于《世界标准化与质量管理》2008年第4期，第55～57页。

续表

模式	风险分析型	整体安全型	合作治理型
目标	降低食品全生命周期风险	提升食品供应能力和安全保障水平	强化产业竞争力并增强消费者信心
要素	源头预防，过程干预，应急反应	粮食安全，食品安全，营养安全	责任明晰，全链条追溯，信息公开

资料来源：作者整理。

2. 国内食品安全战略研究进展。

除2003年卫生部为响应世界卫生组织号召发布的《食品安全行动计划》外，我国尚未有食品安全战略的官方文本和政策实践，学术界围绕此话题进行了积极探索，同样可分为若干模式。

一是多方协作模式。如陈锡文、邓楠、韩俊等较早提出我国食品安全战略构想，从监管国际经验、支持体系、全过程控制、主要种类食品安全、技术性贸易壁垒等角度进行了系统研究，提出食品安全的战略目标以及中长期发展思路。① 与之类似的是，国务院发展研究中心课题组的基本思路是以科学为基础提升食品产业竞争力和监管能力，坚持全过程、预防、可追溯、透明等原则，从科技支撑、管理体制等13个方面入手，提高公众健康水平。②

二是监管主导模式。如孙宝国、周应恒围绕食品安全监管提出策略框架，分析了我国食品安全工作存在的监管缺位、失范、低效三大问题，指明了食品安全监管制度调整的思路，在此基础上分别提出监管体制、机制、手段体系的改革建议。③

三是技术支撑模式。如旭日干、庞国芳领衔的中国工程院课

① 陈锡文、邓楠、韩俊等：《中国食品安全战略研究》，化学工业出版社2004年版。

② 国务院发展研究中心课题组：《中国食品安全战略研究》，载于《农业质量标准》2005年第1期，第4～7页。

③ 孙国芳、周应恒：《中国食品安全监管策略研究》，科学出版社2014年版。

题组提出了国家食品安全中长期规划发展路线图，根据“战略目标—基本原则—战略措施—保障体系”逻辑框架，旨在提高风险发现能力，落实预防为主策略，促进监管关口前移，实现可持续发展。该研究尤其强调国家食品安全重大科技战略的重要性。①

应当承认，上述文献为下一步食品安全战略研究提供了有益启示。为了突破传统线性监管思维，构建层次更丰富、要素边界更清晰的战略体系，我们需要一个综合、严谨、精细的框架。

（二）“使命—结构—行动”分析框架

从学理上说，战略具有基础性、全局性、前瞻性三大特征。基础性是组织基本架构和主体权责关系，全局性是系统各要素间关联网络，前瞻性是对规律和未来发展方向的把握。国家战略一般以政府公共部门为主体，引入企业、非政府组织、消费者等参与方，通过若干子系统和政策措施以实现预设目标。研究表明，价值定位、治理结构、运作管理共同组成公共部门战略管理分析框架。② 因此我们选取战略管理、组织理论和公共政策三个学理维度，构建综合理论框架。

竞争战略之父波特（Michael Porter）认为，战略管理是组织确定使命并根据外部环境和内部要素实现使命的动态过程。③ 组织理论则关注体系架构、权责关系、分工协作等结构性问题。美国著名学者钱德勒（Alfred Chandler）提出，战略决定结构，结构紧跟战略。④ 这一论述将战略目标与组织结构联系在一起。公共政策研究更为广泛，其中政策执行是政策主体通过特定组织形式，

---

① 旭日干、庞国芳：《中国食品安全现状、问题及对策战略研究》，科学出版社2015年版。

② Moore M. *Creating Public Values*: *Strategic Management in Government*（*Revised ed. Edition*）. Cambridge：Harvard University Press，1995.

③ ［美］迈克尔·波特著，陈小悦译：《竞争战略》，华夏出版社2005年版。

④ Chandler A. *Strategy and Structure*：*Chapters in the History of the American Industrial Enterprises*. Cambridge：MIT Press，1962.

采取相应措施达到政策目标的过程，实现从意愿到能力的转变。

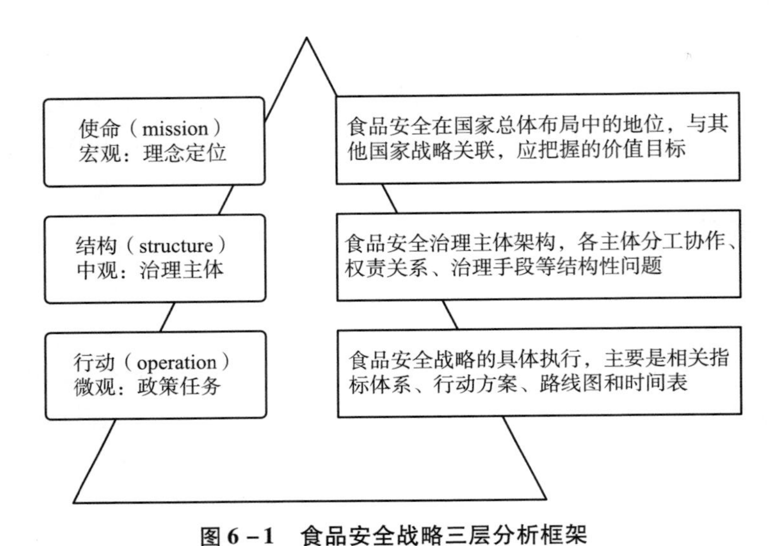

图 6－1　食品安全战略三层分析框架

资料来源：作者自制。

我们把食品安全战略看作国家在特定历史阶段为实现目标的制度体系和政策任务，构建“使命—结构—行动”分析框架，如图 6－1 所示，将其自上而下具体化为宏观、中观、微观三个层次。其中，使命是食品安全在国家总体布局中的理念定位，回答“治理什么”的命题；结构是参与食品安全战略的治理主体，回答“谁来治理”的命题；行动是为实现食品安全战略使命的具体政策任务，回答“如何治理”的命题。

该分析框架与政策实践高度契合。2015 年《中共中央关于制定国民经济和社会发展第十三个五年规划的建议》有关食品安全的论述就包括上述三个逻辑层次：第一层次是“实施食品安全战略”，将食品安全提升到国家行动的高度；第二层次“形成严密高效、社会共治的食品安全治理体系”是对治理主体的要求，将市场和社会与政府监管相并列，协同推进食品安全治理现代化；第三层次是“让人民群众吃得放心”，政策落脚到共享发展和健康中国，需要具体行动来落实。

（三）战略视角下的我国食品安全基本矛盾

战略研究首先要求全面、客观分析我国食品安全形势和矛盾。习近平总书记强调，食品安全是“产”出来的，也是“管”出来的。这一论述表明食品安全状况受多元因素影响，观察视角也需要多样化。接下来我们从消费水平、产业素质、监管能力、城乡差异等方面入手，分析当前食品安全的形势和挑战。

1. 时间维度：需求和供给的关系。

需求和供给是市场基本关系，也是食品安全战略的经济基础。国际经验表明，食品安全风险受消费水平影响，高水平的需求决定高质量的供给。由于稳定的时间序列数据不可获得，单个国家数据也缺乏代表性，研究基于不同国家和地区经济社会发展水平差异，用时间横截面数据替代。通过引入权威统计数据，分析 2014 年全球 73 个主要国家和地区恩格尔系数（食品支出占消费支出总额比例）和食品质量安全状况得分，将数据标准化处理后进行对数回归，除极个别异常值外，两者呈显著负相关关系，如图 6－2 所示。在近百年发展历程中，发达国家食品安全问题依次经历了假冒伪劣、化学污染、新型风险三个阶段，食品安全总体状况随消费水平提高不断好转。现阶段发达国家恩格尔系数普遍在 15% 以下，与之相对应的食品安全得分多在 80 分以上。由此可见，食品安全与经济发展水平存在阶段性关联。

2015 年我国居民恩格尔系数为 30.6%，2016 年略微降低到 30.1%[①]，欠发达地区、低收入群体尤其是贫困户的系数更高。

---

① 中华人民共和国国家统计局：《2016 年国民经济和社会发展统计公报》，国家统计局网站，2017 年 2 月 28 日，http：//www.stats.gov.cn/tjsj/zxfb/201702/t20170228_1467424.html。

由于整体消费水平偏低，低端市场的广泛存在给低水平供给提供空间，甚至诱发生产经营者机会主义行为。经济社会高速转型决定了不同类型食品安全问题被压缩在狭窄的时空范围内，病原微生物污染、农药兽药滥用、重金属污染、非法添加和掺杂使假等问题并存。根据前述《经济学人》杂志的数据，2015 年我国食品安全状况得分仅为 69.3 分。供需两侧乏力导致食品市场结构不优，我国正处于食品安全风险易发期，这一特定阶段难以在短时间内逾越。

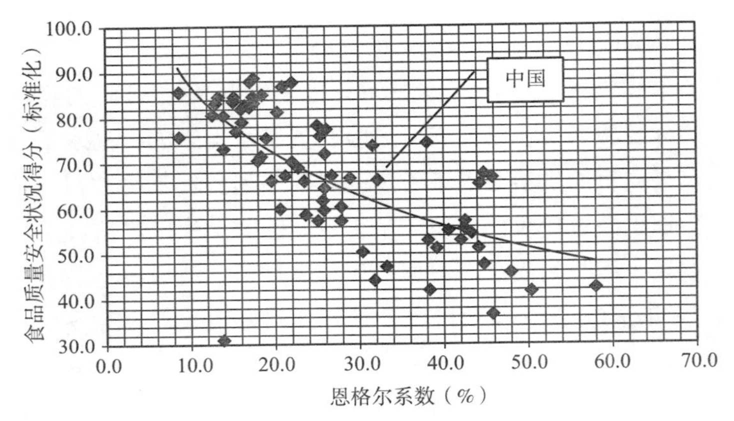

图 6－2　2014 年全球 73 个主要国家（地区）消费水平与食品安全状况相关性

资料来源：美国农业部网站，http：//www. ers. usda. gov/data-products/food-expenditures. aspx；英国经济学人杂志网站，http：//foodsecurityindex. eiu. com/Resources。对数拟合优度（R^2）为 0. 497，置信区间为 99%。

2. 结构维度：产业和监管的关系。

中国是个美食国度，也是食品产业大国。如前文所述，全国居民日均消费食品 40 亿斤，各类菜名 19 000 多种。2015 年规模以上食品工业企业主营业务收入 11. 34 万亿元，占全国工业总产值比重 10% 以上，成为国内第一大工业行业和国民经济重要支柱产业。然而与发达国家集中生产和有序流通的食品供应体系相比，我国食品产业基础薄弱，表现为产业结构“多、小、散、低”，集约化程度不高，生产经营者诚信意识和守法意识淡薄。①全国通过危害分析和关键控制点认证的企业仅占规模以上食品企业的 10.44%。产业素质不高是我国食品安全基础薄弱的最大制约因素。

监管和产业不是相对立的，强大的产业和强大的监管互为支撑。欧美国家食品产业发展离不开专业化监管队伍和强大监管能力。如上文所述，2013 财年美国食品药品监督管理局实有雇员 14 648 人，其中不少为拥有博士学位的专家，其直接监管的食品生产经营企业仅 5 万多家。英国食品标准署（FSA）以及地方环境和卫生部门（EHO）的食品安全检查员要在大学经过 4 年正规学习方可上岗，监管全国 50 多万家食品生产经营企业。② 反观我国，食品药品监管人员编制长期在 10 万左右，而各类有证的食品药品生产经营主体数以百千万计，监管人员和监管对象比例严重失衡。在监管资源硬约束下，静态审批替代动态检查成为主要监管手段，行业“潜规则”难以被发现。2013 年机构改革后，人均监管任务大幅增加，同时专业技术人员比例下降，如表 6－2 所示。食品大产业和弱监管的结构性矛盾日益凸显，阻碍了产业基础优化和监管效能提升。

表 6－2　2013 年机构改革前后我国食品药品监管结构对比情况

	2012 年底	2015 年 11 月
人员编制（人）	103 597 *	265 895 **
监管对象总量（万家）	274.7040 *	1 230.2594 **

① 邵明立：《食品药品监管　人的生命安全始终至高无上》，载于《人民日报》2009 年 3 月 2 日。

② Food standards Agency. *Food Hygiene Ratings*. http：//ratings.food.gov.uk/enhanced-search/en－GB/%5E/%5E/Relevance/0/%5E/%5E/1/1/10，2016－01－18.

续表

	2012 年底	2015 年 11 月
人均监管数量（家）	27	46
占全国总人口比例（‱）	0.765	1.934
专业技术人员占比（%）	65 ***	50 ***

资料来源：* 国家食品药品监督管理局《2012 年度统计年报》，其中监管对象类型包括餐饮、药品、保健食品、化妆品；** 国家食品药品监督管理总局《2015 年度食品药品监管统计年报》，其中监管对象类型包括全部食品药品生产经营者；*** 国家食品药品监督管理总局《关于落实国务院电视电话会议精神进一步完善食品药品监管体制机制的报告》。经作者整理。

3. 空间维度：农村和城市的关系。

我国现有 2 亿多农民散户从事种植养殖，监管难度极大，农户违法成本低，市场机制失灵。全国每年消耗大量农药、化肥和农业塑料薄膜，如表 6－3 所示，粗放的农业生产模式导致化学污染成为当前食品安全的最大风险。据统计，2012～2015 年 31 个省会城市 146 种水果蔬菜农药检出率为 54%～96.9%。食品产业是“从农田到餐桌”的链条，食用农产品源头治理压力加大必然传递到下游生产加工、流通消费各环节。然而根据现行机构设置，上述工作分别由农业、国土、环保、食药监管部门负责，其往往以自身职能为出发点设置政策议程，政策缺乏互补性和一致性。

与此同时，我国常住人口城镇化率已超过 50%，随着城市流动人口增多，“生人社会”容易滋生恶意利益驱动行为，发生问题的概率随之增加。加之互联网（社交媒体）食品经营、海外代购、跨境电商等新业态不断涌现，食品新技术和供应链条日趋复杂，食品安全风险在城市聚集。政府为回应消费者诉求加大监管力度，城乡间监管投入愈加不均等，制售“问题食品”行为转而流向监管能力薄弱的农村。“不设防的农村，高风险的城市”形成恶性循环。

表 6－3　　当前我国农业化学投入品情况

	中国总量	全球占比（估算）
农药消费	32 万吨	1/5
化肥施用	6 000 万吨	1/3
农业塑料薄膜使用	250 万吨（大量小于 0.008 毫米）	1/4

资料来源：张桃林：《农业面源污染防治工作有关情况》，中国政府网，2015 年 4 月 14 日，http：//www.gov.cn/xinwen/zb_xwb60/。

（四）食品安全战略的理论内涵

那么如何理解食品安全战略的理论内涵，这是研究接下来要探讨的命题。在国家战略框架下，食品安全已不再是单个部门的工作，而要留出制度接口，嵌入“五位一体”总布局和全面建成小康社会的历史进程，与其他国家战略共同形成内容衔接且功能耦合的制度闭环，用整体治理提升改革红利。从这个意义上说，食品安全战略需要有宏大的视野。

1. 使命：“共享、绿色、创新”三大理念定位。

党的十八届五中全会提出“创新、协调、绿色、开放、共享”五大发展新理念，其中创新、绿色、共享与食品安全关联尤为密切。研究以中发、国发文件为分析样本，梳理了党的十八大前后与食品安全（或公共安全、农产品质量安全）直接相关的重要表述，将其分类纳入各发展理念，以此提出食品安全战略使命和定位（见表 6－4），具体包括三个方面。

表 6－4　　国家发展总布局视角下的食品安全

理念	战略任务	与食品安全关联	关键点
共享	健康中国建设	工作定位	增进民众健康福祉
	脱贫攻坚	消费结构	提升低收入群体营养水平
	社会治理创新	社会共治	精细化治理

续表

理念	战略任务	与食品安全关联	关键点
绿色	生态文明建设	源头治污	净化农产品产地
	农业现代化和新型城镇化	供给模式	农业生产模式集约化、规模化
创新	经济结构调整	产业基础	食品产业供给侧结构性改革
	政府职能转变	监管效能	简政放权、加强监管、优化服务

资料来源：《中共中央关于制定国民经济和社会发展第十三个五年规划的建议》《中共中央国务院关于打赢脱贫攻坚战的决定》《中共中央国务院关于加强和创新社会治理的意见》《中共中央国务院关于加快推进生态文明建设的意见》《中共中央国务院关于落实发展新理念加快农业现代化实现全面小康目标的若干意见》《国家新型城镇化规划（2014～2020年）》《国务院关于深入推进新型城镇化建设的若干意见》《国务院机构改革和职能转变方案（2013年）》。材料经作者整理。

一是全民共享食品安全基本公共服务，优化供需结构。在“十一五”和“十二五”期间，食品安全被作为社会治理创新和公共安全体系的重要内容，其工作定位是防范食品安全突发事件，通过严肃问责的负向激励守住不发生系统性、区域性食品安全问题的底线。一些地方实行食品安全工作倒扣分制，其本身在政绩考核中不占分，若出现食品安全事件则扣分甚至一票否决。这种责任机制表面上具有震慑力，实际上“不出事”的底线思维诱导政府监管部门变通或抵触，难以调动其忠诚执行法规政策的积极性。

没有全民健康就没有全面小康，共建共享是中国特色社会主义的本质要求。“十三五”规划将食品安全工作范式从保障安全底线转变为增进健康福祉，并最终立足于共享发展。因此食品安全工作不仅仅是应对突发事件，还要管控产业源头风险，改善城乡居民尤其是低收入群体消费结构和营养水平，通过科学饮食防治慢性疾病。这就要求政府坚持以人民为中心发展理念，像过去解决温饱问题一样，让全民共享食品安全基本公共服务。一是强化食品安全党政同责，借鉴“省长管米袋子”“市长管菜篮子”经验，用最严肃的问责落实属地责任。同时可考虑将各级党委政府农村工作会议调整为农村和食品安全工作会议，加强政策衔接。二是将食品安全与地方政府和监管部门官员职务晋升相兼容，通过政绩考核的正向激励引导其主动作为，用上限思维将工作“做出彩”。三是实现基本监管服务均等化，科学测算监管资源需求并建立财政投入和增长机制，避免连片贫困地区出现食品安全风险洼地。

二是将食品安全嵌入绿色发展，形成城乡间良性循环。绿色是食品安全的基本条件，广义的绿色表现在生态环境、生产模式和生活空间三方面。首先是分类治理农业污染。农产品主产区要实行农业优先绩效评价，净化产地生态环境，尽量减少工业化对农产品质量安全的影响；发达地区尤其是大城市以输入型食品安全风险为主，可探索向输出地进行食品安全生态环境补偿；其他地区应协调好三次产业间关系。其次是推进农业现代化。现代物流的崛起和出口市场的拓展，正在倒逼农业生产模式向“餐桌到农田”转变。应当以消费者需求为引导，推进农业生产模式集约化、规模化，将小农户融入协作式供应链，提升农业产业集中度，从源头提升农产品质量安全。最后是以新型城镇化解决农民市民化问题，通过农民扎根城市实现农村土地流转，从根本上改变传统农户分散经营模式。同样重要的是，在城镇化进程中提前规划农贸市场、食品工业园区、餐饮聚集区等空间布局，以提升产业整体素质。

三是创新推动监管升级和产业转型，破解产管矛盾。创新是引领发展和监管的第一动力，其核心是实现产业发展和产品安全相兼容，体现在三个方面。首先是创新监管模式，提升监管效能。食药监管部门要跳出发证、检查、处罚的固有思维，改变将大量精力用于行政许可的状况，通过简政放权释放事中事后监管资源。建立监管信息和市场主体信用“双公开”，监管人员和监管对象“双随机”的监管方式。探索食品安全可追溯体系、强制责任保险、第三方检验检测等市场嵌入型监管手段。其次是创新市场制度，打造食品安全产业，推动供给侧结构性改革。食品安全是民生工程也是发展工程，正如绿色转型催生了庞大的环保产业和生态经济，我们同样需要科学评估食品安全产业蕴含的市场效益。同时以“双创”为契机，推动以创新、资本为核心要素的食品产业供给侧结构性改革，通过优化产业结构和提升产业素质激发生产经营者尚德守法的内生动力。最后是创新治理技术，发挥第三方平台、社交媒体等食品新业态优势，实现食品交易信息网上留痕和产品可追溯，推动产业发展与技术进步相融合。利用“互联网+”、大数据等新型手段建立食品安全立体防控体系。建立国家食品安全大数据平台，挖掘风险监测、日常监管、投诉举报、执法稽查、网络舆情等大数据背后的隐形问题，实现智慧监管。

2. 结构：“市场、政府、社会”三类治理主体。

治理主体是食品安全战略的实施者。国家治理现代化强调改革的系统性、整体性、协同性，食品安全战略制度设计应当统筹各主体间关系。研究根据“市场、政府、社会”三类治理主体和事前、事中、事后三段治理环节，归纳出食品安全治理体系，如表6－5所示。

表6－5　　食品安全治理体系一览

	市场机制	政府监管	社会共治
资质资格	市场准入（标准、认证、商业责任保险）	行政审批（备案、许可证、目录管理）	社会认知（信用体系、科普宣传）
行为规范	激励调节（资本市场调节、产业政策）	日常监管（风险监测、信息公开、随机抽查、过程控制）	社会监督（投诉举报、媒体曝光、行业引导）
责任承担	行业惩戒（“黑名单”、质量保证基金）	行政处罚（警告、罚款、吊证）刑事责任	社会惩处（公益诉讼、惩罚性赔偿）

资料来源：作者整理。

第一，食品安全首先是生产出来的，企业要承担起主体责任。监管是政府依据一定规则对市场主体行为进行的引导和限制，其本质是对市场的矫正而非替代。理想的食品安全治理体系，应该将各方面激励和约束集中到生产经营者行为上，将食品安全与生产经营者“身家性命”相捆绑，从而使优胜劣汰的市场机制起决定作用。与发达国家从自由市场到监管型国家的变迁路径不同，我国是在市场和社会尚未发育的前提下建立现代监管体系，“反向制度演进”使得市场未能有效发挥作用。强调市场机制并不是否定监管的作用，而是克服“委托—代理”式传统线性监管弊端，让监管回归到其本原状态。通过强化食品产业基础，发挥信息公开、第三方参与、成本干预等市场手段的作用。

第二，食品安全要实行最严格的监管，政府负责查找和防治风险。明确各级政府监管事权划分，转变“权责同构”的组织体系，防止监管职责层层推诿。中央负责法规标准、监管体制和企业生产经营行为规范等食品安全治理基础性制度建设，建立国家食品安全基础信息数据库。省级集中负责食品生产企业行政许可和日常监管，并查处重大食品安全违法行为。市县两级要落实属地管理责任，实现“有责任、有岗位、有人员、有手段”，重点对食品经营企业开展日常检查、抽检和监管。乡镇基层要将食品安全纳入社会治理综合治理网格，定格、定责、定人，聘请协管员、信息员负责网格内食品安全巡查，防止食品安全在第一线失守。

第三，食品安全更需要治理，全社会要构建共治共享网络。食品安全具有最广泛的命运共同体，其风险多样性决定了治理主体多元化。应当以社会治理精细化为指导，建立企业自律、政府监管、社会协同、公众参与和法治保障的社会共治格局，优化风险沟通、贡献奖励、典型示范、科普教育、第三方参与等社会共治机制[①]，构建包容性共治体系，让每个人自发地维护食品安全。现阶段要重点推广大众参与式科普，建立生产经营者市场信用记录，引导社会力量开展第三方巡查、检验检测等工作。需要说明的是，划分各主体间边界的原则有三点：与企业效益兼容的都由市场解决，普通消费者可以自行判断的交给社会，必须依靠公权力介入的才留给政府。[②]

（五）食品安全战略行动方案建议

战略需要顶层设计、行动方案、路径过程的有机结合。在分析其理论内涵的基础上，建议制定食品安全战略行动方案。根据“基础—载体—支撑—目标”的逻辑思路，研究再次运用德尔菲法调查了多名业内专家对食品安全战略的划分维度和具体测量方法。在此基础上，从食品安全治理基础设施建设、监管体制改革、产业健康发展、保障水平提升等方面构建食品安全战略核心指标体系，如表6－6所示。指标体系主要用于对接国际经验并进行跨国比较，测量我国食品安全战略实施进度，评估各地食品安全工作绩效。

表6－6　　　　食品安全战略核心指标体系

项目	指标	测量方法
食品安全治理基础设施建设（基础）	学习发展能力	食品（食用农产品）安全标准国际采标率
	获取信号能力	食品生产企业追溯体系覆盖率
	识别风险能力	每千人食品安全抽检批次
食品安全监管体制改革（载体）	机构设置	是否独立设置食品药品监管机构
	人力资源	每万人口食品安全职业检查员数量
	激励约束机制	是否建立食品安全综合责任体系
	监管资源	区域性监管功能区划分数

① 袁杰、徐景和：《中华人民共和国食品安全法释义》，中国民主法制出版社2015年版。

② 胡颖廉：《国家食品安全战略基本框架》，载于《中国软科学》2016年第9期，第18～27页。

续表

项目	指标	测量方法
食品产业健康发展（支撑）	农产品供应水平	农业产业集中度
	食品工业竞争力	食品工业产值与农产品产量之比
	食品生产经营企业质量管理水平	良好行为规范推行率以及危害分析和关键控制点认证率
食品安全保障水平提升（目标）	社会诉求回应	食品安全投诉举报办结率
	监管有效性	监管人员人均查处食品案件数量
	人民群众吃得放心	消费者食品安全满意度评分

资料来源：作者整理。

1. 基础：食品安全治理基础设施。

完备的基础设施是食品安全战略的基本要求，通过增强治理能力防范食品安全系统性风险和持续提升保障水平。根据《1997年世界发展报告》对政府能力的经典定义，我们将食品安全治理基础设施分为学习发展、获取信号、识别风险三个方面，选取不同指标分别对应上述要素。

一是食品（食用农产品）安全标准与国际基本接轨，不断更新监管基准。在成熟市场经济中，科学标准是商业行为起点和政府决策基础。与发达国家相比，我国食品安全标准限量指标数量和配套检验方法都存在较大差距，采用国际标准和国外先进标准的比例偏低，间接带来三鹿牌婴幼儿奶粉事件等一系列系统性风险。因此完善标准是最重要的基础设施，应强调风险分析和预防意识，以食品（食用农产品）安全国际采标率进行测量。二是基本健全食品安全追溯体系和信息平台。《食品安全法》明确划分了食品安全追溯工作职责：国家确立全程追溯制度，政府部门建立协作机制并提供公共服务，企业承担追溯体系建设的主体责任。该项指标用食品生产企业追溯体系覆盖率来衡量。三是实现监督抽检制度化，强化问题发现能力。鼓励地方以国家食品安全城市创建为契机，建立食品安全监管财政投入保障机制和增长机制，提高每千人食品安全抽检批次，逐步实现重点企业、高风险产品监督抽检全覆盖。

2. 载体：食品安全监管体制。

体制是国家机关机构设置、人员编制和权责关系等组织制度的总称，本质上是一种行政资源配置方式。食品安全重在监管，因此监管体制成为食品安全战略的载体，也是各级党委政府落实食品安全责任的抓手。完善统一权威高效的监管体制，需要从监管机构设置模式、职业检查员队伍、综合责任体系、监管派出机构等方面着手。

一是完善统一权威的食品药品监管机构。2013 年机构改革后，许多地方将工商行政、质量监督、食药监管等部门成建制整合为市场监督管理局，出现食品安全监管资源增加但监管能力削弱并存的局面。[①] 要真正释放机构改革红利，应当根据中央精神独立设置食药监管机构。综合设置市场监管机构的地方，要将食品安全监管作为综合执法首要职责。同时学习环保部门经验，鼓励各地试点食品安全监管省以下垂直管理体制，解决市场分割和地方保护问题。二是建立职业检查员制度。食品安全监管是技术性行政管理工作，要求监管者具备较高业务素质。食品产业供给侧结构性改革给监管者专业能力提出更高要求。国家已出台《专业技术类公务员管理规定（试行）》和《行政执法类公务员管理规定（试行）》。可参照法官、检察官的做法，建立职业化检查员队伍，实行检查员专业职级与行政职务并行。依据每万人口食品安全职业检查员数量评估监管人力资源，通过薪酬、晋升制度改革激励检查员提升专业监管技能。三是建立科学的食品安全综合责任体系。划分地方政府领导责任、监管部门责任、行业部门责任、企业主体责任的边界，以是否建立食品安全综合责任体系

① 袁端端：《市场局横空出世　食药改革何去何从》，载于《南方周末》2014 年 8 月 29 日。

的虚拟变量测量激励约束机制的科学性。四是分区域科学配置监管资源。我国城乡间、区域间经济社会发展存在巨大差异，决定了食品安全风险主要类型不同。可根据产业发展与监管资源的匹配程度并结合“一带一路”、三大经济发展区域，将全国划分为若干监管功能区，通过设置区域性监管派出机构协调跨区域监管事务和办理重大案件。

3. 支撑：食品产业健康发展。

发展与安全相兼容才是食品安全的“源头活水”，因此产业竞争力成为食品安全战略的支撑和内在要求。政府要通过监管政策和产业政策打造优胜劣汰的市场环境，实现农产品种植养殖、食品生产加工、食品经营（流通、餐饮）全产业链条素质整体提升。

一是提高农产品供应水平。加强产地环境保护和源头治理，实行严格的农业投入品使用管理制度。推广高效低毒低残留农药，实施兽用抗菌药治理行动。继续推进农业标准化示范区、园艺作物标准园、标准化规模养殖场（小区）、水产健康养殖场建设。这一指标用区域内农业产业集中度来衡量。二是提升食品工业竞争力。发挥产业政策的激励作用，创建优质农产品和食品品牌。尤其要建立统一的食品生产经营者征信系统，研究和推进将食品安全信用评价结果与行业准入、融资信贷、税收、用地审批等挂钩，充分发挥其他领域对食品安全失信行为的制约作用。国际上通常用食品工业产值与农产品产量之比来测量一个地区食品工业竞争力，本研究遵循这一方法。三是全面提高食品企业质量管理水平。传统监管过分依赖市场准入门槛和产品限量标准，忽视生产经营过程中的操作规范。可借鉴药品质量管理规范的经验，规模以上食品生产企业普遍推行良好行为规范以及危害分析和关键控制点认证，实现从政府为企业背书转变为企业为自己负责。以上述规范推行率和认证率测量食品生产经营行为是否可度量、可检查。

4. 目标：食品安全保障水平。

食品安全战略的目标是提升食品安全保障水平，这也是食品安全工作的落脚点和根本评判标准。在宏观层面，需要制定战略路线图和时间表，确保制度短期、中期、长期的连续性和一致性：到2020年也就是“十三五”末期，形成严密高效、社会共治的食品安全治理体系，人民群众食品安全满意度显著提升；到2030年，食品安全状况达到中等发达国家水平；到2050年，实现食品安全治理现代化，为中华民族伟大复兴中国梦奠定基本物质基础。

据了解，国务院食品安全办正会同各成员单位抓紧编制国家食品安全中长期战略规划，明确发展目标、重大任务，从源头性、基础性、制度性问题入手，推进“餐桌污染治理”，建设食品放心工程。食品安全战略计划重点推进内容包括建立健全法规标准体系；确立统一权威的监管体制，优化中央与地方监管事权；严格落实生产经营企业主体责任；实施从农田到餐桌全过程最严格的监管制度，强化基层产品抽样检验和全过程检查；落实最严厉的处罚，对违法犯罪行为严肃追究法律责任；构建有力的科技支撑体系；建立专业化、职业化的检查员队伍；实现全面社会共治；实施耕地污染治理工程；筑牢食品安全的产业基础，加强农业和食品产业现代化。力争通过5～15年的努力，基本形成与全面小康社会相适应的食品安全治理体系和治理能力，进一步提升食品安全保障水平。

与此同时，农业部也在编制《全国农产品质量安全提升规划》，全面提升农产品质量安全治理能力和保障水平。商务部会同有关部门编制《“十三五”国家重要产品追溯体系发展规划》，围绕食用农产品、食品等重要产品，加快建设覆盖全国、先进适用的全程追溯体系。卫生计生委印发《食品安全标准、监测与评估“十三五”规划》（2016年11月），编制《国民营养计划》，着力加强食品安全基础性建设。科技部编制《“十三五”食品药品安全科技创新专项规划》，针对食品药品生产和监管的关键科技需求，围绕食品药品安全全链条各环节，在食品药品监测检测、风险评估、溯源预警、全程控制的基础研究、集成示范及平台建设等方面进行部署。[①]

在微观层面，应改变单纯追求监督抽检合格率等静态指标的思路，从主客观两方面引入动态结果性标准，科学测量食品安全状况。根据政府、市场、社会三方关系，实现三项目标：首先社会诉求及时得到监管部门回应，其次监管部门以问题导向对生产经营者开展有效监管，最终让人民群众吃得放心。上述指标分别用食品安全投诉举报办结率、监管人员人均查处食品案件数量以及专业第三方机构开展的消费者食品安全满意度评分来测量。需要说明的是，目前的指标体系只涉及食品安全战略框架核心要素，详细的体系架构和次级指标选取另述之。

归纳而言，本研究力求跳出安全看安全，超越监管谈监管，拓展食品安全战略的视野和深度。构建“使命—结构—行动”框架，分析我国食品安全领域基本矛盾。首先是将食品安全嵌入国家治理现代化的宏观背景，探讨五大发展新理念对食品安全的辐射作用。其次是从政府、市场、社会关系视角阐述食品安全战略的主体及其关联，构建多元化治理体系。最后提出食品安全战略行动的核心指标体系。总之，只有牢记增进人民群众健康福祉的初心，才能持续推动我国食品安全工作从传统监管向现代治理转型。

二、产业、监管和制度：食品安全监管区域布局

监管资源区域布局是食品安全监管体制改革的重要内容。长

① 毕井泉：《国务院关于研究处理食品安全法执法检查报告及审议意见情况的反馈报告——2016 年 12 月 23 日在第十二届全国人民代表大会常务委员会第二十五次会议上》，中国人大网，2016 年 12 月 23 日，http：//www. npc. gov. cn/npc/xinwen/2016 - 12/23/content_2004587. htm。

期以来，各部门分段监管和属地分级负责的监管体制是制约我国食品安全保障水平的重要因素。2013 年 3 月国务院机构改革横向整合了工商、质监、食药监等部门食品安全监管职责，将监管资源向乡镇基层纵向延伸，取得了一定成效。然而机构改革以来，我国食品安全形势依然严峻。一方面，制售地沟油、病死猪肉等食品违法犯罪频发，并且呈现网络化、高科技、隐蔽性等新特征。另一方面，食品安全风险越来越具有区域性和系统性，2014 年 7 月爆发的过期肉事件以及近年来媒体接连曝光的养殖业滥用抗生素事件都是明证。

党的十八届四中全会《中共中央关于全面推进依法治国若干重大问题的决定》提出，深化行政执法体制改革，推进各级政府事权规范化、法律化，完善不同层级政府特别是中央和地方政府事权法律制度。决定专门强调，要重点在食品药品安全等领域内推行综合执法。因此，除了横向机构整合和纵向资源下沉外，我们还应科学划分和有效协调中央与地方监管事权，通过进一步改革监管体制来弥补现有体系不足。发达国家形成了地理区域、专项事务和产业分布三类布局模式。我国环保、国土和林业等部门也有监管派出（驻）机构实践。如何通过监管区域布局提升食品安全保障水平？本节将对这一命题加以解答。

（一）监管资源区域布局的国内外经验

食品安全风险具有流动性、全过程性和隐蔽性特征，食品安全监管属于高度专业化和技术化工作。发达国家普遍采取监管区域布局的做法，协调中央和地方政府监管职责，而不是将全部责任交给地方政府。1998 年行政体制改革后，我国一些部门实行省以下垂直管理，目的是打破地方保护，形成全国统一市场。随着形势的发展，国家从 2008 年起逐步将一些部门的垂直管理体制调整为属地分级负责。然而，现阶段地方各自为政的情况并不鲜见，保护主义也时有发生，完全由属地管理不利于防范风险区域性扩散。因此一些部门在地方尝试设置监管派出（驻）机构。

1. 地理区域、专项事务和产业分布：发达国家三类模式。

一是以美国为代表的地理区域模式。联邦食品药品监管局监管事务办公室根据地理区域设置若干派出机构，包括中部、东北部、东南部、西南部和太平洋区5个大区办公室（Regional Office），管理20个地区办公室（District Office）和近200个监督检查站（Domicile and field office）。地区办公室是派出机构的中坚力量，负责大量日常监督管理工作，包括产品审批、日常监管、投诉处理、案件调查等事务。各州、县和城市的地方卫生部门负责餐馆和杂货店日常监管。与之类似的还有加拿大食品检验局（CFIA），其在全国设置18个区域办公室和160个基层办公室。二是以日本为代表的专项派出模式。作为单一制国家，日本的监管体制包括中央和都、道、府、县等地方自治体两级。其在中央层面设立农林水产省消费安全局和厚生劳动省医药食品局，两个机构都有地方派出机构（日文称“支分部局”），分别负责农政、危害分析和关键控制点认证检查、进出口食品卫生等专项事务。例如日本全国共有58个食品质量检测机构，负责农产品和食品的监测、鉴定和评估，以及各地政府委托的市场准入和市场监督检验。地方监管部门则负责对辖区内食品营业设施实施许可、监督检查和案件调查。三是以澳大利亚、新西兰为代表的产业分布模式。作为农业和畜牧业大国，两国合作成立澳新食品标准局，其主要职责是制定食品安全标准并协调监管工作，并根据产业分布设置联络办公室和实验室，指导地方做好监管工作。标准执行和日常监督检查则由州或直辖区政府负责。

尽管各国国体不同且监管体制各异，但都对食品安全监管资源进行区域性布局。三类模式各有优势，地理区域模式调动联邦和地方政府两个积极性，有利于打击地方保护，但没有区分各地食品安全风险特征和监管重点。专项事务模式通过精细分工提升监管专业化水平，适合国土面积较小的国家。产业分布模式根据产业类型和规模合理配置监管资源，不足之处是监管执法容易受强大的商业利益干扰。各模式比较分析见表6－7。

表6－7　发达国家食品安全监管资源区域布局模式比较

类型	代表国家	中央（联邦）监管部门	监管体制	特征
地理区域模式	美国	食品药品监督管理局	分品种监管	调动联邦和地方政府两个积极性
专项事务模式	日本	农林水产省、厚生劳动省	分段监管	精细分工提升监管专业化水平
产业分布模式	澳大利亚、新西兰	澳新食品标准局	分层监管	根据产业类型和规模合理配置监管资源

资料来源：美国食品药品监督管理局网站（www. fda. gov），日本农林水产省网站（www. maff. go. jp），日本厚生劳动省网站（www. mhlw. go. jp），澳大利亚新西兰食品局网站（www. foodstandards. gov. au），经作者整理。

2. 监管派出（驻）机构的国内实践。

例如环境保护部以直属单位的形式在华北、西南等5个地理区域设置环境保护督查中心，其作为环保部派出机构，负责区域内的环境执法督查工作。又如国务院委托国土资源部组织实施国家土地督察制度，后者分别向北京、沈阳、广州、武汉等地派驻9个国家土地督察局，代表国家土地总督察监督检查省级和计划单列市区域内土地利用和管理情况。还如国家林业局向森林资源丰富的省份（如内蒙古）以及若干重要地区和城市（如大兴安岭、长春）派驻15个地方监督管理机构。此外，我国金融监管部门也普遍在各地设置派出机构。派出（驻）机构发挥承上启下的作用，其主要职责包括三方面：一是特定事项日常监督及行政执法督查，二是法规、政策、规划落实情况监督检查，三是跨行政区域事务和纠纷协调处理。各部门具体做法如表6－8所示。

表 6-8　我国政府部门设置派出（驻）机构情况

部门	派出（驻）机构	职责和性质	分布	管辖范围
环境保护部	环境保护督查中心（以区域命名）	环保部直属事业单位，受环保部委托，负责区域内的环境执法督查工作	华北、华东、华南、西北、西南	5~9 个省份
国土资源部	国家土地督察局（以城市命名）	根据国务院授权，代表国家土地总督察对地方土地利用和管理情况进行监督检查，为国土资源部行政机关	北京、上海、沈阳、南京、济南、广州、武汉、成都、西安	3~6 个省份和计划单列市
国家林业局	森林资源监督专员办事处（以省份或城市命名）	国家林业局派驻地方直属单位，监督地方森林资源和林政管理，促进森林资源持续增长	内蒙古、黑龙江、云南、大兴安岭、长春、成都、福州、西安、武汉、贵阳、广州、合肥、乌鲁木齐、上海、北京	1~4 个省份或地区

资料来源：环境保护部网站（www. zhb. gov. cn）、国土资源部网站（www. mlr. gov. cn）、国家林业局网站（www. forestry. gov. cn），经作者整理。

虽然国务院食品药品监管部门尚未设置派出机构，但一些地方食药监部门在区域层面建立了监管协作机制和打假联动机制。如京津冀食品药品安全监管合作协议、华东“7+1”食品药品监督稽查联防协作区、泛珠三角食品药品监管合作联席会议、中部六省省会城市食品药品稽查联席会议等。这些机制具体发挥互通信息、共享资源、协作调查、联合整治等作用，致力于防范区域性食品药品安全风险，但毕竟还停留在区域层面。因而有必要借鉴其他部门设置区域性派出机构的做法，根据产业状况、人口分布和行政区划，在各大区域合理设置食品安全监管派出机构。研究提出的核心命题是，什么样的监管区域布局有利于协同产业和监管关系，进而提升食品安全保障水平？

（二）监管政治学理论框架和指标模型

政府与市场关系是政治经济学永恒的命题。政府实施监管的目标是纠正市场失灵和社会失范，因此监管体制和政策杂糅了产业、社会和政治因素。具体到食品药品安全监管制度，其往往是商业利益、公众健康和政治意愿等因素动态演化的结果。[①] 我们不能仅仅用食品抽检合格率或食品违法犯罪案件查处数量等静态数据来描述特定区域食品安全状况，而要动态分析各因素关系。

1. 文献和指标体系。

学界对产业和监管关系的研究集中在两个层面。一类观点关注宏观因素，认为理想的食品药品监管必须建立在产业结构和社会联盟基础上。如欧洲著名学者马佐尼（Giandomenico Majone）将特定监管模式放到各国经济社会背景中考察，通过历史、比较等方法找寻背后的制度变量。[②] 监管政治学框架则分析民选官员、技术官僚、企业家和消费者等利益相关方基于理性决策相互博弈，共同推动社会监管体制演进。卡朋特用官僚自主性理论分析监管机构如何用政策网络和机构声誉促进医药监管政策创新，维护政策目标的一致性。另一类观点侧重微观机理，分析监管机构行为和能力对监管绩效的单向作用。如奥尔森用威慑力和遵守成本两大指标研究美国食品药品监督管理局如何让企业更守法。国内学者杜钢建从界定度、自主度、参与度、课责度、透明度、可预度、自由度和强硬度 8 个方面分 5 级对政府规制能力进行评

---

① Abraham, John. Distributing the Benefit of the Doubt: Scientists, Regulators, and Drug Safety. *Science, Technology & Human Values*, Vol. 19, No. 4: pp. 493 – 522.

② Majone, Giandomenico. From the Positive to the Regulatory State: Causes and Consequences of Changes in the Mode of Governance. *Journal of Public Policy*, Vol. 17, No. 2: pp. 139 – 167.

估，其主旨是政府应通过规制更好发挥市场机制作用。①

上述理论给我们诸多启示。监管体制改革就是让政府更加有效履行职能从而使市场更加有效发挥作用，即找到政府和市场关系的均衡点。食品安全监管资源区域布局旨在弥补现有体制弊端，提升食品安全保障水平。根据既有实践和理论，影响监管绩效的因素可以概括为“产业—监管—制度”分析框架：首先是产业发展程度高低，其决定了食品安全风险的类型、广度和严重性。其次是监管能力强弱，其直接关系到防范和应对食品安全风险的效能。最后是制度环境优劣，也就是监管所嵌入的政治、经济和社会等宏观制度背景，其影响监管体制和政策的实际运作。

我们运用德尔菲法调查了多名业内专家对监管资源与产业分布匹配情况的具体看法，受访专家认为：一是监管体制中纵向与横向权责分配，二是监管执法队伍中的人员规模和专业素质，三是监管能力中的信息获取、诉求回应、技术支撑水平，四是监管保障中的财力机制。在不区分权重的前提下，将产业发展和监管能力作为两大分析维度并细化为指标，同时以制度环境为参数。据此提出“食品安全监管区域划分指标体系”，如图6－3所示。

2. 变量和假设。

我们来具体解释指标含义和测量方式。第一个维度是产业发展程度，包括农业、食品生产和食品流通三个指标，三者在食品产业链条中环环相扣，分别对应了食品安全风险的类型、总量和分布密度。其中人口与农业总产值之比代表了当地食品风险类型，比值越高说明农产品更多由外地供应，输入型风险越大。规模以上食品工业主营业务收入占全国比重代表风险总量，假定生产环节食品安全风险发生概率是常数，产业总量越大风险频次也就越高。每平方公里食品流通企业数量则代表风险密度，数值越

① 杜钢建：《政府能力建设与规制能力评估》，载于《政治学研究》2000年第2期，第54～62页。

高说明监管对象分布越密集。

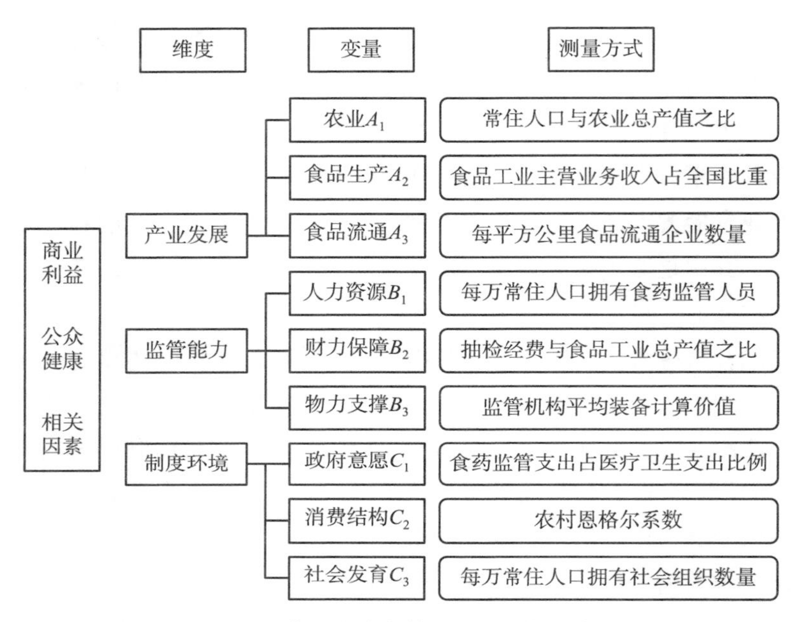

图 6－3　食品安全监管区域划分指标体系

第二个维度是监管能力，根据世界银行《2003 年世界发展报告》，政府机构现实能力主要包括人力、财力和物力三方面。[①]其中人力资源是所有监管执法工作的核心要素，用地区每万常住人口拥有食品药品监管人员编制数表示。财力保障用抽检经费与食品工业总产值之比来测量，比值越高说明监管部门发现风险和捕获信息的可能性越大。物力支撑包括车辆、快检箱等执法装备和检验检测仪器，用监管机构（包括机关和事业单位）平均装备计算价值来衡量，数值大小代表了技术水平高低。

第三个维度是制度环境，包括政府监管意愿、居民消费结构

① 世界银行：《2003 年世界发展报告：变革世界中的可持续发展》，中国财政经济出版社 2003 年版。

和社会发育程度，其分别对应政治、经济和社会宏观背景因素。食品药品监管支出隶属地方医疗卫生财政预算科目，在财政经费硬性约束下，这一比例越高说明地方政府对食品药品安全工作越重视。国内外经验表明，恩格尔系数越低则居民对食品质量安全的敏感度和需求越高。由于各地城镇恩格尔系数总体差异不大，我们用农村恩格尔系数表示消费结构对食品安全水平的基础性影响。社会发育程度用每万常住人口拥有社会组织数量来测量，数值越高说明实现食品安全社会共治的可能性越大。

以上述变量解释为基础，研究提出如下假设：

假设1：根据产业发展和监管能力划分监管区域，对应的食品安全风险存在类型化差异。

假设2：由于经济社会宏观因素具有关联性和扩散性，因此监管区域分布总体具有地理聚集性。

假设3：各监管区域资源需求不同，有必要采取分类指导和支持策略。

3. 模型和数据。

在查询各类统计年鉴和年报收集指标数据后，我们采用标准化方法处理数据，对各地产业发展程度、监管能力和制度环境进行评估，进而分析其相互组合关系。经过测量，最终得到样本数据 X_{ij}（$i=1$，2，…，31；$j=1$，2，…，9；其中 i 为样本数量即31个省份，j 为9个指标数量）。鉴于各指标数值的差异较大，且有些指标的判断方向不一致，因此有必要采取标准化处理。

设 S_{ij} 为样本数据的标准化得分，则有公式如下：

$$S_{ij} = \frac{X_{ij} - \overline{X_{ij}}}{\sigma_{ij}}$$

其中，X_{ij} 代表各省份某一指标平均值，σ_{ij} 表示标准差。得到样本标准化得分后，分别对产业发展程度、监管能力和制度环境的标准化得分求和，得到公式如下：

$$ID_{i,total} = S_{i,A_1-A_3}$$

$$RC_{i,total} = S_{i,B_1-B_3}$$
$$IE_{i,total} = S_{i,C_1-C_3}$$

其中，ID 表示产业发展程度，其测算体系包括 A_1 到 A_3 三个具体指标。RC 表示监管能力，包括 B_1 到 B_3 三个测量指标。IE 表示制度环境，指标是从 C_1 到 C_3。在对每个省份各维度指标作出标准化测算并求和后，得到表 6 – 9。

表 6 – 9　各省份食品安全监管区域指标体系得分（经标准化处理）

省份	产业发展	监管能力	制度环境	省份	产业发展	监管能力	制度环境
北京	2.96715	3.35686	0.03396	湖北	0.27591	-1.01012	0.92004
天津	1.22265	-1.64268	-1.15213	湖南	0.13064	-1.56743	-0.80671
河北	-0.65825	-1.03162	-1.125	广东	1.09828	0.19839	-0.46406
山西	-0.66214	0.75071	0.78625	广西	-1.04661	-0.66431	-0.71361
内蒙古	-1.48806	-0.65894	1.07113	海南	-2.04672	0.52548	-0.17884
辽宁	0.09659	-0.25957	1.85738	重庆	-0.75842	-0.31236	-1.47163
吉林	-0.79489	0.0999	0.53269	四川	0.07658	0.1723	-0.50328
黑龙江	-1.09322	-1.06558	-0.03889	贵州	-0.79337	-1.61235	-3.8151
上海	8.65944	4.71109	3.11515	云南	-1.00546	-0.67466	-2.16222
江苏	1.23446	-1.44361	3.90833	西藏	-1.20153	2.5506	-4.33467
浙江	0.30979	0.50027	5.11662	陕西	-1.14655	0.79335	2.04426
安徽	-0.1268	-1.89439	-2.53569	甘肃	-1.47101	2.05333	0.89372
福建	-0.52234	-2.09729	-0.73429	青海	-1.59388	3.75031	1.71953
江西	-0.67385	-2.0916	-3.21994	宁夏	-1.52584	0.84307	2.55248
山东	3.51518	-0.25538	0.26419	新疆	-2.11852	-0.14985	0.49677
河南	1.1408	-1.87393	-2.05643	null			

资料来源：《中国统计年鉴》（2014 年），《2013 年食品药品监督管理统计年度报告》（内部资料）。

以标准化得分为基础，我们根据产业发展程度和监管能力两个维度，将各省（自治区、直辖市）划分为四类食品安全监管区域，如表 6 – 10 所示。其中市场内生型区域的产业和监管得分均为正，制度得分也较高。主要是经济社会发展水平较高的沿海发达地区如北京、上海、浙江和广东，内陆地区四川也入选但得分明显较沿海发达地区低。外部驱动型区域的产业得分为负，监管得分为正，制度得分偏低。包括山西、吉林、海南、西藏、陕西、甘肃、青海、宁夏等地。监管缺位型区域的产业得分为正，监管得分为负，制度得分居中。主要是东部、中部的农业和食品工业大省，包括天津、辽宁、江苏、安徽、山东、河南、湖北、湖南 8 个省市，这些省市除天津外均为我国粮食主产省区。发展滞后型区域的产业和监管得分均为负，制度得分也较低。主要集中在经济社会欠发达地区尤其是革命老区、边疆和民族地区，如黑龙江、河北、内蒙古、福建、江西、广西、重庆、云南、贵州、新疆等。当然由于指标和数据本身的局限，这种划分是相对和动态的。

表 6－10　　　　食品安全监管区域类型划分

产业发展程度 / 监管能力	高	低
强	市场内生型	外部驱动型
弱	监管缺位型	发展滞后型

注：括号内为主要食品安全风险类型，资料为作者整理。

（三）食品安全监管区域特征分类比较

通过观察分析上述四类区域可发现三个特征。一是地理聚集效应。外部驱动型、监管缺位型和发展滞后型三类区域在地理位置上都具有明显相邻和扩散性，从而验证了假设 2。二是差异分布效应。尽管东中西部经济社会发展水平存在阶梯性差异，但食品安全监管区域划分并未完全遵循这一规律。东部沿海地区也有发展滞后型区域如天津，西部地区也有市场内生型区域如四川，东北三省则分别属于不同类型区域。三是总体偏低效应。全国 31 个省级行政区域中，市场内生型区域仅占 5 个，外部驱动型和监管缺位型区域各 8 个，发展滞后型区域共有 10 个，我国食品安全保障水平总体还远待提高。接下来我们具体分析比较各区域经济社会发展情况、食品安全风险特征和监管布局策略，并解释其中机理。

1. 市场内生型：产业和监管双强。

前文已引述美国食品药品监督管理局局长汉堡博士的观点——强大产业是强大监管的基础，强大监管通常催生强大产业。市场内生型区域大多处于高速工业化和新型城镇化进程中后期，其食品产业密集且社会组织发育充分，消费者也具备较多食品安全基本知识和维权意识。同时监管机构有完备的人员队伍和基础设施，应对食品安全风险能力较强。在这种情况下，监管机构能够有效嵌入产业基础并获得社会联盟支持，而产业和社会反过来协同监管，多方形成相互促进的良性互动。

然而由于城市扩张和人口密集，市场内生型区域的食品安全问题呈现大工业生产、输入型风险和利益驱动行为并存局面，同时新工艺、新业态和新品种带来的未知风险也开始出现。在各类风险扎堆出现的情况下，食品违法违规行为主要是产品质量缺陷、微生物污染、标准不符等内在问题。当生产经营者存在主观恶意时，有计划的传统监管方式通常不敌有组织的高技术违法犯罪，需要用专业化监管和创新手段防范关键风险点。典型案例是 2014 年发生在上海的过期肉事件，作为麦当劳、肯德基、必胜客等国际知名快餐连锁店的肉类供应商，该外资企业涉嫌长期使用过期变质原料生产加工食品，引发社会恐慌并可能危害公众健康。然而大型跨国企业拥有较高生产技术水平并掌握信息优势，不论是监管部门还是下游企业或是境外第三方检测机构，都未能及时发现涉事公司违法违规行为，监督执法和调查取证也存在诸多困难。

针对这些特征，国家应着力调动这类区域自发解决食品安全问题的积极性。提供跨区域监管协调、监管形势大数据、新型食品安全风险基础研究等地方层面无法供给的公共产品，而不是停留在单纯的财力和物力支持。与此同时，监管派出机构不宜过多介入地方监管工作，而是给予足够的政策创新空间，探索政府监管、市场机制和社会共治新手段。如建立食品药品违法犯罪侦查机构以提升监管威慑力，推行强制责任保险等市场机制，引入社会组织提供第三方监管服务。在积极推动政策创新的基础上，上级监管部门还要及时评估试点效果并适时推广。

2. 外部驱动型：产业薄弱而监管投入大。

监管是市场的补充而非替代，理想食品安全监管体系应建立在有效的市场机制上。受经济社会整体发展水平制约，外部驱动型区域监管工作历史欠账多，食品产业并不发达，恩格尔系数总体偏低且社会发育不足。然而其在新一轮食品药品监管体制改革中普遍采取较大力度，监管机构人力、财力和物力得分相对较高，同时还伴有诸多体制机制创新。如山西、甘肃通过从工商所、乡镇卫生院、计生服务中心等多家机构划转编制，充实基层监管派出机构；海南全省食品药品监管系统实行垂直管理，而全国其他地区均为属地分级负责；陕西将传统的分段监管模式改为分品种监管，具体分为肉制品及工业加工食品、乳制品及饮品、食品添加剂和调味品、餐饮服务、食用农产品流通、保健品等品种；宁夏则积极推进工商、质监和食药监机构“三合一”。归纳而言，上述区域食品安全缺乏深层次经济社会基础支撑，呈现外部监管拉动产业的单向作用。这种产业发展程度低但监管能力强的独特组合，使得食品安全风险具有特殊性。

与市场内生型区域的工业化风险不同，外部驱动型区域的食品安全问题主要表现为“无法、无良、无知”并存的个体违法违规行为，风险呈原子化分布在城乡基层。统计吉林等地市县两级近年食品安全行政执法案件情况，案由主要为假冒伪劣、无证无照、标签不符、超保质期、索证索票等面上问题。尽管地方政府出于不同动机为监管机构配备了较多人、财、物，但仅仅搭建起外部物理构架，监管工作本身依然停留在发证、巡查、罚款的传统手段。过分强调监管执法覆盖面和频率增加了企业成本，当市场和社会活力被抑制时，产业基础薄弱反过来制约监管工作，因此短期内监管能力难以转化为良好监管绩效。

提高外部驱动型区域食品安全保障水平的关键，是让政府监管和市场机制形成良性互动，用监管升级版适应产业发展。应强化产业基础和改善社会环境，通过放宽市场准入门槛和配以适度产业政策提高企业整体素质。引导地方政府建立监管财政投入保障和增长机制，在监管队伍规模扩大和装备改进的基础上，加强对事中事后监管的指导。要彻底革新传统手段和“运动式”整治方式，实施信息化、科学执法、风险管理等创新监管手段。

3. 监管缺位型：产业庞大但监管不足。

监管缺位型区域的食品产业规模庞大但产业结构“小、散、低”，生产经营者素质不高。与沿海发达城市相比，这些地区城乡恩格尔系数较高，消费结构不优导致人们对食品安全风险不敏感，社会共治格局尚未形成。加之地方财力约束了监管资源投入力度，食品安全监管能力不足。政府监管市场的目标包括秩序、安全和活力三方面，在产业尚不发达时，监管者倾向于保护企业利益。食品行业作为当地支柱产业对于税收和就业有着举足轻重影响，容易滋生地方保护主义。近年来有影响力的食品安全丑闻如瘦肉精事件、速生鸡事件、大米镉超标，分别发生在河南、山东、湖南等农业和食品工业大省，且问题多集中于初级农产品种植养殖环节，其背后普遍存在地方政府的作用。

与个体性制假售假不同，风险社会的农业现代化和大工业生产对不特定多数人产生影响，带来区域性甚或系统性风险。例如在农业生产过程中大量使用化肥、农药、抗生素、塑料薄膜等化学物质，以及在食品生产过程中滥用添加剂和非法添加。这不仅危及本地食品安全，还会随着产品跨区域流动带来风险溢出。典型案例是大米镉超标事件，中部产粮大省部分农田土壤被周边有色金属矿污染，导致多批次大米在东部沿海地区被检测出重金属镉超标。尽管监管部门在社会压力下公布了涉事经营企业名单，但源头处置和问责至今没有下文。由于资源丰富，这些地区还频发地沟油、病死猪肉等食品安全事件，成为劣质食品的输出地。

风险流动性要求我们从全国层面统筹布局监管资源，而不仅仅关注单个区域本身。要解决这些问题，应同步提升监管能力和监管意愿。一方面中央财政倾斜支持监管缺位型区域加强能力建设，包括增加执法装备和检验检测仪器，培训监管人员业务水平。同时指导地方在做好日常监管的基础上优化产业结构，支持诚信守法的企业做大做强，带动产业整体素质提升。另一方面用制度强化地方政府监管意愿。如加强重大食品安全事件和跨区域案件行政执法监督，形成公平有序的市场竞争环境。又如将食品安全监管纳入政府和部门目标责任考核体系，指导各级食品安全委员会办公室发挥好综合协调作用，尽可能排除产业利益对监管工作的干扰，打击地方保护主义。

4. 发展滞后型：产业和监管都远待提升。

发展滞后型区域有丰富的自然资源，但经济发展水平和城镇化率低，食品产业规模、市场集中度和生产经营者质量管理水平都有待提高。受产业素质和消费结构制约，发展滞后型区域农村食品生产经营者普遍缺乏基本食品安全知识和责任意识，诚信缺失的现象也较为普遍。相比城镇消费者，农村居民的食品安全认知能力匮乏，维权意识薄弱。同时这类地区食品安全监管能力和监管意愿都不足，突出表现为监管基础设施短缺，食品药品监管支出占财政支出比例低。一些地区食品安全监管机构和工作人员对农村食品监管认识不到位、监管责任不落实，对农村消费者食品安全诉求不了解。摊贩、小餐车、食品送货车等流动业态的监管还存在盲区，网络销售食品、鲜奶吧等近年来出现的新业态也开始进入农村地区。地广人稀的地理生态使得提高监管覆盖面的成本极高，食品安全问题容易在乡镇、村屯、城乡结合部等基层第一线失守。

尽管如此，由于上述地区受市场经济冲击较小，传统熟人社会网络形成的自发秩序有利于防范恶意违法违规行为。在各类因素共同作用下，农村食品安全风险呈现违法违规行为总量大但危害小的特征，主要表现为清洁健康、场所卫生等“前市场”风险。权威数据表明，从 2014 年 8 月底起，有关部门在为期三个月的农村食品市场“四打击四规范”专项整治行动中累计查处各类食品违法案件高达 4.51 万件，但其中因严重违法移送司法机关处理的案件仅 749 件。[①]

要解决发展滞后型区域面临的独特问题，国家既要发展期食品产业，又要支持其建设监管基础设施。但产业发展和监管能力提升都需要一个周期，短期内很难大幅提升食品安全保障水平，因此亟须用社会监督来弥补市场机制和政府监管不足。主要是调动社会共治的积极性。如行业协会引导企业守法自律，鼓励企业员工内部举报和消费者索取惩罚性赔偿，提高民众食品安全基础知识知晓率。[②]

根据以上分析，我们将不同区域的食品安全风险主要类型以及对食品安全监管资源的主要需求归纳如表 6 - 11 所示。每个区域食品安全风险存在类型化差异，导致具体需求不同，决定了监管区域布局的分殊性，而不是“一刀切”政策，这也验证了假设 3 和假设 4。

① 国家食品药品监督管理总局：《农村食品市场“四打击四规范”专项行动总结新闻发布会》，国家食药监管总局网站，2015 年 1 月 6 日，http://www.sfda.gov.cn/WS01/CL0329/111395.html。

② 胡颖廉：《“十三五”期间的食品安全监管体系催生：解剖四类区域》，载于《改革》2015 年第 3 期，第 72 ~ 81 页。

表 6 – 11　　分区域食品安全主要风险和监管资源需求

区域类型	主要风险	监管能力需求	产业发展需求	制度环境需求
市场内生型	大工业和新型风险	提供监管形势大数据，开展新型风险基础研究	发挥市场决定性作用，提升产业整体素质	给予政策创新空间并及时评估试点效果，探索政府监管、市场机制和社会共治新手段
外部驱动型	个体违法违规风险	指导地方政府建立监管财政投入保障和增长机制，强化事中事后监管	放宽市场准入门槛，激发市场活力	强化经济社会环境支撑
监管缺位型	输出型风险	增加执法装备和检验检测仪器，培训监管人员业务水平	指导产业政策实施，提高产业集中度	协调区域间监管政策，加强跨区域案件行政执法监督，提升地方政府监管意愿
发展滞后型	“前市场”风险	加强监管基础设施建设	引导企业守法自律	调动社会共治积极性

资料来源：作者整理。

（四）科学布局食品安全监管功能区

本节基于监管政治学理论构建“产业发展—监管能力—制度环境”分析框架和指标体系。将 31 个省份划分为市场内生型、外部驱动型、监管缺位型和发展滞后型 4 类食品安全监管区域，并比较分析其特征。建议“十三五”期间在全国设置若干食品安全监管分局，构建市场嵌入型监管体系。同时，我国食品安全监管正逐渐步入新常态。一是工商登记制度改革等简政放权措施产生海量食品生产经营者，基于互联网和现代物流的新业态层出不穷，但监管资源短期内难以跟上监管对象扩张。二是开放经济体导致系统性和全球化风险，国外输入型与本国内生型食品安全问题共生交织，监管手段显得不相适应。三是市场失灵与社会失范同时出现。因此，食品安全工作亟待从单一政府监管向市场机制、政府监管和社会监督多元治理转变。具体到食品安全监管派出机构，有必要围绕机构设置、机制设计、工作职责、监管手段和理念等内容，提出具体化的政策建议。

1. 在全国构建科学化监管体系。

完善监管体制的前提是科学界定各级政府食品安全监管职责，形成有机衔接的体系。首先，国务院食品药品监督管理部门应强化制定法律法规、规划、标准、信息化等宏观管理职责，负责高风险产品如食品添加剂、颜色添加剂、婴幼儿配方乳粉、保健食品的上市前审批以及重点类型企业如互联网第三方经营平台的市场准入，监测系统性、全局性风险，同时配以必要的执法权。其次，省级监管部门负责统筹推进区域内监管资源均衡布局，行使食品安全执法监督指导、协调跨区域执法和重大案件查处职责，创造公平有序的竞争环境。最后，市县监管部门根据属地管理原则承担日常监管事项，消除设区的市、区两级重复执法。突出专业化监管，解决重点、难点问题，并加强对基层的业务指导。此外，对于经济发达、城镇化水平较高的乡镇，根据需要和条件可通过法定程序行使部分食品安全执法权。基层综合执法与垂直技术支撑相互补充。

监管派出机构则发挥承上启下的作用。以监管区域划分为核心，兼顾地理、行政区划等因素，全国设 5 个食品安全监管分局。第一分局负责监督指导华北和东北地区，下辖北京、天津、河北、辽宁、内蒙古、吉林、黑龙江，分局宜设在沈阳。重点是协调地区间监管政策，提升食品产业整体素质，维护首都食品安全。第二分局负责监督指导华东和中部地区，下辖江苏、安徽、山东、河南、湖北、湖南等省，分局宜设在武汉。重点是优化农业和食品工业产业结构，指导重大案件执法以打破地方保护，防范食品安全风险溢出。第三分局负责监督指导东南和华南地区，下辖上海、浙江、福建、江西、广东、海南，负责，分局宜设在福州。重点是适应快速工业化和新型城镇化进程，提升防范输入型风险和新型风险的技术水平。第四分局负责监督指导西南地区，广西、重庆、四川、贵州、云南、西藏，分局宜设在成都或贵阳。重点是加强食品安全监管基层力量和基础设施建设，引入市场机制和引导社会共治。第五分局负责监督指导西北地区，下辖山西、陕西、甘肃、青海、宁夏和新疆，分局宜设在西安。重点是规范产业健康发展，政府可持续地投入监管基础设施提升监管效能。

2. 设计精细高效的管理机构和机制。

食品安全监管分局不是一级独立监管部门，而是受国家食品药品监管总局委托行使食品安全行政监督和技术监督职责的派出机构，具有一定独立决策权和执法权。食品安全监管分局为正司局级规格，可由国家食品药品稽查专员任主要负责人，实行一正二副领导架构，人员编制 30 ~ 40 人。机关内设综合协调、监督检查、研究统计、案件督办等处室，工作人员为公务员编制；下设稽查队和检验检测中心，分别作为执法队伍和技术支撑，工作人员为参公事业编制。分局人、财、物由食药监管总局统一管理，选派到分局的人员保留总局编制和工资计算方式。实施轮岗制度，选派人员每一轮任期两年左右，一次性获得津贴，以激励工作积极性。“三定方案”总体一致但各有侧重，具体根据上文分析。在体制改革进度上，可以借鉴最高法院设立巡回法庭的经验，在“十三五”规划初期选取 1 至 2 个区域先行试点，待成熟后再推开，到“十三五”末期设立全部 5 个监管分局。

食品安全监管分局的主要职责有监督、督查、督察和协调，具体包括：（一）监督检查各级地方政府对国家食品安全法律法规、政策规划、责任目标执行情况；（二）承担高风险品种、重点企业和重要区域运行情况日常督查工作，并参与食品安全统计、信息发布、风险监测、调查研究等基础性工作的监督检查，并提出政策建议；（三）承担跨区域监管规划落实情况的督查工作，承办跨区域重大食品安全事件的协调处理工作；（四）承担由食药监管总局负责的品种审评、企业审核查验的现场监督检查及后督察工作；（五）承担或参与食品安全违法案件的来访投诉受理、协调工作；（六）承办或参与重大食品安全违法案件的查办工作；（七）承担农村食品安全督查工作；（八）承办食品安全执法后督察工作；（九）参与重特大食品安全突发事件应急响应与处理的督查工作；（十）参与国家食品安全城市创建试点核查工作；（十一）参与国家重大科技示范项目和中央食品安全重大专项资金项目落实情况专项督查；（十二）承担国家食品药品监督管理总局交办的其他工作。

3. 创新市场嵌入型监管手段。

管制俘获理论认为产业利益会干预监管政策，因此上述监管手段创新不能停留在地方政府层面，而要更多依靠国家层面统筹规划和监管派出机构监督实施。可见监管手段创新有两大要素：一方面要嵌入市场（market embedded），让优胜劣汰的市场机制成为食品安全水平决定因素；另一方面要自主监管（autonomous regulation），致力于打破地方保护尤其是防止被产业利益俘获。

有道是“功夫在诗外”，理想的食品安全监管必须跳出监管看监管，将各方面激励和约束集中到生产经营者行为上。企业天然地追求利润，影响利润的因素包括企业形象、市场环境、产品质量、生产成本、融资保障等。因此，监管派出机构要从上述因素入手建立一整套制度，让守法者更容易在市场上获益，违法失信者则要付出高昂代价。一是建立食品安全监管执法信息公开制度。信息化是重要的现代化监管手段，但出于主客观两方面原因，政府长期以来独占了监管信息。有必要建立统一平台，依法同步即时公布许可、备案、抽查检验、违法行为查处等监管信息。倒逼企业珍惜声誉，帮助消费者辨别产品优劣。二是建立以风险管理为基础的预防性体系。监管资源是稀缺的，政府不可能监督每一个食品生产经营者行为和检验每一件食品质量。应当根据监管信息平台形成的大数据进行风险监测和评估，据此确定监管的重点、方式和频次，把工作重心放在食品生产经营者行为引导和案件线索发现上。三是完善以随机抽查为重点的日常监督检查制度。要利用计算机程序随机选择抽检对象和随机确定检查人员，不搞选择性执法或随意性检查。通过优化细化工作流程，提升执法的公正性，增加对不法生产经营者的震慑力。

三、"十三五"食品安全规划：从监管到治理的范式革新

2017 年 2 月 21 日，《"十三五"国家食品安全规划》经国务院常务会议通过后发布。这是 2020 年以前统筹部署我国食品安全工作的基本依据，也是党的十八届五中全会确定的食品安全战略的开篇之作。规划在谋篇布局、目标设定、重点任务等方面，力求充分体现以习近平同志为核心的党中央关于食品安全的重要战略思想，充分体现食品安全治理规律和工作重点。那么规划制定的背景、亮点是什么，这是本节要聚焦的命题。

（一）食品安全监管革新的制度背景

结合食品产业新常态特征，系统梳理与日常消费关系紧密的食品品种、产业和区域，根据"点、线、面"的逻辑架构，着力解决食品安全突出问题。特别需要从找问题、抓改革、出实招入手，打造监管执法和现代治理体系升级版。

1. 以人民群众关注和需求为工作导向。

一是"点"，围绕重点品种加大整治力度。由于环境对发展的承载能力已接近上限，土壤、水体等环境污染问题严峻，食用农产品源头治理压力加大。必须严格管控化肥、农药兽药等投入品使用，加大粮食、畜禽、农资等监管力度。强化县乡农产品质量安全监管能力，探索建立食用农产品产地准出与市场准入管理

衔接机制。在食品生产经营环节，围绕婴幼儿配方乳粉、婴幼儿辅助食品、乳制品、肉制品、食用植物油、“大桶水”、白酒等重点大宗食品和全社会关注的重点产品开展综合治理。针对超范围超剂量使用食品添加剂和食品中非法添加非食用物质、食品中检出塑化剂、食品标签标识不符合规定等突出问题，开展专项治理。严格进口食品准入和回顾性检查，严格实施进口食品境外生产企业注册。

二是“线”，抓住重点企业和新型业态等关键风险点。简政放权放宽了事前准入门槛，食品生产经营主体数量呈“井喷”出现，市场竞争更加激烈。经济下行带来的生存压力势必影响到企业诚信守法观念和质量安全意识，一些非法利益链条的形成极易导致“破窗效应”。因此要加强对大型食品生产加工、流通餐饮企业的监督检查，规范对小作坊、摊贩等管理，继续打击无证无照、销售和使用无合法来源食品和原料。与此同时，随着模仿型排浪式消费阶段基本结束，个性化、多样化消费渐成主流。第三方餐饮服务平台、海外代购、O2O 食品零售、跨境电商等新业态、新商业模式层出不穷，将带来安全隐患新形态、违法违规行为新类型。监管部门需要未雨绸缪，主动应对未来未知风险。

三是“面”，排查和防控重点区域风险。在新型工业化、信息化、城镇化、农业现代化协同推进过程中，食品安全问题容易引发区域性和系统性风险。有必要加大对农产品主产区、食品加工业聚集区、农产品和食品批发市场、农村集贸市场、城乡接合部等重点区域的监管力度。加强对学校食堂、旅游景区、繁华商圈、交通枢纽等就餐人员密集场所的监管，对农村集体聚餐进行指导，防范食物中毒事故发生。具体要开展食品生产经营主体基本情况统计调查，制订实施农产品和食品安全风险监测和监督抽检计划，加强结果分析研判。在此基础上制定风险清单，根据风险特征明确关键节点、责任人、检查频次等内容。

2. 全面深化改革提升监管能力。

转变政府职能是行政管理体制改革的关键。李克强总理指出，食品安全则是考量政府职能转变的重要标尺。可以考虑从机构队伍专业化、监管模式科学化、工作格局系统化三个层面深入推进改革，全面提升食品安全监管能力。

一是以统一权威专业为目标，完善食品安全监管机构。食品安全监管任务繁重，而体制改革仍处于过渡期。要合理划分各级食品安全监管事权关系，强化各级食品安全委员会综合协调作用。加快完成市、县食品安全监管机构改革任务，抓紧职能调整、人员划转、技术资源整合，充实专业技术力量，尽快实现正常运转。尤其要健全乡镇（街道）或区域食品安全监管派出机构，研究建立有关管理制度，着力解决基层监管能力薄弱问题，打通“最后一公里”。完善基层食品安全网格化管理体系和责任体系，改变“牛栏关猫”的状况，防止食品安全在第一线失守。值得注意的是，综合设置市场监管机构的地方，要以实事求是的态度对待工作，把食品安全作为综合执法的首要责任。这些观点在上文已经多次强调，但在经济新常态背景下，显得尤为重要和紧迫。

二是将风险分析、日常监管和应急处置有机结合，优化食品安全监管模式。从理论上说，食品安全监管要顺次解决风险隐患、违规行为、危机事件三类问题。首先是提高风险监测和评估能力，完善食物中非食用物质名单，开展相关检验方法研究。建立部门间风险监测数据共享与分析机制，提高大数据利用度。其次是提高全过程日常监管能力，用科学监管的规则和方法开展分类分级重点监管，健全以“双随机”抽检、飞行检查、动态监督为主要手段的日常监督检查制度，立体式监控违法违规行为。最后是提高应急能力，强化跨区域、跨部门应急协作和信息通报机制，建立覆盖全国的突发事件信息直报网和舆情监测网，健全国家食品安全应急体系。

三是用好“钱袋子”“笔杆子”“刀把子”，构筑食品安全工作格局。食品安全不是监管部门一家的事，而是各级地方政府承担的属地责任，必须综合发挥资金投入的激励作用，宣教科普的引导作用和刑事司法的威慑作用。要加大投入力度，加强技术创新和基层执法装备配备，强化检验检测能力建设，加快信息化建设步伐。持续开展“餐桌污染”治理，扩大食品安全城市和农产品质量安全县创建试点工作。要强化宣传引导，动员社会力量参与食品安全公益宣传和科普工作，提高公众食品基本安全知晓率。要加快落实行刑衔接的指导意见，继续推动公安机关“食药警察”队伍建设，依法严惩食品安全违法犯罪行为。

3. 用“清单制”探索食品安全法治的新招实招。

法治是食品安全治理现代化的基础和核心。党的十八届四中全会《中共中央关于全面推进依法治国若干重大问题的决定》，对食品安全监管工作提出新的要求。着重强调健全法规标准，在严守法治的框架下探索“两张清单”，进一步推进食品安全治理体系现代化。

一方面是法无授权不可为，用“权力清单”优化市场准入和退出。理想的治理体系应减少企业行政许可负担，通过优化市场准入和退出机制提升产业整体素质。例如积极稳步推进食品生产经营许可改革，逐步扩大保健食品备案范围。事实上保健食品等特殊食品领域正逐步开启注册和备案“双轨制”格局。[①] 制定修订食品安全标准，加快形成符合我国国情和国际通行做法的食品安全国家标准体系。推进食品安全信用体系建设，探索建立统一的食品信用分级分类标准，构建守信激励、失信联合惩戒机制。值得一提的是，2016 年 9 月，发展改革委、食品药品监管

① 国家食品药品监督管理总局：《简政放权 推进保健食品备案管理》，国家食品药品监督管理总局网站，2017 年 5 月 23 日，http://www.cfda.gov.cn/WS01/CL0050/172894.html。

总局等28个部门和单位联合签署《关于对食品药品生产经营严重失信者开展联合惩戒的合作备忘录》。该文件明确相关部门采取联合惩戒措施。如对严重失信食品生产经营者，在一定期限内依法禁止其参与政府采购活动；限制取得政府供应土地；对严重失信的自然人，依法限制其担任食品药品生产经营企业法定代表人、董事、监事和高级管理人员；列入税收管理重点监控对象，加强纳税评估，提高监督检查频次，并对其享受税收优惠从严审核。此外，还要开展食品安全责任保险试点，探索建立政府、保险机构、企业、消费者多方激励约束机制。继续推进婴幼儿配方乳粉企业兼并重组，组织对其开展食品安全审计、体系核查等。

另一方面是法有规定必须为，用"责任清单"约束监管部门和企业行为。企业是食品安全的第一管理方、知情者和责任人，其行为贯穿全产业链条。监管部门应在资金、设备等微观要素上少设"路障"，在市场行为规则上多设"路标"，培育食品企业的主体责任意识。譬如加强执法规范化、信息化建设，全面落实监管执法责任制。探索建立食品检查员制度，加大企业现场监督检查和现场行政处罚力度。建立统一高效、资源共享的国家食品安全信息平台，加快建设"农田到餐桌"全程可追溯体系。建立食品生产企业风险问题报告制度，督促食品经营者履行进货查验和查验登记义务，在餐饮服务单位推行"明厨亮灶"。研究建立餐饮服务单位排放付费即餐厨废弃物收运、处理企业资质管理制度。上述工作有些已经在部分地方试点，需要形成长效机制。

（二）最严监管、市场机制、社会共治多元施策

"十二五"时期，我国食品安全形势总体稳定向好，人民群众"舌尖上的安全"得到切实保障，但存在的问题仍然不少。在2017年2月3日的国务院常务会议上，国务院总理李克强明确指出食品安全规划的"要害"是坚决守住不发生系统性风险。

这就是“十三五”时期食品安全工作需要聚焦的主要问题，具体表现为恶意违法违规行为、工业化大生产风险、新型安全隐患三种类型。

从性质上说，食品安全问题兼具市场秩序、公共安全和专业技术范畴，并且在现实中相互交融。因此规划在指导思想和基本原则中坚持最严、科学、共治多管齐下，采取多元化的应对策略，实现从监管向现代化治理的范式革新。这一思路符合国际上公认的强大监管（strong regulation）、科学监管（scientific regulation）、精巧监管（smart regulation）相统一的食品安全治理理念。那么如何理解上述食品安全治理理念呢？

1. 最严制度倒逼监管能力。

全面落实习近平总书记“四个最严”要求，用最严谨的标准、最严格的监管、最严厉的处罚、最严肃的问责，坚持源头严防、过程严管、风险严控。严格从农田到餐桌全链条监管，建立健全覆盖全程的监管制度、覆盖所有食品类型的安全标准、覆盖各类生产经营行为的良好操作规范。《食品安全法》第三条也规定，食品安全工作实行预防为主、风险管理、全程控制、社会共治，建立科学、严格的监督管理制度。严字当头，除了标准等技术支撑外，主要从三个方面着手，真正做到让监管始终“跑赢”风险。

一是各级监管部门开展最严格的监管。2013 年以来，新一轮食品药品监管体制改革稳步推进。要最大限度地释放监管体制改革红利，完善从中央到地方直至基层的食品安全监管体系，必须加强基层执法力量和规范化建设。这其中，加强基层执法力量的关键是培养懂技术、通法律、善调查的基层执法干部队伍；加强基层执法规范化建设的重点是健全基层监管责任制，明确基层监管机构岗位职责，规范工作流程，实现监督执法“标准化”。同时，强化基层监管技术支撑，推进食品生产经营者电子化管理和数据库建设，利用物联网和“大数据”提高监管水平。

二是对违法犯罪分子实行最严厉的处罚。在民事责任方面，积极探索建立“谁生产谁负责、谁销售谁负责”的企业首负责任制，同时引入欧美国家通行的食品质量安全惩罚性赔偿机制，让恶意违法者倾家荡产，倒逼企业落实产品质量主体责任。在刑事责任方面，各级公安机关要继续保持高压态势，严惩食品安全领域各类违法犯罪活动，将危害最为严重、人民群众反映最为强烈、整治最为迫切的食品安全领域违法犯罪行为作为打击重点。尤其要依据《刑法》，用尽用足“两高”《关于办理危害食品安全刑事案件适用法律若干问题的解释》，严惩重处食品安全犯罪分子。与之相关的是，进一步促进行政执法与刑事司法之间的“行刑衔接”。加强行政监管部门与公安机关在案件查办、信息通报、证据收集等方面的配合，形成打击食品违法犯罪的合力。各级政府要根据食品药品监管体制改革要求积极创新，加强食品安全犯罪侦查队伍即“食药警察”的建设，明确机构和人员专职负责打击食品安全犯罪。

三是对地方政府实施最严肃的问责。食品安全不是单纯的监管工作，这就要求我们重视食品安全治理的系统性、协同性和前瞻性，真正形成各层级政府间、各部门间合力。食品安全工作的重点和难点在基层，如何调动地方政府落实属地责任的积极性，是防止食品安全在一线失守的重要保障。规划要求加强政策保障，强化食品安全综合协调，各级食品安全办要健全食品安全委员会各成员单位工作配合和衔接机制。国务院办公厅每年印发的《食品安全重点工作安排》也提出，各地将食品安全工作纳入地方政府民生工程和为民办实事项目，加大“真金白银”投入支持力度。同时，将食品安全纳入地方政府年度综合目标、党政领导干部政绩考核和社会治理综合治理考核内容，进一步落实食品安全属地管理责任。尤为重要的是，建立严格的责任追究制度，依法依纪追究重大食品安全事件中失职渎职责任，直至追究主要领导责任。在此基础上，规划还要求加强政策保障，强化食品安全综合协调，各级食品安全办要健全食品安全委员会各成员单位工作配合和衔接机制。规划同时强调合理保障经费、加强组织领导、严格考核评估，尤其是资金投入向基层、集中连片特困地区、国家扶贫重点县以及对口支援等地区适当倾斜。

2. 发挥市场的决定性作用。

本书多次提及，食品安全首先是生产出来的，也是监管出来的。食品安全监管的本质是解决市场失灵，即依据规则对生产经营者行为进行引导和限制。监管是市场机制的补充而非替代，理想的食品安全治理体系应该让各方面的激励和约束集中到生产经营者行为上。必须从监管政策和产业政策两方面入手，让优胜劣汰的市场机制成为食品安全水平的决定性因素。

一方面是监管政策的约束作用。例如上文提到的充分发挥保险的风险控制和社会稳定功能，确定在部分重点行业、重点领域试点食品安全责任强制保险制度，建立政府、保险机构、企业和消费者多方互动共赢的激励约束机制。扩大食品安全责任保险试点，利用企业投入和社会资本统筹支持食品安全创新工作，基于食品企业信用档案开展部门联合激励和惩戒。借鉴药品监管经验，在全社会关注的婴幼儿配方乳粉、白酒生产企业试点开展“食品质量安全授权”制度。通过企业授权质量安全负责人，对原料入厂把关、生产过程控制和出厂产品检验质量安全负责，防止出现要经济效益不要产品质量的情况。探索实施食品生产经营者“红名单”与“黑名单”制度，促进企业诚信自律。建立统一的食品生产经营者征信系统，完善诚信信息共享机制和失信行为联合惩戒机制，研究和推进将食品安全信用评价结果与行业准入、融资信贷、税收、用地审批等挂钩，充分发挥其他领域对食品安全失信行为的制约作用。

另一方面是产业政策的激励作用。供给侧结构性改革要求食品产业全面提升质量，增加有效供给，保障人民群众饮食安全。规划多处带有市场嵌入型监管模式的特征，强调市场机制作用。

在强调监管的基础上，应推动重点产业转型升级发展和食品品牌建设。在农产品种植养殖环节，大力扶持农业规模化、标准化生产，推进园艺作物标准园、畜禽规模养殖、水产健康养殖等创建活动。在食品生产和流通环节，推动肉、菜、蛋、奶、粮等大宗食品生产基地建设，引导小作坊、小企业、小餐饮等生产经营活动向食品加工产业园区集聚。尤其是加快婴幼儿配方乳粉企业良好生产规范实施，严格行业准入和许可制度，以“挑选赢家”的方式推进企业兼并重组，鼓励企业做优做强。与此同时，保护和传承食品行业老字号，发挥其质量管理示范带动作用，用品牌保证人民群众对食品质量安全的信心。

在市场机制方面，尤其要处理好简政放权和加强监管的关系。在政府和市场关系这个政治经济学的核心理论命题中，政府管理和市场机制从来都是激发经济活力的基本要素，须臾不可分。一般来说，现代政府的基本职能包括经济调节、市场监管、社会治理、公共服务和环境保护，其核心是为各类经济主体提供良好的制度环境，让市场机制在资源配置中更好地发挥作用。这其中，经济调节旨在熨平经济周期和防止价格剧烈波动，市场监管致力于打造一个法治、公平、有序的竞争“软环境”，社会治理、公共服务和环境保护则用来解决激烈市场竞争可能带来的社会矛盾和贫富差距等问题。市场活力有一个度，活力不足会导致生产力水平低下，无法满足消费者多元化需求，也不利于保障食品质量安全；活力过了头，资本的逐利性就会被无限激发①，带来过度竞争甚或以价格杀跌为主要特征的恶性竞争，最终是因利益驱动的假冒伪劣产品横行。因此在发达国家近年的监管改革浪潮中，政府一方面放松对微观经济运行的管制和干预，另一方面加强安全、健康和环保等民生领域的社会监管，两者同步推进并

① ［英］卡尔·波兰尼著，冯钢．刘阳等译：《大转型：我们时代的政治与经济起源》，浙江人民出版社 2007 年版。

不冲突。我们同时也看到，近年来美国和欧盟食品药品监管改革的经验是权力集中、上收和强化。

我国正处于进一步深化政府职能转变的关键时期，“放”和“管”是两个轮子，只有同时运转起来，行政体制改革才能顺利推进，市场活力才能被激发。过去，我们习惯于通过发证、检查等“一次性监管”的静态方式严控生产经营者资质，而不是采取多元化的动态监管手段，更不用提现代化的风险管理。[①] 这就导致被监管者只追求获得行政许可资格，而没有时刻关注产品质量形成过程本身。“一次性监管”的弊端很多，譬如近年发生重大食品安全事件的三鹿、双汇都是行业龙头企业，它们本来拥有先进的技术水平和良好企业声誉，但忽视了生产经营过程中的质量控制；又如药品领域存在临床试验高准入门槛与准入后数据普遍造假并存的奇特现象，严重威胁到患者身体健康。尽管监管部门通过驻厂监督员、飞行检查等方式试图弥补“一次性监管”的不足，但“重审批，轻监管”的思维惯性依然存在，最终不利于提升监管绩效。因此，当简政放权减少了静态的事前审批时，事中和事后的动态监管就要跟上，否则就会出现管理空白地带。可见，简政放权并不意味着放松监管，反而是给监管提出更重的任务和更高的要求。

可见，国家在大力取消和下放行政审批事项，降低准入门槛、放权搞活的同时，也强调加强事中和事后监管、如何完善市场监管体系的措施和办法。[②] 具体到食品药品领域，我们既要加快职能转变和行政审批制度改革，充分发挥市场的决定性作用和社会自发活力；又要加强市场监管，尤其是严惩各类违法行为。

---

① 胡颖廉：《监管和市场：我国药品安全的现状、挑战和对策》，载于《中国卫生政策研究》2013 年第 7 期，第 40 页。

② 黄小希、华春雨：《稳中求进推进行政体制改革——访中央编办副主任王峰》，新华网，2013 年 11 月 17 日，http://news.xinhuanet.com/politics/2013-11/17/c_118174643.htm?navigation=1。

也就是说一边要简政放权、一边要管住管好，两者缺一不可，都需要同时发力、同时给力，变静态的“一次性监管”为动态的全流程风险管理，只有这样才能保障市场经济有序运行。

3. 打造社会共治体系升级版。

在现代社会，任何主体都无法单独应对广泛分布的食品安全风险，必须调动社会各类主体积极性共治共享，实现政府管理与社会自我调节的良性互动。因此必须构建企业自律、政府监管、社会协同、公众参与和法治保障的食品安全社会共治格局。

这其中，信息公开是社会共治的重要抓手。食品是体验商品，实践中许多问题源于信息不对称。规划首次提出“社会共治推进计划”，要求完善食品安全信息公开制度，畅通投诉举报渠道，支持行业协会制定行规行约，增强消费者食品安全意识和自我保护能力。因此，一是加强食品安全社会共治宣传，引导消费者理性认知食品安全风险，提高风险的自我防范意识；二是加大对食品生产经营诚信自律典型的宣传报道力度，发挥其示范引领的“正能量”作用；三是建立健全食品安全信息发布制度，科学有序发布消费安全提示。应当说，监管信息从政府独享变为公开透明，既可以倒逼企业珍惜声誉，提高质量管理水平；又能够帮助消费者辨别产品优劣，促进良性市场竞争。有奖举报制度是社会共治的有效路径。上文已经介绍，发达国家治理食品安全的重要经验，是用巨额奖金鼓励行业内部吹哨人主动揭黑。借鉴了这一做法，地方政府可设立食品安全举报奖励专项资金，适度扩大奖励范围，对提供有效线索、经查证属实的，要及时兑现奖励。内部举报人员，适当提高奖励额度。

那么，既然提倡社会共治，为什么还要建立最严格的食品安全监管制度呢？从行为理论的角度看，生产经营者违法违规的驱动因素包括三方面，一是想违法，二是值得违法，三是敢违法，其分别对应成本收益激励的大小，社会容忍度的高低以及监管威慑的强弱。如前所述，正常情况下食品安全主要依赖良性市场机制、生产经营者自律和社会公众监督，辅之以必要的惩罚。[①] 然而当前我国食品安全领域乱象丛生，有效市场机制的培育和良好社会监督氛围的形成都需要较长时间，不能急于求成。政府能够也必须尽快做的，就是用严刑峻法让人不敢违法，所谓“重典治假”。换言之，我们越是提倡社会共治，就越要提高政府监管的严格性、有效性和公正性，这是必须强调的首要和前提条件。

可见食品安全一头牵着民心，另一头关乎产业，市场机制、政府监管和社会共治是有机统一的整体。越是强调市场决定性作用和企业首负责任，就越要转变政府职能，在简政放权的同时加强事中和事后监管；越是强调社会共治，就越要提高政府监管的严格性、有效性和公正性，使监管公信力成为社会共治的推动力。只有实现监管部门、生产经营者与消费者激励相容，才能从根本上提升我国食品安全保障水平。

（三）构建立体化指标体系

好的规划必须有科学的指标体系。为落实上述思路，规划改变单一指标和注重合格率的传统做法，围绕食品安全治理能力、食品产业发展、食品质量安全水平提升等维度，构建起包括前提性指标、过程性指标、结果性指标在内的立体化指标体系。

一是持续提升食品标准，夯实监管基准。针对我国食品标准在限量指标数量和配套检验方法上与发达国家的差距，规划提出制修订不少于300项食品安全国家标准，制修订、转化农药残留限量指标6 600余项、兽药残留限量指标270余项。

二是全面加强食品现场检查，提升监管专业化水平。食品安全重在监管，专业化的现场检查是落实问题导向、提升监管效能的重要途径。根据国家出台的《专业技术类公务员管理规定

① 胡锦光：《解读食品安全法（修订送审稿）》，载于《法制日报》2013年11月12日。

（试行）》和《行政执法类公务员管理规定（试行）》，规划提出依托现有机构，充实加强检查人员力量，加快建设职业化检查员队伍。实施网格化管理，县、乡全部完成食品安全网格划定。对食品生产经营者每年至少检查1次。在一线监管人员中，具有食品相关专业背景的人员占比平均每年提高2%。

三是明显增强监管执法和技术支撑能力，防止食品安全在一线失守。在充分调研的基础上，规划要求实现各级监管队伍装备配备标准化。在4个直辖市和27个省（区）的省会（首府）城市、计划单列市，及其他部分条件成熟的地级市，开展国家食品安全示范城市创建行动。鼓励各地完善执法能力建设投入机制。要求各级食品安全检验检测能力达到国家建设标准。

四是提升食品安全抽检覆盖率和制度化水平，提升监管靶向性。监测和抽检是发现食品安全风险隐患的主要手段。规划提出，进一步完善国家食源性疾病监测系统，建立覆盖全部医疗服务机构并延伸到农村的食源性疾病监测报告网络。到2020年，国家统一安排计划的食品检验量达到每年4份/千人。

五是食品质量安全得到进一步保障，增加有效供给。规划强调，"十三五"时期农业源头污染必须得到有效治理。主要农作物病虫害绿色防控覆盖率达30%以上，农药利用率达40%以上，主要农产品质量安全监测总体合格率达到97%以上。

六是全方位提升人民群众食品安全满意度，保障健康福祉。群众对食品安全的感知度和满意度是衡量工作的最终指标。规划提出建成覆盖国家、省、市、县四级的食品安全投诉举报业务系统，实现网络24小时接通，电话在受理时间内接通率不低于90%。

四、习近平总书记食品安全重要论述

"国以民为本，民以食为天，食以安为先。"保障食品安全是建设健康中国、增进人民福祉的重要内容，是以人民为中心发展思想的具体体现。党的十八大以来，新一届中央领导集体高度重视食品安全，重拳严治以保障人民群众“舌尖上的安全”。习近平总书记本人多次调研食品安全工作，体现出对这一重大基本民生问题、重大经济问题和重大政治问题的高度关切。

2013 年 12 月 28 日，习近平一行于中午 12 点 20 分左右到北京庆丰包子铺，他不仅亲自点餐，而且询问店铺经理：“食品原料是从哪里进来的？安全有没有保障?”经理用手机向习近平展示了一组庆丰包子在顺义原料加工厂的照片，称店里的原料从“农田到餐桌”都是安全有保障的。看到照片后，习近平说道：“食品安全是最重要的，群众要吃得放心，这是我最关心的。”

2014 年 1 月 28 日，习近平在内蒙古自治区考察期间，到伊利集团液态奶生产基地，察看了企业的生产线，向企业负责人询问生产经营、节日供应情况，叮嘱他们要高度重视食品安全问题。

2014 年 2 月 25 日，习近平视察北京时，询问北京市政管委负责人，“地沟油哪去了?”负责人回答，北京各区都建了废弃油脂处理厂，年回收废弃油脂 10 万吨，还有 70 万吨通过市场化渠道处理。习近平追问：“没有去搞麻辣烫吧?”负责人说，在这方面已经加强了管理和监控措施，并且越来越严。

2014 年 11 月 1 日，在福建考察期间，习近平来到他在闽工作时就关心过的福建新大陆科技集团。习近平询问可检测、追溯食品安全的快速检测仪、手机支付系统性能。他关切地问：“农贸市场都有了吗?”

2015 年 6 月 17 日，习近平乘车从遵义前往贵阳考察。在久长服务区的一家小超市，习近平在食品区拿起一包“沙琪玛”，询问服务员保质期。服务员看了生产日期后说是 2015 年 2 月生产的，保质期有 10 个月。超市外有两处食品摊，习近平又走过去，指着米黄粑、鸭脖子，认真地了解有关情况。[1]

习近平总书记还多次对食品安全工作作出重要论述，谈为何要保卫“舌尖上的安全”。

2013年12月23～24日，习近平在中央农村工作会议上指出，食品安全社会关注度高，舆论燃点低，一旦出问题，很容易引起公众恐慌，甚至酿成群体性事件。再加上有的事件被舆论过度炒作，不仅重创一个产业，而且弄得老百姓吃啥都不放心。能不能在食品安全上给老百姓一个满意的交代，是对我们执政能力的重大考验。[2]

2016年12月21日，习近平在中央财经领导小组第十四次会议上强调，加强食品安全监管，关系全国13亿多人“舌尖上的安全”，关系广大人民群众身体健康和生命安全。要严字当头，严谨标准、严格监管、严厉处罚、严肃问责，各级党委和政府要作为一项重大政治任务来抓。要坚持源头严防、过程严管、风险严控，完善食品药品安全监管体制，加强统一性、权威性。要从满足普遍需求出发，促进餐饮业提高安全质量。[3]

2017年春节前夕，习近平对食品安全工作作出重要指示指出，民以食为天，加强食品安全工作，关系我国13亿多人的身体健康和生命安全，必须抓得紧而又紧。这些年，党和政府下了很大气力抓食品安全，食品安全形势不断好转，但存在的问题仍然不少，老百姓仍然有很多期待，必须再接再厉，把工作做细做实，确保人民群众“舌尖上的安全”。[4]

---

① 国家食品药品监督管理总局：《食品安全无小事，听听习近平总书记怎么说?》，国家食品药品监督管理总局网站，2017年1月21日，http：//www. cfda. gov. cn/WS01/CL0050/168775. html。

② 新华社：《中央农村工作会议在北京举行》，载于《人民日报》2013年12月25日。

③ 新华社：《中央财经领导小组第十四次会议召开》，中国政府网，2016年12月21日，http：//www. gov. cn/xinwen/2016－12/21/content_5151201. htm。

④ 新华社：《习近平对食品安全工作作出重要指示强调　严防严管严控食品安全风险　保证广大人民群众吃得放心安心》，载于《人民日报》2017年1月4日。

对于如何保卫“舌尖上的安全”，习近平总书记同样从战略高度指明了方向。

一是产管并重。习近平在2013年中央农村工作会议上说指出，食品安全源头在农产品，基础在农业，必须正本清源，首先把农产品质量抓好。用最严谨的标准、最严格的监管、最严厉的处罚、最严肃的问责，确保广大人民群众“舌尖上的安全”。他同时强调，食品安全也是“管”出来的，要形成覆盖从“田间到餐桌”全过程的监管制度，建立更为严格的食品安全监管责任制和责任追究制度，使权力和责任紧密挂钩。要大力培育食品品牌，用品牌保证人们对产品质量的信心。

二是“四个最严”。2015年5月29日，习近平在中共中央政治局第二十三次集体学习上强调，要切实提高农产品质量安全水平，以更大力度抓好农产品质量安全，完善农产品质量安全监管体系，把确保质量安全作为农业转方式、调结构的关键环节，让人民群众吃得安全放心。要切实加强食品药品安全监管，用最严谨的标准、最严格的监管、最严厉的处罚、最严肃的问责（“四个最严”），加快建立科学完善的食品药品安全治理体系，坚持产管并重，严把从“农田到餐桌”、从实验室到医院的每一道防线。①

三是党政同责。2016年1月，习近平对食品安全工作作出重要指示，确保食品安全是民生工程、民心工程，是各级党委、政府义不容辞之责。近年来，各相关部门做了大量工作，取得了积极成效。当前，我国食品安全形势依然严峻，人民群众热切期盼吃得更放心、吃得更健康。2016年是“十三五”开局之年，要牢固树立以人民为中心的发展理念，坚持党政同责、标本兼治，加强统筹协调，加快完善统一权威的监管体制和制度，落实

① 《习近平主持中共中央政治局第二十三次集体学习》，新华网，2015年5月30日，http：//news. xinhuanet. com/2015－05/30/c_1115459659. htm。

“四个最严”的要求，切实保障人民群众“舌尖上的安全”。[1]

2017 年春节前夕，习近平对食品安全工作作出重要指示，再次强调党政同责。他要求各级党委和政府及有关部门要全面做好食品安全工作，坚持最严谨的标准、最严格的监管、最严厉的处罚、最严肃的问责，增强食品安全监管统一性和专业性，切实提高食品安全监管水平和能力。要加强食品安全依法治理，加强基层基础工作，建设职业化检查员队伍，提高餐饮业质量安全水平，加强从“农田到餐桌”全过程食品安全工作，严防、严管、严控食品安全风险，保证广大人民群众吃得放心、安心。

四是依法治理。2016 年 8 月 19～20 日，习近平在全国卫生与健康大会上说，要贯彻食品安全法，完善食品安全体系，加强食品安全监管，严把从“农田到餐桌”的每一道防线。要牢固树立安全发展理念，健全公共安全体系，努力减少公共安全事件对人民生命健康的威胁。[2]

食品安全的“中国故事”不仅是改革开放 40 年中国特色社会主义经济建设的一个缩影，还是现代国家建设的鲜活样本，具有深刻的理论意义和丰富的时代内涵。在新形势下，中央提出构建严密高效、社会共治的食品安全治理体系，将食品安全上升到公共安全和国家战略的政治高度，目标是用“四个最严”保障人民群众“舌尖上的安全”。我们坚信，在以习近平同志为核心的党中央坚强领导下，未来我国食品安全必将砥砺前行，也终将为中华民族伟大复兴的中国梦奠定基本物质基础。

---

① 新华社：《习近平对食品安全工作作出重要指示》，新华网，2016 年 1 月 28 日，http：//news. xinhuanet. com/politics/2016 －01/28/c_1117928490. htm。

② 《习近平在全国卫生与健康大会上强调　把人民健康放在优先发展战略地位　努力全方位全周期保障人民健康》，载于《人民日报》2016 年 8 月 21 日。

参考文献

1. ［美］丹尼尔·史普博著，余晖等译：《管制与市场》，上海三联书店、上海人民出版社1999年版。

2. ［美］凯斯·桑斯坦著，刘坤轮译：《最差的情形》，中国人民大学出版社2010年版。

3. ［美］玛丽恩·内斯特尔著，程池等译：《食品安全：令人震惊的食品行业真相》，社会科学文献出版社2004年版。

4. ［美］迈克尔·波特著，陈小悦译：《竞争战略》，华夏出版社2005年版。

5. ［英］卡尔·波兰尼著，冯钢、刘阳等译：《大转型：我们时代的政治与经济起源》，浙江人民出版社2007年版。

6. 陈锡文、邓楠、韩俊等：《中国食品安全战略研究》，化学工业出版社2004年版。

7. 胡颖廉：《大国食安》，云南教育出版社2013年版。

8. 经济合作与发展组织编，陈伟译，高世楫校：《OECD国家的监管政策》，法律出版社2006年版。

9. 李援：《解读食品安全法》，中国社会出版社2011年版。

10. 罗小刚主编：《食品生产安全监督管理与实务》，中国劳动社会保障出版社2010年版。

11. 吕律平：《国内外食品工业概况》，经济日报出版社1987年版。

12. 世界银行：《1997年世界发展报告：变革世界中的政府》，中国财政经济出版社1997年版。

13. 世界银行：《2003 年世界发展报告：变革世界中的可持续发展》，中国财政经济出版社 2003 年版。

14. 孙国芳、周应恒：《中国食品安全监管策略研究》，科学出版社 2014 年版。

15. 习近平：《习近平总书记系列重要讲话读本》，人民出版社 2014 年版。

16. 徐景和：《食品安全综合协调与实务》，中国劳动社会保障出版社 2010 年版。

17. 旭日干、庞国芳：《中国食品安全现状、问题及对策战略研究》，科学出版社 2015 年版。

18. 袁杰、徐景和：《中华人民共和国食品安全法释义》，中国民主法制出版社 2015 年。

19. 中共中央文献研究室：《习近平关于全面深化改革论述摘编》，中央文献出版社 2014 年版。

20. 中共中央组织部干部教育局编：《干部选学大讲堂——中央和国家机关司局级干部选学课程选编（第 4 辑）》，党建读物出版社 2013 年版。

21. ［日］安倍司：《关于食品添加剂的思考》，载于《光明日报》2011 年 7 月 5 日。

22. 毕井泉：《用“四个最严”保障食品药品安全》，载于《行政管理改革》2015 年第 9 期。

23. 陈君石：《风险评估在食品安全监管中的作用》，载于《农业质量标准》2009 年第 3 期。

24. 陈晓华：《完善农产品质量安全监管的思路和举措》，载于《行政管理改革》2011 年第 6 期。

25. 陈啸宏：《我国食品安全监管体制的发展历程和现状》，在中组部、国务院食安办、国家行政学院“省部级领导干部加强食品安全监管专题研讨班”上的授课讲义，2011 年 5 月 9 日。

26. 杜钢建：《政府能力建设与规制能力评估》，载于《政治学研究》2000年第2期。

27. 付文丽、陶婉亭、李宁：《创新食品安全监管机制的探讨》，载于《中国食品学报》2015年第5期。

28. 富子梅：《谁来保证农民饮食用药安全》，载于《人民日报》2011年12月15日。

29. 顾海兵、盛小伟：《存、改、废：直面工商行政管理改革》，载于《中国经济报告》2014年9月。

30. 郭节一：《国内食品卫生管理现状及经验》，载于《食品卫生进展》1987年第4期。

31. 国务院发展研究中心课题组：《中国食品安全战略研究》，载于《农业质量标准》2005年第1期。

32. 洪银兴：《经济转型阶段的市场秩序建设》，载于《经济理论与经济管理》2005年第1期。

33. 胡锦光：《解读食品安全法（修订送审稿）》，载于《法制日报》2013年11月12日。

34. 胡颖廉、李宇：《社会监管理论视野下的我国食品安全》，载于《新视野》2012年第1期。

35. 胡颖廉：《"十三五"期间的食品安全监管体系催生：解剖四类区域》，载于《改革》2015年第3期。

36. 胡颖廉：《层层失守：猪肉质量监管的困局》，载于《经济社会体制比较》2014年第2期。

37. 胡颖廉：《国家食品安全战略基本框架》，载于《中国软科学》2016年第9期。

38. 胡颖廉：《基于外部信号理论的食品生产经营者行为影响因素研究》，载于《农业经济问题》2012年第12期。

39. 胡颖廉：《认知引导和危害防范：食品安全突发事件风险沟通研究》，载于《中国应急管理》2014年第12期。

40. 胡颖廉：《食品安全"大部制"的制度逻辑》，载于《中国改革》2013年第3期。

41. 胡颖廉：《食品安全当“社会共治”》，载于《人民日报》2014年3月19日。

42. 胡颖廉：《食品安全理念与实践演进的中国策》，载于《改革》2016年第5期。

43. 胡颖廉：《统一市场监管与食品安全保障——基于“协调力—专业化”框架的分类研究》，载于《华中师范大学学报(人文社会科学版)》2016年第2期。

44. 贾玉娇：《对于食品安全问题的透视及反思——风险社会视角下的社会学思考》，载于《兰州学刊》2008年第4期。

45. 蒋昕捷、朱红军：《独家解析新轮食药改革的动机、方案、争议——国家“减法”与地方“加法”》，载于《南方周末》2013年3月14日。

46. 课题组：《国外食品安全保障体系及对我国的启示》，载于《中国党政干部论坛》2011年第7期。

47. 黎霆：《食品安全问题中的深层次矛盾》，载于《学习时报》2010年9月20日。

48. 李静：《政策协调模式探讨：以中国传染病防治和食品安全政策为例》，载于《公共行政评论》2009年第5期

49. 李小芳等：《新经济体制下食品卫生监督管理的变化》，载于《中国公共卫生》1998年第8期。

50. 李毅中：《我国安全生产的形势和任务》，载于《人民日报》2007年6月29日。

51. 李玉梅：《今后一段时期抓好食品安全工作的着力点——专访国务院食品安全委员会办公室主任张勇》，载于《学习时报》2011年6月20日。

52. 李援：《食品安全法与我国食品安全法制建设》，在中组部、国务院食安办、国家行政学院“省部级领导干部加强食品安全监管专题研讨班”上的授课讲义，2011年5月9日。

53. 廖文根：《人大常委会执法检查发现：食品安全存在六

大问题》，载于《人民日报》2011年6月30日。

54. 刘鹏：《中国食品安全监管——基于体制变迁与绩效评估的实证研究》，载于《公共管理学报》2010年第2期。

55. 刘任重：《食品安全规制的重复博弈分析》，载于《中国软科学》2011年第9期。

56. 刘亚平：《中国食品安全的监管痼疾及其纠治——对毒奶粉卷土重来的剖析》，载于《经济社会体制比较》2011年第3期。

57. 刘亚平：《中国式“监管国家”的问题与反思：以食品安全为例》，载于《政治学研究》2011年第2期。

58. 娄辰等：《农民的无奈与诉说》，载于《半月谈》2012年第13期。

59. 罗云波等：《从国际食品安全管理趋势看我国《食品安全法（草案)》的修改》，载于《中国食品学报》2008年第3期。

60. 马得勇、张志原：《观念、权力与制度变迁：铁道部体制的社会演化论分析》，载于《政治学研究》2015年第5期。

61. 倪楠、徐德敏：《新中国食品安全法制建设的历史演进及其启示》，载于《理论导刊》2012年第11期。

62. 钱琛、陈佳：《从胶囊壳铬含量超标事件看“吹哨人法案”对药品监管的启示》，载于《中国药事》2015年第6期。

63. 邵明立：《食品药品监管 人的生命安全始终至高无上》，载于《人民日报》2009年3月2日。

64. 邵明立：《树立和实践科学监管理念》，载于《管理世界》2006年第11期。

65. 宋华琳：《风险认知与议程设定——评桑斯坦的〈最差的情形〉》，载于《绿叶》2011年第4期。

66. 谭洁：《美国〈吹哨人保护法案〉对我国食品安全监管的启示》，载于《广西社会科学》2015年第1期。

67. 王海芹、高世楫：《我国绿色发展萌芽、起步与政策演进：若干阶段性特征观察》，载于《改革》2016年第3期。

68. 王俊秀：《中国社会心态：问题与建议》，载于《中国党政干部论坛》2011第5期。

69. 魏铭言：《中国将设“食药警察”——定名食品药品违法侦查局，负责食药案件刑事侦查》，载于《新京报》2014年3月29日。

70. 习近平：《习近平在全国卫生与健康大会上强调 把人民健康放在优先发展战略地位 努力全方位全周期保障人民健康》，载于《人民日报》2016年8月21日。

71. 肖兴志、陈长石、齐鹰飞：《安全规制波动对煤炭生产的非对称影响研究》，载于《经济研究》2011第9期。

72. 新华社：《习近平对食品安全工作作出重要指示强调 严防严管严控食品安全风险 保证广大人民群众吃得放心安心》，载于《人民日报》2017年1月4日。

73. 新华社：《中央农村工作会议在北京举行》，载于《人民日报》2013年12月25日。

74. 杨合岭、王彩霞：《食品安全事故频发的成因及对策》，载于《统计与决策》2010年第4期。

75. 杨理科、徐广涛：《我国食品工业发展迅速》，载于《人民日报》1988年11月29日。

76. 杨志花：《欧盟食品安全战略分析》，载于《世界标准化与质量管理》2008年第4期。

77. 袁端端：《市场局横空出世 食药改革何去何从》，载于《南方周末》2014年8月29日。

78. 袁曙宏：《没有严厉执法 就没有食品安全》，载于《人民日报》2011年6月7日。

79. 张炜达、任端平：《我国食品安全监管政府职能的历史转变及其影响因素》，载于《中国食物与营养》2011年第3期。

80. 张炜达：《古代食品安全监管策略》，载于《光明日报》2011年5月26日。

81. 郑杭生、洪大用：《中国转型期的社会安全隐患与对策》，载于《中国人民大学学报》2004 年第 5 期。

82. 郑家潮：《食品企业实行卫生等级申报审评制度的效果分析》，载于《中国食品卫生杂志》1995 年第 1 期。

83. 周伯华：《深入贯彻落实党的十七大精神 努力开创工商行政管理工作新局面——在全国工商行政管理工作会议上的讲话》，载于《工商行政管理》2008 年第 1 期。

84. 毕井泉：《国务院关于研究处理食品安全法执法检查报告及审议意见情况的反馈报告——2016 年 12 月 23 日在第十二届全国人民代表大会常务委员会第二十五次会议上》，中国人大网，2016 年 12 月 23 日，http：//www. npc. gov. cn/npc/xinwen/2016 – 12/23/content_2004587. htm。

85. 国家食品药品监督管理总局：《食品安全无小事，听听习近平总书记怎么说?》，国家食品药品监督管理总局网站，2017 年 1 月 21 日，http：//www. cfda. gov. cn/WS01/CL0050/168775. html。

86. 黄小希、华春雨：《稳中求进推进行政体制改革——访中央编办副主任王峰》，新华网，2013 年 11 月 17 日，http：//news. xinhuanet. com/politics/2013 – 11/17/c_118174643. htm？navigation = 1。

87. 李克强：《加大惩处力度 坚决打击食品非法添加行为》，中国政府网，2011 年 4 月 21 日，http：//www. gov. cn/ldhd/2011 – 04/21/content_1850123. htm。

88. 李克强：《加大食品安全整治力度重典治乱重拳出击》，新华网，2011 年 5 月 15 日，http：//news. xinhuanet. com/politics/2011 – 05/15/c_121418378. htm。

89. 刘佩智：《切实保障食品安全让人民群众“吃得安全、吃得放心”》，新华网，2011 年 3 月 9 日，http：//news. xinhuanet. com/politics/2011lh/2011 – 03/09/c_121165658. htm。

90. 马凯：《关于国务院机构改革和职能转变方案的说明》，

人民网，2013年3月11日，http：//cpc. people. com. cn/n/2013/0311/c64094－20741513－2. html。

91. 潘林青、魏圣曜：《"问题食品"专供农村？——山东部分县市追踪调查》，新华网，2011年8月19日，http：//news. xinhuanet. com/2011－08/19/c_121882392. htm。

92. 全国人民代表大会常务委员会执法检查组：《关于检查〈中华人民共和国食品安全法〉实施情况的报告》，中国人大网，2016－07－01，http：//www. npc. gov. cn/npc/xinwen/2016－07/01/content_1992675. htm。

93. 吴仪：《在2007年全国加强食品药品整治监管工作会议上的讲话》，中国政府网，2007年2月8日，http：//www. gov. cn/wszb/zhibo9/content_521888. htm。

94. 习近平：《习近平主持中共中央政治局第二十三次集体学习》，新华网，2015年5月30日，http：//news. xinhuanet. com/2015－05/30/c_1115459659. htm。

95. 新华社：《改革开放30年中国发展成为世界食品工业生产大国》，中国政府网，2008年12月13日，http：//www. gov. cn/jrzg/2008－12/13/content_1177387. htm。

96. 新华社：《两高发布司法解释加大力度打击危害食品安全犯罪》，中国政府网，2013年5月3日，http：//www. gov. cn/jrzg/2013－05/03/content_2395567. htm。

97. 新华社：《习近平对食品安全工作作出重要指示》，新华网，2016年1月28日，http：//news. xinhuanet. com/politics/2016－01/28/c_1117928490. htm。

98. 新华社：《中央财经领导小组第十四次会议召开》，中国政府网，2016年12月21日，http：//www. gov. cn/xinwen/2016－12/21/content_5151201. htm。

99. 杨文彦、陈景收：《食品安全刻不容缓　逾六成网民表示遇问题食品选择忍耐》，人民网，2012年2月26日，http：//poli-

tics. people. com. cn/GB/17219823. html。

100. 张桃林:《农业面源污染防治工作有关情况》，中国政府网，2015 年 4 月 14 日，http: //www. gov. cn/xinwen/zb_xwb60/。

101. Abraham, John. Distributing the Benefit of the Doubt: Scientists, Regulators, and Drug Safety. *Science, Technology & Human Values*, Vol. 19, No. 4: pp. 493 - 522.

102. Abraham, John. Science, *Politics and Pharmaceutical Industry: Controversy and Bias in Drug Regulation* (1st Edition). London: VCL Press Limited, 1995, pp. 36 - 86.

103. Acheson David. Ongoing Efforts to Enhance Food Safety. http: //www. fda. gov/newsevents/testimony/ucm096475. htm, 2008 - 06 - 12.

104. Antle, John. *Choice and Efficiency in Food Safety Policy.* Washington DC: AEI Press, 1995.

105. Antle, John. Efficient Food Safety Regulation in the Food Manufacturing Sector. *American Journal of Agricultural Economics*, 1996, Vol. 78, No. 5, Proceedings Issue: 1242 - 1247.

106. Carpenter, Daniel. *The Forging of Bureaucratic Autonomy: Reputation, Networks, and Policy Innovation in Executive Agencies.* Princeton, NJ: Princeton University Press. 2001.

107. Chandler A. *Strategy and Structure: Chapters in the History of the American Industrial Enterprises.* Cambridge: MIT Press, 1962.

108. FAO. *Food Safety Risk Analysis: A Guide for National Food Safety Authorities.* Rome, Italy: FAO Food and Nutrition Paper, 2006: 3.

109. FAO/WHO. Risk Management and Food Safety. Rome: Joint FAO/WHO Consultation, 1997.

110. Fischhoff, B. Risk Perception and Communication Unplugged: Twenty Years of Process. *Risk Analysis*, Vol. 15, No. 2:

137 - 145.

111. Food standards Agency. Food Hygiene Ratings. http：//ratings. food. gov. uk/enhanced-search/en-GB/% 5E/% 5E/Relevance/0/%5E/%5E/1/1/10，2016 - 01 - 18.

112. Glaeser，Edward. Shleifer，Andrei. The Rise of Regulatory State. *Journal of Economic Literature*，2003，41（2）. pp. 401 - 425.

113. Hamburg，Margaret. How Smart Regulation Supports Public Health and Private Enterprise. http：//www. commonwealthclub. org/events/2012 - 02 - 06/margaret-hamburg-fda-chief-special-event-luncheon 2016 - 05 - 27.

114. Hanning，I. B.，O'Bryan，C. A.，Crandall，P. G. & Ricke，S. C. Food Safety and Food Security. *Nature Education Knowledge*，2012，3（10）：P. 9.

115. Henson，S. and Caswell，J. Food Safety Regulation：an Overview of Contemporary Issues. *Food Policy*，1999，（24）：589 - 603.

116. Hutter，Bridget. *Managing Food Safety and Hygiene：Governance and Regulation as Risk Management*. Edward Elgar Publishing，2011.

117. Joskow，Paul. Inflation and Environmental Concern：Structural Change in the Process of Public Utility Price Regulation. *Journal of Law and Economics*，1974，Vol. 17，No. 2：291 - 327.

118. Kathleen Segerson. Mandatory vs. Voluntary Approaches to Food Safety. *Storrs，Connecticut：Food Marketing Policy Center Research Report* No. 36，May 1998.

119. Leiss，W. Three Phases in the Evolution of Risk Communication Practice. *The Annals of American Academy of Political and Social Science*，1986，Vol. 545：85 - 94.

120. Lipsky M. *Street Level Bureucracy*. New York：Russell Sage

Foundation, 1980.

121. Liu Peng. *Tracing and Periodizing China's Food Safety Regulation: A study on China's Food Safety Regime Change*. Regulation & Governance, 2010 (4), pp. 244 – 260.

122. Majone, Giandomenico. From the Positive to the Regulatory State: Causes and Consequences of Changes in the Mode of Governance. *Journal of Public Policy*, Vol. 17, No. 2: pp. 139 – 167.

123. Mertha, Andrew. China's "soft" Centralization: Shifting Tiao/Kuai Authority Relations since 1998. *China Quarterly*, 2005, No. 184, pp. 791 – 810.

124. Moore M. *Creating Public Values: Strategic Management in Government* (Revised ed. Edition). Cambridge: Harvard University Press, 1995.

125. Niskanen, *William. Bureaucracy and Representative Government*. Chicago: Aldine – Atherton, 1971.

126. Noll, Roger. Government Regulatory Behavior: A Multidisciplinary Survey and Synthesis. In Roger Noll, eds. *Regulatory Policy and the Social Sciences*. Berkeley: University of California Press. 1985.

127. Olson, Mary. Substitution in Regulatory Agencies: FDA Enforcement Alternatives. *Journal of Law, Economics, & Organization*, 1996, Vol. 12, No. 2: 376 – 407.

128. Sandman, P. M. Risk Communication: Facing Public Outrage. *EPA Journal*, 1987: 21 – 22.

129. Stigler, George. The Theory of Economic Regulation. *Bell Journal of Economics and Management Science*, 1971, Vol. 2, No. 1: 3 – 21.

130. Tam Waikeung and Yang Dali. Food Safety and the Development of Regulatory Institutions in China. *Asian Perspective*, 2005,

29（4），pp. 5 –36.

131. Taxpayers Against Fraud Education Fund. Official Department of Justice False Claims Statistics for Fiscal Years 1987 –2014. http：//www. taf. org/DOJ –FCAStatistics –2014.

132. The Economist. Global Food Security Index 2015，http：//www. eiu. com/public/topical_report. aspx？campaignid = FoodSecurity2015.

133. Theordore Panayotou. Economic Growth and Environment. CID Working Paper，No. 56，July，2000.

134. WHO. Advancing Food Safety Initiatives Strategic：Plan for Food Safety Including Foodborne Zoonoses 2013 – 2022. Geneva：World Health Organization，2014.

135. Wilson，James.，ed. *The Politics of Regulation*. New York：Basic Books，Inc.，Publishers，1980.

136. Wright，Tim. The Political Economy of Coal Mine Disasters in China：“Your Rice Bowl or Your Life”. *China Quarterly*，2004，Vol. 179：629 –646.